电子技术实验教程

主　编　葛广英

副主编　杨少卿　安学立

　　　　冯学桥　张一清

　　　　韩纪广　邹瑞滨

　　　　田存伟

中国石油大学出版社

CHINA UNIVERSITY OF PETROLEUM PRESS

图书在版编目(CIP)数据

电子技术实验教程/葛广英主编. —东营:中国
石油大学出版社,2016.6
ISBN 978-7-5636-5259-4

Ⅰ.①电… Ⅱ.①葛… Ⅲ.①电子技术—实验—高等
学校—教材 Ⅳ.①TN-33

中国版本图书馆 CIP 数据核字(2016)第 135889 号

书　　名:电子技术实验教程
主　　编:葛广英

责任编辑:魏　瑾
封面设计:赵志勇

出 版 者:中国石油大学出版社(山东 东营,邮编 257061)
网　　址:http://www.uppbook.com.cn
电子信箱:weicbs@163.com
印 刷 者:沂南县汶凤印刷有限公司
发 行 者:中国石油大学出版社(电话 0532—86983566)
开　　本:185 mm×260 mm　印张:14　字数:359 千字
版　　次:2016 年 8 月第 1 版第 1 次印刷
印　　数:1—2 000 册
定　　价:32.00 元

　　电子技术实验是高等学校电子信息类、通信工程类、电气类专业及其他相近专业电工电子技术课程教学的一个非常重要的环节。实验教学能够巩固学生的电工电子技术基础理论知识，培养学生的实践技能和分析问题、解决问题的能力，启发学生的创新意识。因此，我们参照国家教育部电子信息与电气学科教学指导委员会制定的《电工电子技术基础课程教学基本要求》和《高等学校基础课实验教学示范中心的建设标准》，在总结多年实验教学经验和工程技术经验的基础之上，紧跟时代步伐，编写了本实验教程。本书可作为理工科电路分析、电工学、模拟电子技术、数字电子技术以及电子工艺实训等课程的实验教材。

　　随着网络和信息技术的迅猛发展，电子技术也获得了飞速的发展，现代电子产品已渗透社会的各个领域。EDA(Electronic Design Automation，电子设计自动化)技术是现代电子设计技术的核心，在 EDA 平台上，可以对所设计的电路自动完成逻辑编译、逻辑化简、逻辑分割、逻辑综合、布局布线以及电路功能和时序仿真测试，直至实现所要求的电子电路系统的功能。对于工科专业学生的教学，在注重理论知识的基础上，应该强调课程的技术性和应用性，增强学生的实际电子电路设计能力，以及了解和掌握最新现代电子技术设计工具的能力。因此，本书将 EDA 设计方法和 Multisim 12.0、Quartus Ⅱ 13.0 和 Altium Designer 2015 工具软件的使用方法引入实验教学中，目的就是启发、引导和培养学生的综合设计能力，以及使用工具软件进行电子电路设计和仿真的能力。

　　《电子技术实验教程》分为五篇，这五篇既各成体系，又相互联系。其中，第一篇是电工学、电路分析课程的实验内容，第二篇是模拟电子技术基础课程的实验内容，第三篇是数字电子技术基础课程的实验内容，第四篇介绍了现代电子设计技术和工具软件的使用方法，第五篇是电子工艺实训的内容。全书基础实验部分基本上按照课程的内容顺序编排，实验中给出了实验参考电路、实验器材以及实验步骤，并给出了实验报告的要求等。

1

　　本书第一篇由张一清编写,第二篇由杨少卿、安学立编写,第三篇由冯学桥编写,第四篇由葛广英、邹瑞滨、韩纪广编写,第五篇由田存伟编写。全书由葛广英统一审阅并定稿。

　　由于我们水平有限,书中不足之处在所难免,欢迎广大读者和同行批评指正。

编　者

2016 年 4 月

目录

Contents

1

第一篇

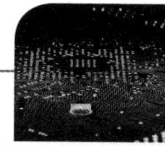

电工学与电路分析实验

电工学实验是电工学的重要组成部分,是电工学教学中不可缺少的重要环节。通过电工学实验,学生能够基本掌握常用电子仪器仪表(万用表、毫伏表、信号源、直流稳压电源、示波器等)的正确使用方法,基本电参数(交直流电压、交直流电流、频率、时间等)的测量,电路的基本测试方法(时域),以及电子元器件的国家标准和选择、测试、使用,培养实验研究能力、分析和解决问题的能力、处理实验数据的能力、理论联系实践的能力、故障诊断能力、设计与实践能力。同时,在实验中还可以培养学生实事求是、严谨的科学作风,良好的治学精神以及爱护公物的优秀品质,并学会编写实验报告(包括对测试结果数据的基本分析、处理),为今后学习专业知识和工作打下良好的基础。

实验一 电路元器件伏安特性的测绘

一、实验目的

1. 学会常用电路元器件的识别方法。
2. 掌握线性电阻元器件、非线性电阻元器件伏安特性的测绘方法。
3. 掌握实验台上直流电工仪表和设备的使用方法。

二、实验器材

1. 可调直流稳压电源； 2. 数字万用表； 3. 直流数字毫安表； 4. 直流数字电压表；
5. 二极管；   6. 稳压二极管； 7. 白炽灯；   8. 电阻。

三、实验原理

任何一个电路元器件的伏安特性都可用该元器件上的端电压 U 与通过该元器件的电流 I 之间的函数关系 $I = f(U)$ 来表示，即用 $I\text{-}U$ 平面上的一条曲线来表征。这条曲线称为该元器件的伏安特性曲线，如图 1.1.1 所示。

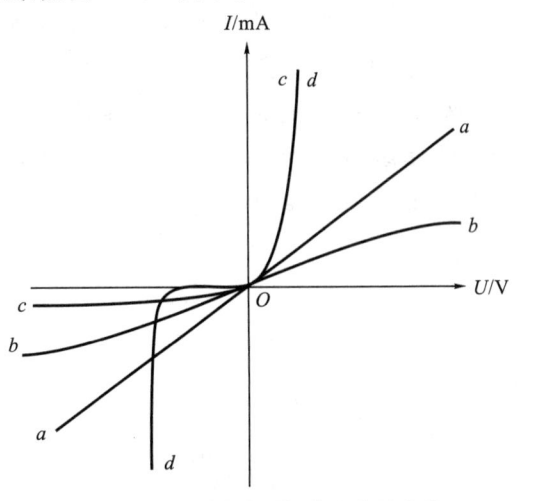

图 1.1.1　电路元器件伏安特性曲线

1. 电阻的伏安特性曲线是一条通过坐标原点的直线，如图 1.1.1 中直线 a 所示，该直线的斜率等于电阻的电阻值。

2. 白炽灯在工作时灯丝处于高温状态，其灯丝电阻随着温度的升高而增大，通过白炽灯的电流越大，其温度越高，阻值也越大。一般白炽灯的"热电阻"阻值是"冷电阻"阻值的几倍至十几倍。白炽灯的伏安特性如图 1.1.1 中曲线 b 所示。

3. 二极管是一个非线性电阻元器件，其伏安特性如图 1.1.1 中曲线 c 所示，正向压降很小(一般锗管约为 0.2~0.3 V,硅管约为 0.5~0.7 V),正向电流随正向压降的升高而急剧上升,而当反向电压从零一直增加到十几伏至几十伏时,其反向电流增加很小,粗略地可视为零。可见,二极管具有单向导电性,但如果反向电压加得过高,一旦超过管子的极限值,管子就会被击穿。

4. 稳压二极管是一种特殊的二极管,其正向特性与普通二极管类似,但其反向特性较特别,如图 1.1.1 中曲线 d 所示,当反向电压开始增加时,其反向电流几乎为零,但当反向电压增加到某一数值时(称为管子的稳压值,有各种不同稳压值的稳压二极管),电流会突然增加,之后它的端电压将基本维持恒定,当外加的反向电压继续升高时,其端电压仅有少量增加。

注意:流过二极管的电流不能超过管子的极限值,否则,管子会被烧坏。

四、预习要求

实验前要预习此实验,并能解决以下问题:

1. 线性电阻与非线性电阻的概念是什么?电阻与二极管的伏安特性有何区别?

2. 设某元器件伏安特性曲线的函数式为 $I=f(U)$,试问:在逐点绘制曲线时,其坐标变量应如何设置?

3. 稳压二极管与普通二极管有何区别?稳压二极管有何用途?

4. 在图 1.1.3 中,设 $U=2$ V,$U_{D+}=0.7$ V,则直流数字毫安表的读数为多少?

五、实验内容

(一) 测定电阻的伏安特性

按图 1.1.2 接线,调节可调直流稳压电源,使输出电压 U 从 0 V 开始缓慢地增加,一直增到10 V,记下相应的直流数字电压表和直流数字毫安表的读数 U_R、I,填入表 1.1.1。

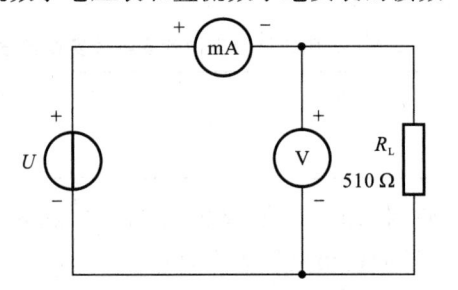

图 1.1.2　电阻伏安特性测试电路

表 1.1.1　电阻伏安特性实验数据

U_R/V	1	3	5	7	9
I/mA					

(二) 测定白炽灯的伏安特性

将图 1.1.2 中的 R_L 换成一只 12 V/0.1 A 的白炽灯,重复实验内容(一)的步骤,测量结果填入表 1.1.2。U_L 为白炽灯的端电压。

表 1.1.2　白炽灯伏安特性测试数据

U_L/V	0.5	1	2	3	4	6	7
I/mA							

（三）测定二极管的伏安特性

按图 1.1.3 接线，R 为限流电阻。测二极管的正向伏安特性时，其正向电流不得超过 35 mA，二极管 D 的正向电压 U_{D+} 可在 0～0.75 V 之间取值。记下直流数字电压表和直流数字毫安表的读数 U_{D+} 和 I，填入表1.1.3。测反向伏安特性时，将图 1.1.3 中的二极管 D 反接，测量结果填入表 1.1.4。U_{D-} 为二极管的反向电压。

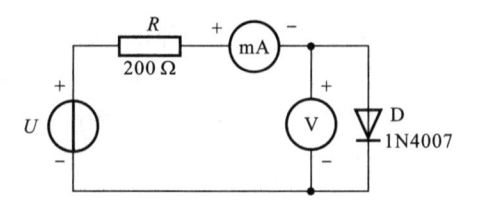

图 1.1.3　二极管伏安特性测试电路

表 1.1.3　二极管正向伏安特性实验数据

U_{D+}/V	0.10	0.30	0.50	0.55	0.60	0.65	0.70	0.75
I/mA								

表 1.1.4　二极管反向伏安特性实验数据

U_{D-}/V	0	−5	−10	−15	−20	−25	−30
I/mA							

（四）测定稳压二极管的伏安特性

1. 正向伏安特性实验：将图 1.1.3 中的二极管换成稳压二极管 2CW51，重复实验内容（三）中的正向测量步骤，数据填入表 1.1.5。U_{Z+} 为稳压二极管的正向电压。

表 1.1.5　稳压二极管正向伏安特性实验数据

U_{Z+}/V	0.10	0.30	0.50	0.55	0.60	0.65	0.70	0.75
I/mA								

2. 反向伏安特性实验：将图 1.1.3 中的 R 改为 510 Ω，2CW51 反接，测 2CW51 的反向伏安特性。可调直流稳压电源的输出电压为 U，测量 2CW51 两端的反向电压 U_{Z-} 及电流 I，由 U_{Z-} 可看出其稳压特性。数据填入表 1.1.6。

表 1.1.6　稳压二极管反向伏安特性实验数据

U/V	0	−5	−10	−15	−20
U_{Z-}/V					
I/mA					

六、实验报告要求

1. 根据各实验数据，分别在方格纸上绘制光滑的伏安特性曲线。其中，二极管和稳压二极管的正、反向伏安特性要求画在同一幅图中,正、反向电压可用不同的比例尺。

2. 根据实验结果,总结、归纳被测元器件的伏安特性。

3. 进行必要的误差分析。

实验二 基尔霍夫定律和叠加原理

一、实验目的

1. 验证基尔霍夫定律的正确性,加深对基尔霍夫定律的理解。

2. 验证线性电路叠加原理的正确性,加深对线性电路的叠加性和齐次性的认识和理解。

3. 学会用电流插头、插座测量各支路电流。

二、实验器材

1. 可调直流稳压电源; 2. 数字万用表; 3. 直流数字电压表; 4. 直流数字毫安表;

5. 电流插头、插座; 6. 叠加原理和基尔霍夫定律实验电路板。

三、实验原理

基尔霍夫定律是电路的基本定律之一。

基尔霍夫电流定律(KCL)指出,在任一瞬间,流入电路中任一节点的电流总和等于流出该节点的电流总和,即对电路中的任何一个节点而言,应有 $\sum I = 0$。

基尔霍夫电压定律(KVL)指出,在任一瞬间,沿闭合回路绕行一周,在绕行方向上的电位上升之和必等于电位下降之和,即对任何一个闭合回路而言,应有 $\sum U = 0$。

叠加原理的叠加性是指,在有多个电源共同作用的线性电路中,任一支路中的电流(或电压)等于各个电源分别单独作用时在该支路中产生的电流(或电压)的代数和。

叠加原理的齐次性是指,当激励信号(某独立源的值)增加到原来的 K 倍或减小为原来的 $1/K$ 时,电路的响应(即在电路中各电阻元件上所建立的电流和电压值)也将增加到原来的 K 倍或减小为原来的 $1/K$。

运用上述定律和原理时,必须注意各支路中电流的正方向或闭合回路的绕行方向,此方向可预先任意设定。

四、预习要求

实验前要预习此实验,并能解决以下问题:

1. 根据图 1.2.1 的电路参数,计算待测的电流 I_1、I_2、I_3 和各电阻上的电压值,记入表 1.2.1 中,以便实际测量时,选择量程合适的直流数字毫安表和直流数字电压表。

2. 实验中,若用指针式万用表的直流毫安挡测各支路电流,在什么情况下可能出现指针反偏,应如何处理? 在记录数据时应注意什么? 若用直流数字毫安表进行测量,则会有什么样的显示?

3. 在叠加原理实验中,要使 U_1、U_2 分别单独作用,应如何操作? 可否直接将不作用的电源(U_1 或 U_2)短接置零?

4. 在叠加原理实验电路中,若将一个电阻改为二极管,试问:叠加原理的叠加性与齐次性还成立吗? 为什么?

五、实验内容

(一) 基尔霍夫定律的验证

实验电路如图 1.2.1 所示,实验前先设定三条支路电流的正方向和三个闭合回路的绕行方向。

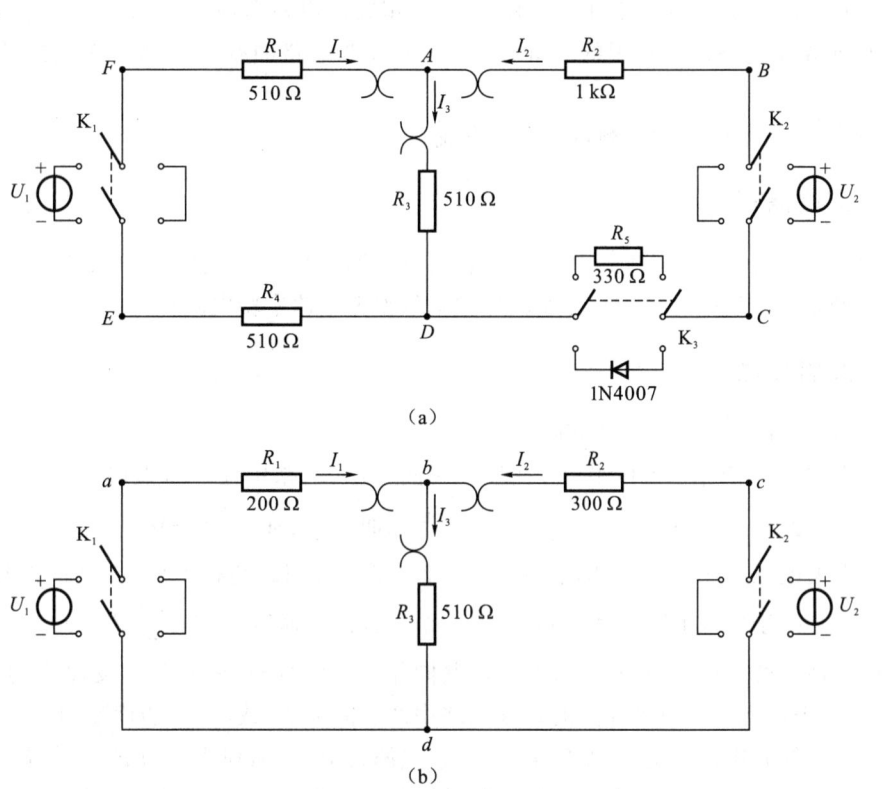

(a)

(b)

图 1.2.1　基尔霍夫定律和叠加原理实验电路

1. 分别将可调直流稳压电源的两路输出接入电路,令 U_1 =12 V,U_2=6 V。

2. 熟悉电流插头、插座的结构,如图 1.2.2 所示,将电流插头的两端接至直流数字毫安表的"＋""－"两端。

3. 将电流插头分别插入三条支路的三个电流插座中,测出电流值,填入表 1.2.1。

4. 用直流数字电压表分别测量两路电源及电阻元件上的电压值,填入表 1.2.1。

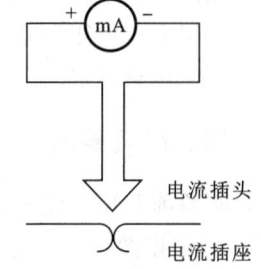

图 1.2.2　电流插头、插座结构图

6

表 1.2.1(a)　验证图 1.2.1(a)所示电路基尔霍夫定律实验数据

被测量	I_1/mA	I_2/mA	I_3/mA	U_1/V	U_2/V	U_{FA}/V	U_{AB}/V	U_{AD}/V	U_{CD}/V	U_{DE}/V
计算值										
测量值										
相对误差										

表 1.2.1(b)　验证图 1.2.1(b)所示电路基尔霍夫定律实验数据

被测量	I_1/mA	I_2/mA	I_3/mA	U_1/V	U_2/V	U_{ab}/V	U_{bc}/V	U_{bd}/V
计算值								
测量值								
相对误差								

（二）叠加原理的叠加性及齐次性的验证

实验电路如图 1.2.1 所示。

1. 将可调直流稳压电源的两路输出 U_1、U_2 分别调节为 12 V 和 6 V，接入电路。

2. 使 U_1 电源单独作用（将开关 K_1 掷向 U_1 侧，开关 K_2 掷向短路侧），用直流数字毫安表（接电流插头）和直流数字电压表测量各支路电流及各电阻元件两端的电压，数据填入表1.2.2。

3. 使 U_2 电源单独作用（将开关 K_1 掷向短路侧，开关 K_2 掷向 U_2 侧），重复实验步骤 2，数据填入表 1.2.2。

4. U_1 和 U_2 共同作用（开关 K_1 和 K_2 分别掷向 U_1 和 U_2 侧），重复实验步骤 2，数据填入表 1.2.2。

5. 将 U_2 的数值调至 12 V，重复实验步骤 3，数据填入表 1.2.2。

表 1.2.2(a)　验证图 1.2.1(a)所示电路叠加原理的叠加性实验数据

测量项目　　　实验内容	I_1/mA	I_2/mA	I_3/mA	U_{FA}/V	U_{AB}/V	U_{AD}/V	U_{CD}/V	U_{DE}/V
U_1 单独作用								
U_2 单独作用								
U_1、U_2 共同作用								
U_1、U_2 分别单独作用时的实验数据代数和								
$2U_2$ 单独作用								

表 1.2.2(b)　验证图 1.2.1(b)所示电路叠加原理的叠加性实验数据

测量项目　　　实验内容	I_1/mA	I_2/mA	I_3/mA	U_{ab}/V	U_{bc}/V	U_{bd}/V
U_1 单独作用						

续表

测量项目 实验内容	I_1/mA	I_2/mA	I_3/mA	U_{ab}/V	U_{bc}/V	U_{bd}/V
U_2 单独作用						
U_1、U_2 共同作用						
U_1、U_2 分别单独作用 时的实验数据代数和						
$2U_2$ 单独作用						

6. 将图 1.2.1(a)中的 R_5(330 Ω)换成二极管 1N4007(将开关 K_3 掷向二极管 1N4007 侧),重复实验步骤 1～5,数据填入表 1.2.3。

表 1.2.3　验证叠加原理的齐次性实验数据

测量项目 实验内容	I_1/mA	I_2/mA	I_3/mA	U_{FA}/V	U_{AB}/V	U_{AD}/V	U_{CD}/V	U_{DE}/V
U_1 单独作用								
U_2 单独作用								
U_1、U_2 共同作用								
U_1、U_2 分别单独作用 时的实验数据代数和								
$2U_2$ 单独作用								

六、实验报告要求

1. 根据实验数据,选定节点 A,验证 KCL 的正确性。

2. 根据实验数据,选定实验电路中的任一个闭合回路,验证 KVL 的正确性。

3. 对实验数据进行计算、分析、比较,归纳、总结实验结论,验证线性电路的叠加性与齐次性。

4. 各电阻所消耗的功率能否用叠加原理计算得出?试用上述实验数据进行计算并得出结论。

5. 通过实验内容(二)中的步骤 6 及对表格 1.2.3 中的数据的分析,能得出什么结论?

6. 分析误差产生的原因。

实验三　电压源与电流源的等效变换

一、实验目的

1. 加深理解电压源、电流源的概念。

2. 掌握电源外特性的测试方法。

3. 验证电压源与电流源等效变换的条件。

二、实验器材

1. 可调直流稳压电源；　2. 可调直流恒流源；　3. 直流数字电压表；　4. 数字万用表；

5. 直流数字毫安表；　　6. 可调电阻箱。

三、实验原理

(一) 电压源

电压源是实际电源的一种模型。在电压源模型中，往往用一个不含内阻的理想电压源和电阻 R_0 串联来等效一个实际电压源，如图 1.3.1(a) 所示，其伏安特性为 $U = U_s - R_0 I$，其特性曲线如图 1.3.1(b) 所示，随着电流 I 的增大，U 减小，是一条始于 U_s 向下倾斜的直线。所谓的理想电压源是指，在直流电路中它的端电压总能保持某一恒定值，而与通过它的电流无关，简称恒压源。理想电压源及外特性如图 1.3.2 所示。

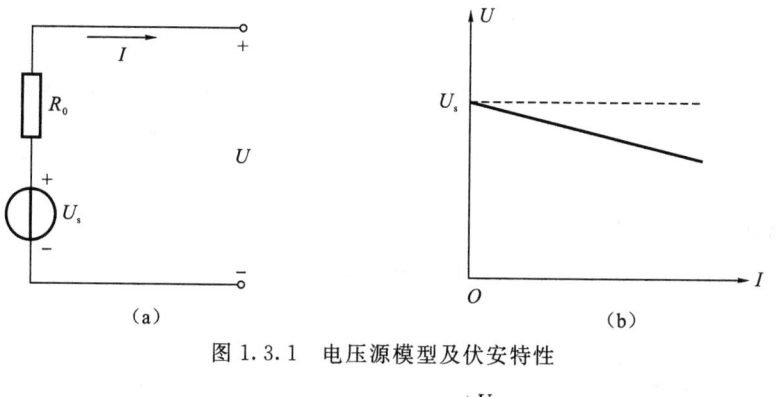

图 1.3.1　电压源模型及伏安特性

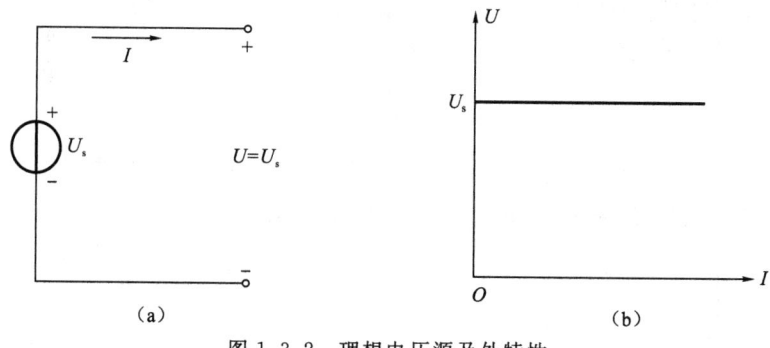

图 1.3.2　理想电压源及外特性

(二) 电流源

电流源也是实际电源的一种模型。在电流源模型中，往往用一个理想电流源和电阻 R_0'

并联来等效一个实际电源，如图 1.3.3(a) 所示，其伏安特性为 $I = I_s - \dfrac{U}{R_0'}$，其伏安特性曲线如图 1.3.3(b) 所示。理想电流源输出的电流是恒定的，简称恒流源，它的端电压取决于外电路的情况。理想电流源及外特性如图1.3.4 所示。

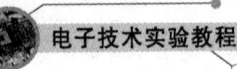
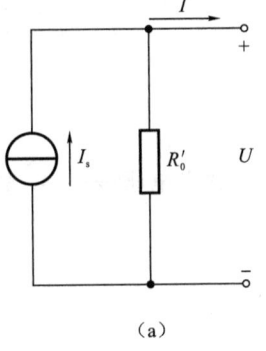

（a）

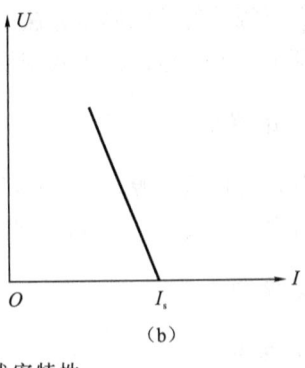

（b）

图 1.3.3　电流源模型及伏安特性

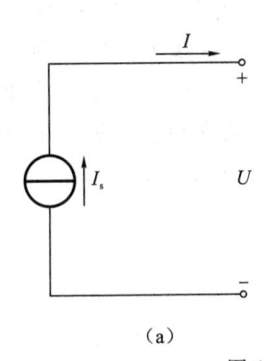

（a）

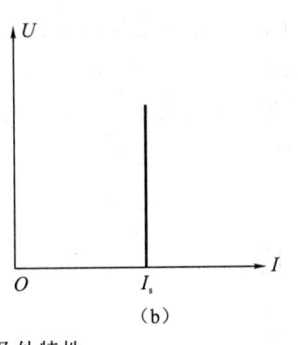

（b）

图 1.3.4　理想电流源及外特性

（三）电源的等效变换

一个实际的电源，就其外特性而言，既可以看成一个电压源，又可以看成一个电流源。若视为电压源，则可用一个理想电压源 U_s 与一个电阻 R_0 相串联的组合来表示；若视为电流源，则可用一个理想电流源 I_s 与一个电阻 R_0' 相并联的组合来表示。如果这两种电源能向同样大小的负载提供同样大小的电流和端电压，则称这两个电源是等效的，即具有相同的外特性。电压源与电流源等效变换的条件为

$$R_0' = R_0, \quad I_s = \frac{U_s}{R_0}$$

图 1.3.5 所示为等效变换电路。可以看出，可以很方便地把一个参数为 U_s 和 R_0 的电压源模型变换为一个参数为 I_s 和 R_0' 的等效电流源模型。

图 1.3.5　等效变换电路

四、预习要求

实验前要预习此实验,并能解决以下问题:

1. 通常,直流稳压电源的输出端不允许短路,直流恒流源的输出端不允许开路,为什么?

2. 电压源与电流源的外特性为什么呈下降变化趋势?恒压源和恒流源的输出在任何负载下是否保持恒值?

五、实验内容

(一)测定理想电压源与实际电压源的外特性

1. 按图 1.3.6 接线。U_s 为可调直流稳压电源,调节其输出为 12 V。调节可调电阻箱 R_L,令其阻值由小至大变化,观察直流数字电压表和直流数字毫安表读数 U 和 I 的变化,将结果填入表 1.3.1。

2. 按图 1.3.7 接线。虚线框内的电路可模拟一个实际电压源。调节可调电阻箱 R_L,令其阻值由小至大变化,观察直流数字电压表和直流数字毫安表读数 U 和 I 的变化,将结果填入表 1.3.1。

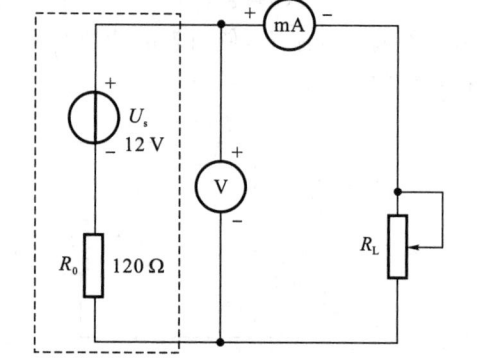

图 1.3.6 理想电压源外特性测试电路   图 1.3.7 实际电压源外特性测试电路

表 1.3.1 理想电压源与实际电压源的外特性实验数据

表读数＼输出端＼输入端	R_L/Ω	200	300	510	1 000	2 000
理想电压源	U/V					
	I/mA					
实际电压源	U/V					
	I/mA					

(二)测定理想电流源与实际电流源的外特性

按图 1.3.8 接线。I_s 为可调直流恒流源,调节其输出为 10 mA。令 R_0' 分别为 120 Ω 和 $+\infty$(即接入和断开),调节可调电阻箱 R_L,测出这两种情况下的直流数字电压表和直流数字毫安表的读数 U 和 I,将结果填入表 1.3.2。

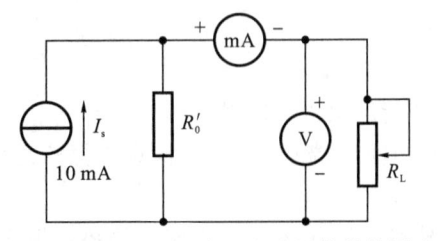

图 1.3.8 理想电流源和实际电流源外特性测试电路

表 1.3.2 理想电流源与实际电流源的外特性实验数据

表读数　输出端 输入端	R_L/Ω	0	200	300	510	1 000
理想电流源	U/V					
	I/mA					
实际电流源	U/V					
	I/mA					

（三）测定电源等效变换的条件

先按图 1.3.9(a)接线,记录电路中两表的读数,然后按图 1.3.9(b)接线,调节可调直流恒流源的输出电流 I_s,使两表的读数与图 1.3.9(a)中的数值相等,记录 I_s 的值,验证等效变换条件的正确性。

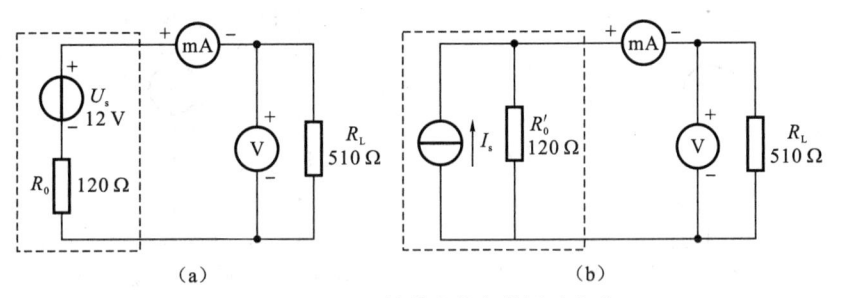

（a）　　　　　　　　　　　　（b）

图 1.3.9 电源等效变换条件测试电路

六、实验报告要求

1. 根据实验数据绘出电源的四条外特性曲线,并归纳、总结各类电源的特性。
2. 根据实验结果验证电源等效变换的条件。

实验四　戴维宁定理

一、实验目的

1. 验证戴维宁定理的正确性,加深对该定理的理解。

2. 掌握测量有源二端网络等效参数的一般方法。

二、实验器材

1. 可调直流稳压电源；   2. 可调直流恒流源；   3. 直流数字电压表；

4. 直流数字毫安表；   5. 数字万用表；   6. 可调电阻箱；

7. 戴维宁定理实验电路板。

三、实验原理

(一)戴维宁定理

任何一个线性含源网络,如果仅研究其中一条支路的电压和电流,则可将电路的其余部分看作一个有源二端网络(或称为含源一端口网络)。

戴维宁定理又称为等效电压源定理,内容为:任何一个线性有源二端网络,总可以用一个理想电压源与一个电阻的串联来等效。此电压源的电动势 U_s 等于这个有源二端网络的开路电压 U_{oc},其等效内阻 R_0 等于该网络中所有独立源均置零(理想电压源视为短接,理想电流源视为开路)时的等效电阻。$U_{oc}(U_s)$ 和 R_0 称为有源二端网络的等效参数。

(二)有源二端网络等效参数的测量方法

1. 等效内阻 R_0 的测量方法。

(1)开路电压、短路电流法。

在有源二端网络输出端开路时,用电压表直接测其输出端的开路电压 U_{oc},然后再将其输出端短路,用电流表测其短路电流 I_{sc},则等效内阻为

$$R_0 = \frac{U_{oc}}{I_{sc}}$$

当有源二端网络的内阻很小时,若将其输出端短路,则易损坏其内部元器件,因此,不宜用此法。

(2)输入法。

外加电源 U_0,测其端电流 I,按 $R_0 = \dfrac{U_0}{I}$ 计算等效内阻。用这种方法时,应先将有源二端网络的独立源除去,若不能除去独立源,或者网络不允许外加电源,则不能用此法。

(3)测量开路电压及有载电压法。

测出有源二端网络的开路电压 U_{oc} 后,在输出端接一个负载电阻 R_L,然后再测出负载电阻的端电压 U_L,按 $R_0 = \left(\dfrac{U_{oc}}{U_L} - 1\right)R_L$ 计算等效内阻。若 R_L 采用精密电阻,则此法精度较高。这种方法适用面广,例如,用于测量放大器的输出电阻。

2. 开路电压 U_{oc} 的测量方法。

(1)直接测量法。

直接测量法是指把外电路断开,选万用表的电压挡测输出端的电压值,即为开路电压。

(2)零示测量法。

在测量具有高内阻有源二端网络的开路电压时,用电压表直接测量会造成较大的误差。为了消除电压表内阻的影响,往往采用零示测量法,如图 1.4.1 所示。

零示测量法的原理是用一个低内阻的稳压电源与被测有源二端网络进行比较,当稳压电源的输出电压与被测有源二端网络的开路电压相等时,电压表的读数将为零,然后将电路断开,测得此时稳压电源的输出电压,即为被测有源二端网络的开路电压。

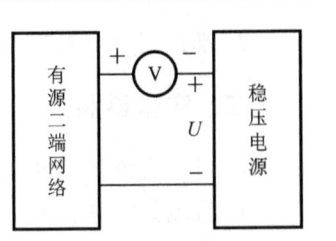

图 1.4.1 零示测量法测开路电压

四、预习要求

实验前要预习此实验,并能解决以下问题:

1. 在求戴维宁等效电路、做短路实验时,测 I_{sc} 的条件是什么?在本实验中可否直接做负载短路实验?请在实验前对图 1.4.2 所示的电路预先做好计算,以便调整实验电路及测量时可准确地选取仪表的量程。

2. 说明测量有源二端网络开路电压及等效内阻的几种方法,并比较其优缺点。

五、实验内容

(一) 测定有源二端网络的外特性

按图 1.4.2 接线,改变 R_L 的阻值,记下直流数字电压表和直流数字毫安表的读数 U 和 I,填入表 1.4.1。

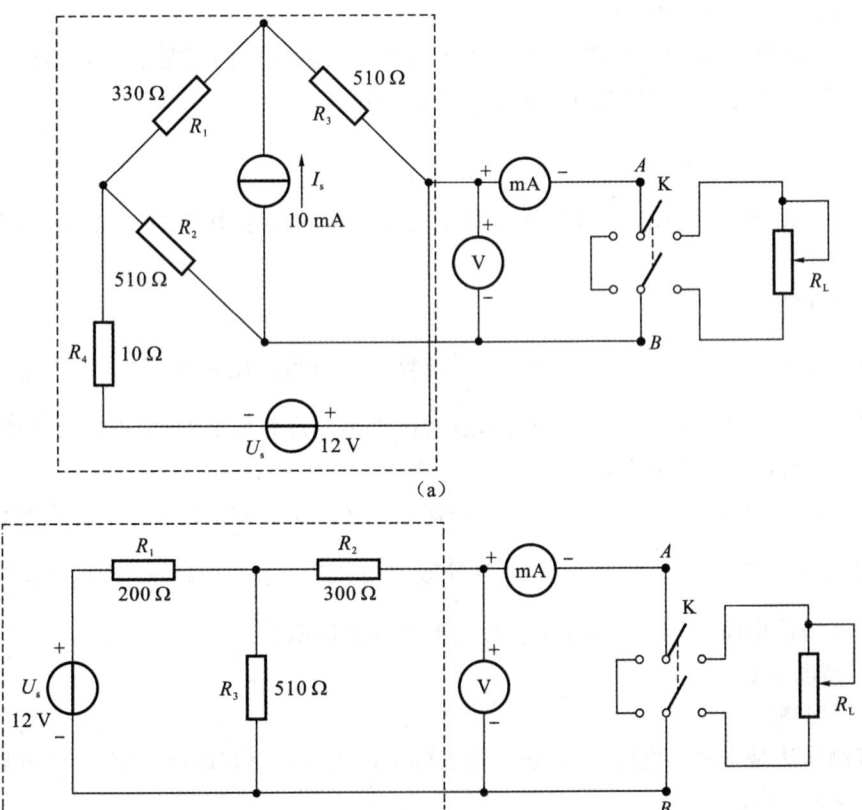

图 1.4.2 有源二端网络的外特性测试电路图

表 1.4.1 有源二端网络的外特性实验数据

R_L/Ω	100	200	300	500	700	800	900	1 000
U/V								
I/mA								

（二）用开路电压、短路电流法测量有源二端网络的 U_{oc}、R_0

在图 1.4.2 中不接入 R_L，测出 U_{oc}（测 U_{oc} 时，不接入直流数字毫安表）和 I_{sc}，并计算 R_0（$=U_{oc}/I_{sc}$）。数据填入表 1.4.2。

表 1.4.2 开路电压、短路电流实验数据

U_{oc}/V	I_{sc}/mA	R_0/Ω

（三）验证戴维宁定理

实验电路如图 1.4.2 所示。将可调电阻箱调到实验内容（二）所得的等效电阻 R_0 之值，令其与可调直流稳压电源相串联，再将可调直流稳压电源调到实验内容（二）所测得的开路电压 U_{oc} 之值，如图 1.4.3 所示。

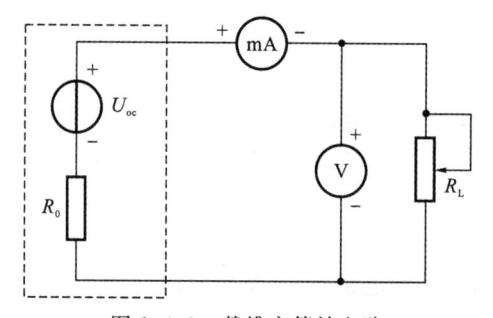

图 1.4.3 戴维宁等效电路

仿照实验内容（一）测其外特性，数据填入表 1.4.3。

表 1.4.3 戴维宁等效电路实验数据

R_L/Ω	100	200	300	500	700	800	900	1 000
U/V								
I/mA								

（四）有源二端网络等效参数的其他测量方法

1. 实验电路如图 1.4.2 所示，将被测有源二端网络内的所有独立源置零（去掉电流源 I_s 和电压源 U_s，并将原电压源所接的两点用一根短路导线相连），然后直接用数字万用表的欧姆挡测定负载 R_L 开路时 A、B 两点间的电阻，即为被测网络的等效内阻 R_0，或称网络的入端电阻 R_i。

2. 用输入法、测量开路电压及有载电压法测量等效内阻 R_0，用零示测量法测量开路电压 U_{oc}。电路及数据表格自拟。

六、实验报告要求

1. 根据实验内容（一）和（三）的数据分别绘出曲线，验证戴维宁定理的正确性，并分析误差产生的原因。

2. 将实验内容（二）和（四）的几种方法测得的 U_{oc} 与 R_0 和预习时计算的结果相比较，能得出什么结论？

3. 归纳、总结实验结果。

实验五 受控源的实验研究

一、实验目的

通过测试受控源的外特性及其转移参数，进一步理解受控源的物理概念，加深对受控源的认识和理解。

二、实验器材

1. 可调直流稳压电源；　　2. 可调直流恒流源；　　3. 直流数字电压表；

4. 直流数字毫安表；　　　5. 可调电阻箱；　　　　6. 受控源实验电路板。

三、实验原理

1. 电源有独立源（如电池、发电机等）与非独立源（或称为受控源）之分。

受控源与独立源的不同点是：独立源的电动势 E_s 或电流 I_s 是某一固定的数值或是时间的函数，它不随电路其余部分状态的改变而改变，而受控源的电动势或电流则随电路中另一支路的电压或电流的变化而变化。

受控源又与无源元件不同，无源元件两端的电压和它自身的电流有一定的函数关系，而受控源的输出电压或电流则和另一支路（或元件）的电流或电压有某种函数关系。

2. 独立源与无源元件是二端元器件；受控源则是四端元器件，或称为双口元件，它有一对输入端（U_1、I_1）和一对输出端（U_2、I_2）。输入端可以控制输出端电压或电流的大小，施加于输入端的控制量可以是电压或电流，因而有两种受控电压源（即电压控制电压源 VCVS 和电流控制电压源 CCVS）和两种受控电流源（即电压控制电流源 VCCS 和电流控制电流源 CCCS）。受控源的电路模型如图 1.5.1 所示。

3. 当受控源的输出电压（或电流）与控制支路的电压（或电流）成正比变化时，称该受控源是线性的。

理想受控源的控制支路中只有一个独立变量（电压或电流），另一个独立变量等于零。即从输入口看，理想受控源或者是短路（即输入电阻 $R_1=0$，因而 $U_1=0$），或者是开路（即输入电导 $G_1=0$，因而输入电流 $I_1=0$）；从输出口看，理想受控源或者是一个理想电压源，或者是一个理想电流源。

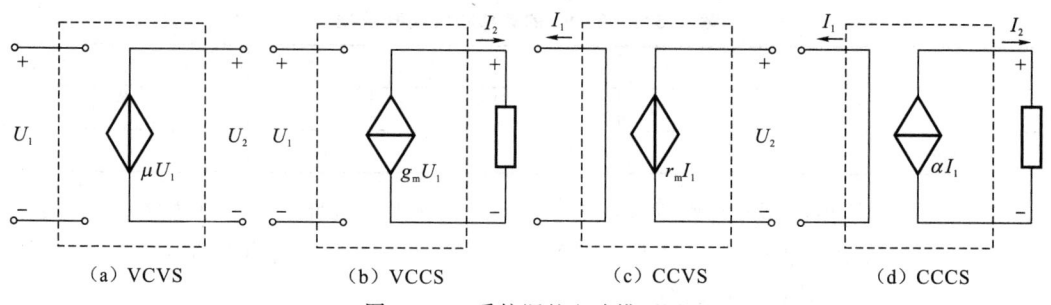

（a）VCVS	（b）VCCS	（c）CCVS	（d）CCCS

图 1.5.1　受控源的电路模型图

4. 受控源的控制端与受控端的关系式称为转移函数。

四种受控源的转移函数及转移参量的定义如下：

（1）VCVS：$U_2 = f(U_1)$，$\mu = U_2/U_1$ 称为转移电压比（或电压增益）。

（2）VCCS：$I_2 = f(U_1)$，$g_m = I_2/U_1$ 称为转移电导。

（3）CCVS：$U_2 = f(I_1)$，$r_m = U_2/I_1$ 称为转移电阻。

（4）CCCS：$I_2 = f(I_1)$，$\alpha = I_2/I_1$ 称为转移电流比（或电流增益）。

四、预习要求

通过对该实验的预习，能解决以下问题：

1. 受控源和独立源相比有何异同点？比较四种受控源的代号、电路模型、控制量与被控量的关系。

2. 四种受控源中的 r_m、g_m、α 和 μ 的意义是什么？如何测得？

3. 若受控源控制量的极性反向，试问：其输出极性是否发生变化？

4. 受控源的控制特性是否适用于交流信号？

5. 如何由两个基本的 CCVS 和 VCCS 获得 CCCS 和 VCVS？它们的输入和输出如何连接？

五、实验内容

（一）测定受控源 VCVS 的转移特性 $U_2 = f(U_1)$ 及负载特性 $U_2 = f(I_L)$

实验电路如图 1.5.2 所示。

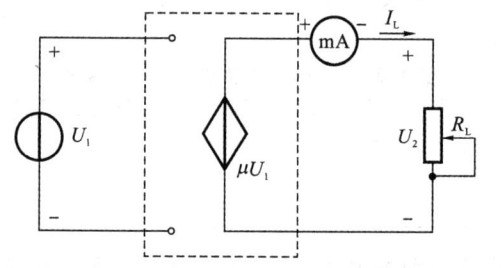

图 1.5.2　测定 VCVS 的转移特性及负载特性电路

1. 不接直流数字毫安表，固定可调变阻箱的阻值 $R_L = 2\ \text{k}\Omega$，调节可调直流稳压电源的输出电压 U_1 为表 1.5.1 所示的值，测量相应的 U_2 值，填入表 1.5.1。

表 1.5.1　VCVS 的转移特性实验数据

U_1/V	0	1	3	5	7	8	9
U_2/V							
计算 μ							

在方格纸上绘出电压转移特性曲线 $U_2 = f(U_1)$，并由其线性部分求出转移电压比 μ。

2. 接入直流数字毫安表，保持 $U_1 = 2$ V，调节 R_L 为表 1.5.2 所示的值，测量 U_2 及 I_L，填入表 1.5.2。绘制负载特性曲线 $U_2 = f(I_L)$。

表 1.5.2　VCVS 的负载特性实验数据

R_L/Ω	50	70	100	200	300	400	500	$+\infty$
U_2/V								
I_L/mA								

（二）测定受控源 VCCS 的转移特性 $I_L = f(U_1)$ 及负载特性 $I_L = f(U_2)$

实验电路如图 1.5.3 所示。

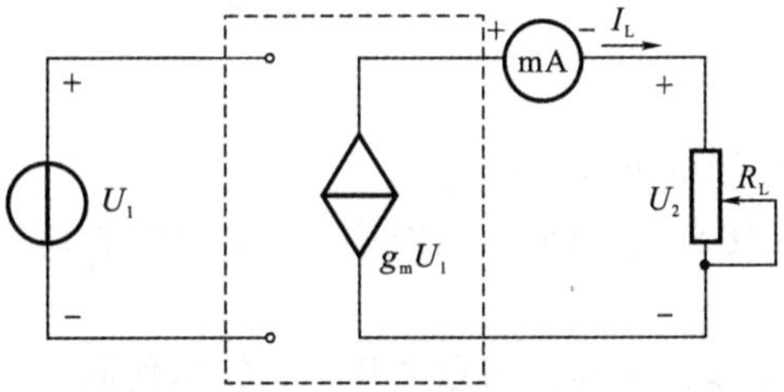

图 1.5.3　测定 VCCS 的转移特性及负载特性电路

1. 固定 $R_L = 2$ kΩ，调节可调直流稳压电源的输出电压 U_1 为表 1.5.3 所示的值，测出相应的 I_L 值，填入表1.5.3。绘制 $I_L = f(U_1)$ 曲线，并由其线性部分求出转移电导 g_m。

表 1.5.3　VCCS 的转移特性实验数据

U_1/V	0.1	0.5	1	2	3	3.5	3.7	4
I_L/mA								
计算 g_m								

2. 保持 $U_1 = 2$ V，令 R_L 按表 1.5.4 所示从大到小变化，测出相应的 I_L 及 U_2，填入表 1.5.4。绘制 $I_L = f(U_2)$ 曲线。

表 1.5.4　VCCS 的负载特性实验数据

$R_L/k\Omega$	5	4	2	1	0.5	0.4	0.3	0.2	0.1	0
I_L/mA										
U_2/V										

（三）测定受控源 CCVS 的转移特性 $U_2 = f(I_s)$ 及负载特性 $U_2 = f(I_L)$

实验电路如图 1.5.4 所示。

1. 固定 $R_L = 2$ kΩ，调节可调直流恒流源的输出电流 I_s，按表 1.5.5 所列的 I_s 值，测出 U_2，填入表 1.5.5。绘制 $U_2 = f(I_s)$ 曲线，并由其线性部分求出转移电阻 r_m。

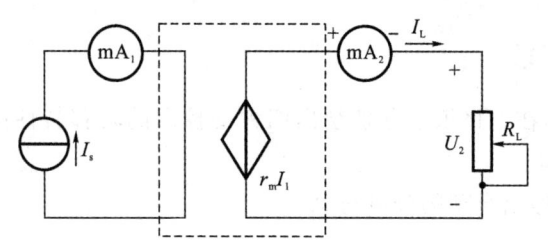

图 1.5.4　测定 CCVS 的转移特性及负载特性电路

表 1.5.5　CCVS 的转移特性实验数据

I_s/mA	0.1	1	3	5	7	8	9	9.5
U_2/V								
计算 r_m								

2. 保持 $I_s=2$ mA,按表 1.5.6 所列的 R_L 值,测出 U_2 及 I_L,填入表 1.5.6。绘制负载特性曲线 $U_2=f(I_L)$。

表 1.5.6　CCVS 的负载特性实验数据

$R_L/\text{k}\Omega$	0.5	1	2	4	6	8	10
U_2/V							
I_L/mA							

（四）测定受控源 CCCS 的转移特性 $I_L=f(I_s)$ 及负载特性 $I_L=f(U_2)$

实验电路如图1.5.5所示。

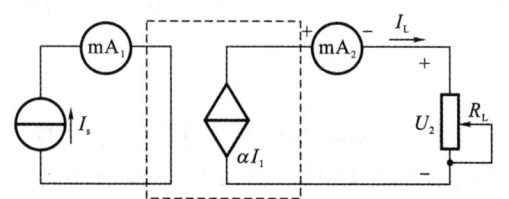

图 1.5.5　测定 CCCS 的转移特性及负载特性电路

1. 参见实验内容(三)的步骤 2 测出 I_L,数据填入表 1.5.7。绘制 $I_L=f(I_s)$ 曲线,并由其线性部分求出转移电流比 α。

表 1.5.7　CCCS 的转移特性实验数据

I_s/mA	0.1	0.2	0.5	1	1.5	2	2.2
I_L/mA							
计算 α							

2. 保持 $I_s=1$ mA,令 R_L 为表 1.5.8 所列的值,测出 I_L,填入表 1.5.8,绘制 $I_L=f(U_2)$ 曲线。

表 1.5.8　CCCS 的负载特性实验数据

$R_L/\text{k}\Omega$	0	0.2	0.4	0.6	0.8	1	2	5	10	20
I_L/mA										
U_2/V										

六、实验报告要求

1. 根据实验数据,在方格纸上分别绘出四种受控源的转移特性曲线和负载特性曲线,并求出相应的转移参量。

2. 对实验的结果做出合理的分析与总结。

实验六 三相交流电路电压、电流的测量

一、实验目的

1. 掌握三相负载的星形接法、三角形接法,验证这两种接法下线、相电压及线、相电流之间的关系。

2. 充分理解三相四线供电系统中中线的作用。

二、实验器材

1. 三相交流电源;　　2. 交流电压表;　　3. 交流电流表;　　4. 数字万用表;

5. 三相自耦调压器;　6. 三相灯组负载;　7. 电流插头、插座。

三、实验原理

三相负载可接成星形(又称 Y 接法)或接成三角形(又称△接法)。

1. 当三相对称负载采用星形接法时,线电压 U_L 是相电压 U_P 的 $\sqrt{3}$ 倍,线电流 I_L 等于相电流 I_P,即

$$U_L = \sqrt{3}U_P, \quad I_L = I_P$$

在这种情况下,流过中线的电流 $I_0 = 0$,所以,可以省去中线。

当三相对称负载采用三角形接法时,有

$$I_L = \sqrt{3}I_P, \quad U_L = U_P$$

2. 当三相不对称负载采用星形接法时,必须是三相四线制供电,又称 Y_0 接法,而且中线必须牢固连接,以保证三相不对称负载的每相电压维持对称不变。倘若中线断开,会导致三相负载电压的不对称,致使负载轻的一相的相电压过高,使负载遭受损坏,而负载重的一相的相电压又过低,使负载不能正常工作。尤其是对于三相照明负载,一律采用 Y_0 接法。

当三相不对称负载采用三角形接法时,虽然 $I_L \neq \sqrt{3}I_P$,但只要电源的线电压 U_L 对称,则加在三相负载上的电压仍是对称的,对各相负载的工作没有影响。

四、预习要求

通过对该实验的预习,能解决以下问题:

1. 三相负载根据什么条件选择星形或三角形接法？

2. 试分析三相不对称负载采用星形接法在无中线的情况下，当某相负载开路或短路时会出现什么情况。如果接上中线，情况又如何？

3. 本实验中为什么要通过三相自耦调压器将 380 V 的市电线电压降为 220 V 的线电压使用？

五、实验内容

（一）三相负载星形接法（三相四线制供电）

按图 1.6.1 连接实验电路，即三相灯组负载经三相自耦调压器接通三相交流电源。将三相自耦调压器的手柄置于输出为 0 V 的位置（即逆时针旋到底），经指导教师检查合格后，方可开启实验台电源。然后调节三相自耦调压器的输出，使输出的三相线电压为 220 V，分别测量三相负载的线电流、线电压、相电压、中线电流、电源与负载中点间的电压。将所测得的数据记入表 1.6.1 中，并观察各相灯组亮暗的变化程度，特别要注意观察中线的作用。

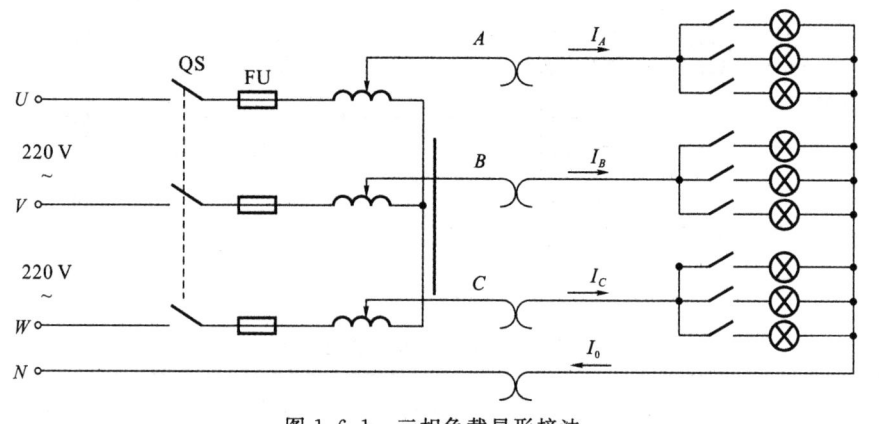

图 1.6.1　三相负载星形接法

表 1.6.1　三相负载星形接法实验数据

测量数据 负载情况	开灯盏数			线电流/A			线电压/V			相电压/V			中线电流 I_0/A	中点电压 U_{N0}/V
	A 相	B 相	C 相	I_A	I_B	I_C	U_{AB}	U_{BC}	U_{CA}	U_{A0}	U_{B0}	U_{C0}		
Y_0 接对称负载	3	3	3											
	2	2	2											
Y 接对称负载	3	3	3											
	2	2	2											
Y_0 接不对称负载	1	2	3											
	2	2	4											
Y 接不对称负载	1	2	3											
	2	2	4											
Y_0 接 B 相断开	1	—	3											
	2	—	2											

测量数据 负载情况	开灯盏数			线电流/A			线电压/V			相电压/V			中线 电流	中点 电压
	A 相	B 相	C 相	I_A	I_B	I_C	U_{AB}	U_{BC}	U_{CA}	U_{A0}	U_{B0}	U_{C0}	I_0/A	U_{N0}/V
Y 接 B 相断开	1	—	3											
	2	—	2											
Y 接 B 相短路	1	—	3											
	2	—	2											

（二）三相负载三角形接法（三相三线制供电）

按图 1.6.2 连接电路。经指导教师检查合格后，接通三相交流电源，并调节三相自耦调压器，使其输出线电压为 220 V，并按表 1.6.2 的内容进行测试。

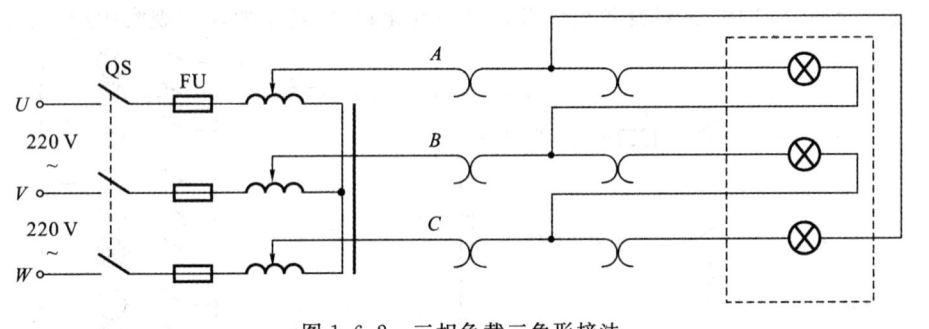

图 1.6.2　三相负载三角形接法

表 1.6.2　三相负载三角形接法实验数据

测量数据 负载情况	开灯盏数			（线电压＝相电压）/V			线电流/A			相电流/A		
	A、B 相	B、C 相	C、A 相	U_{AB}	U_{BC}	U_{CA}	I_A	I_B	I_C	I_{AB}	I_{BC}	I_{CA}
三相对称	3	3	3									
	2	2	2									
三相不对称	1	2	3									
	2	2	4									

六、实验报告要求

1. 用实验测得的数据验证三相对称电路中的 $\sqrt{3}$ 关系。

2. 用实验数据和观察到的现象，总结三相四线制供电系统中中线的作用。

3. 分析三相不对称负载采用三角形接法能否正常工作。实验是否能证明这一点？

4. 根据三相不对称负载采用三角形接法时的相电流值绘制相量图，并求出线电流值，然后与实验测得的线电流进行比较分析。

正弦稳态交流电路相量的研究

一、实验目的

1. 研究正弦稳态交流电路中电压、电流相量之间的关系。
2. 掌握日光灯电路的连接。
3. 理解改善电路功率因数的意义,并掌握其方法。

二、实验器材

1. 三相交流电源;　　　　　2. 交流电压表;　　　　　3. 交流电流表;
4. 功率表和功率因数表;　　5. 三相自耦调压器;　　　6. 镇流器;
7. 启辉器;　　　　　　　　8. 日光灯灯管;　　　　　9. 电容;
10. 白炽灯及灯座;　　　　　11. 电流插头、插座;　　　12. DG09 实验挂箱。

三、实验原理

1. 在单相正弦交流电路中,用交流电流表测得各支路的电流值,用交流电压表测得回路中各元器件两端的电压值,它们之间的关系满足相量形式的基尔霍夫定律,即 $\sum \dot{I} = 0$ 和 $\sum \dot{U} = 0$。

2. 图 1.7.1 所示的 RC 串联电路中,在正弦稳态信号 $\dot{U}$ 的激励下,$\dot{U}_R$ 与 $\dot{U}_C$ 保持 90°的相位差,即当 R 值改变时,$\dot{U}_R$ 的相量轨迹是一个半圆。$\dot{U}$、$\dot{U}_C$ 与 $\dot{U}_R$ 三者构成一个直角三角形,如图 1.7.2 所示。当 R 值改变时,可改变 φ 角的大小,从而达到移相的目的。

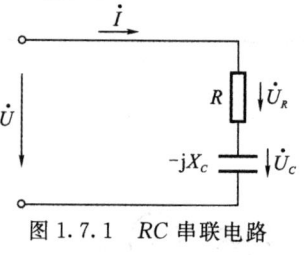
图 1.7.1　RC 串联电路

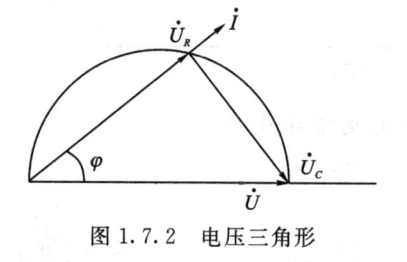
图 1.7.2　电压三角形

3. 日光灯电路如图 1.7.3 所示。图中 A 是日光灯管,L 是镇流器,S 是启辉器,C 是补偿电容,用以改善电路的功率因数($\cos \varphi$ 值)。有关日光灯的工作原理请自行查阅有关资料。

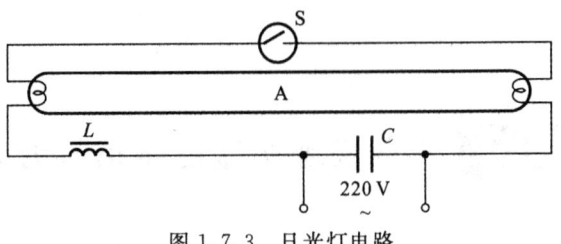

图 1.7.3　日光灯电路

四、预习要求

实验前要认真预习,并能解决以下问题:

1. 参阅课外资料,了解日光灯的启辉原理。

2. 在日常生活中,当日光灯上缺少了启辉器时,人们常用一根导线将启辉器的两端短接一下,然后迅速断开,使日光灯点亮(DG09 实验挂箱上有短接按钮,可用它代替启辉器做一下实验),或用一只启辉器点亮多只同类型的日光灯,这是为什么?

3. 为了改善电路的功率因数,常在感性负载上并联电容,此时增加了一条电流支路。试问:电路的总电流是增大还是减小?此时感性负载上的电流和功率是否有变化?

4. 提高电路功率因数为什么只采用并联电容法,而不用串联法?所并联的电容是否越大越好?

五、实验内容

(一)验证电压三角形关系

按图 1.7.1 接线。R 为 220 V/15 W 的白炽灯,电容为 4.7 μF/450 V。经指导教师检查后,接通实验台电源,将三相自耦调压器的输出(即 U)调至 220 V。记录 U、U_R、U_C 的值,填入表 1.7.1,然后验证电压三角形关系。

表 1.7.1　验证电压三角形关系实验数据

测量值			计算值		
U/V	U_R/V	U_C/V	$(U'=\sqrt{U_R^2+U_C^2})$/V	$(\Delta U=U'-U)$/V	$(\Delta U/U)$/%

注:U' 与 U_R、U_C 组成直角三角形。

(二)日光灯电路接线与测量

按图 1.7.4 接线。

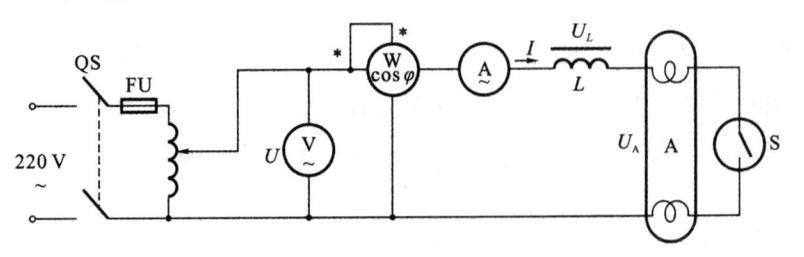

图 1.7.4　日光灯实验电路

经指导教师检查后,接通实验台电源,调节三相自耦调压器的输出,使其输出电压缓慢增大,直到日光灯刚启辉点亮,测量功率 P,功率因数 $\cos\varphi$ 电流 I,电压 U、U_L、U_A 等值。然后将三相自耦调压器的输出调至 220 V,使日光灯正常工作,进行重复测量,将数据填入表 1.7.2,并验证电压、电流的相量关系。

表 1.7.2 日光灯电路实验数据

测量时刻	测量值						计算值	
	P/W	$\cos\varphi$	I/A	U/V	U_L/V	U_A/V	r/Ω	$\cos\varphi$
启辉点亮时								
正常工作时								

注:r 为镇流器电阻。

(三)并联电路——电路功率因数的改善

按图 1.7.5 连接实验电路。

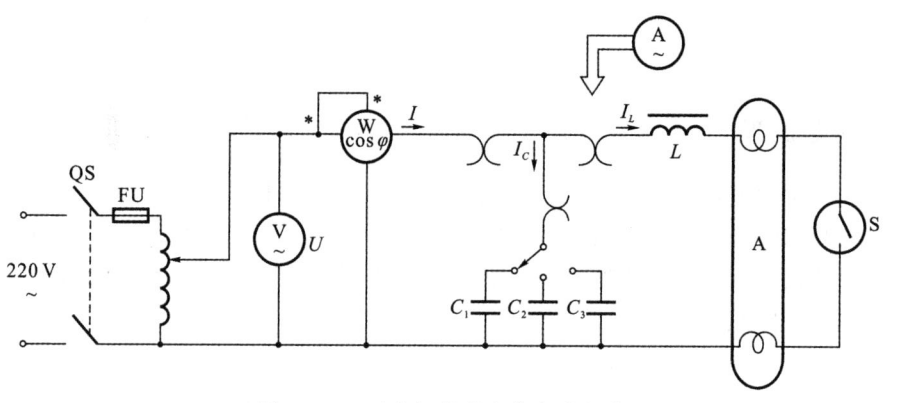

图 1.7.5 日光灯并联电容实验电路

经指导教师检查后,接通实验台电源,将三相自耦调压器的输出调至 220 V,记录功率表和功率因数表以及交流电压表读数,通过一只交流电流表和三个电流插头、插座分别测得三条支路的电流 I、I_L、I_C,按表 1.7.3 所示改变电容值,进行三次重复测量,数据记入表 1.7.3。

表 1.7.3 日光灯并联电容电路实验数据

电容值 $C/\mu F$	测量值						计算值
	P/W	$\cos\varphi$	U/V	I/A	I_L/A	I_C/A	$\cos\varphi$
1							
2.2							
4.7							

六、实验报告要求

1. 完成数据表格中的计算,进行必要的误差分析。

2. 根据实验数据,分别绘出电压、电流相量图,验证相量形式的基尔霍夫定律。

3. 讨论改善电路功率因数的意义和方法。

实验八 功率因数及相序的测量

一、实验目的

1. 掌握三相交流电路相序的测量方法。
2. 熟悉功率因数表的使用方法，了解负载性质对功率因数的影响。

二、实验器材

1. 功率表和功率因数表；　　2. 交流电压表；　　3. 交流电流表；

4. 三相自耦调压器；　　5. 白炽灯灯组负载；　　6. 镇流器；

7. 电容。

三、实验原理

图 1.8.1 所示为相序指示器电路，用于测定三相电源的相序 A、B、C（或 U、V、W）。它是由一个电容和两只白炽灯连接成的星形不对称三相负载电路。如果电容所接的是 A 相，则灯光较亮的是 B 相，较暗的是 C 相。相序是相对的，任何一相均可作为 A 相，当 A 相确定后，B 相和 C 相也就确定了。

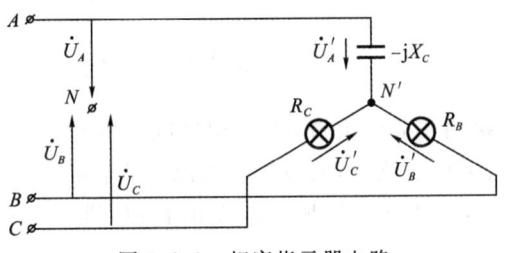

图 1.8.1　相序指示器电路

假设 $X_C = R_B = R_C = R$，$\dot{U}_A = U_P \angle 0°$，则

$$\dot{U}_{N'N} = \frac{\left(\dfrac{1}{-\mathrm{j}R}\right)U_P + \left(-\dfrac{1}{2} - \mathrm{j}\dfrac{\sqrt{3}}{2}\right)\left(\dfrac{1}{R}\right)U_P + \left(-\dfrac{1}{2} + \mathrm{j}\dfrac{\sqrt{3}}{2}\right)\left(\dfrac{1}{R}\right)U_P}{-\dfrac{1}{\mathrm{j}R} + \dfrac{1}{R} + \dfrac{1}{R}}$$

$$\dot{U}'_B = \dot{U}_B - \dot{U}_{N'N} = \left(-\dfrac{1}{2} - \mathrm{j}\dfrac{\sqrt{3}}{2}\right)U_P - (-0.2 + \mathrm{j}0.6)U_P$$

$$= (-0.3 - \mathrm{j}1.466)U_P = 1.49U_P \angle -101.6°$$

$$\dot{U}'_C = \dot{U}_C - \dot{U}_{N'N} = \left(-\dfrac{1}{2} + \mathrm{j}\dfrac{\sqrt{3}}{2}\right)U_P - (-0.2 + \mathrm{j}0.6)U_P$$

$$= (-0.3 + \mathrm{j}0.266)U_P = 0.4U_P \angle -138.4°$$

由于 $\dot{U}_B' > \dot{U}_C'$，故 B 相灯光较亮。

四、预习要求

实验前要预习此实验，根据电路理论，分析图 1.8.1 所示电路检测相序的原理。

五、实验内容

（一）相序的测定

1. 选用 220 V/15 W 白炽灯和 1 μF/500 V 电容，然后按图 1.8.1 接线。经三相自耦调压器接入线电压为 220 V 的三相交流电，观察两灯的亮暗，判断三相交流电源的相序。

2. 将电源线任意调换两相后再接入电路，观察两灯的明亮状态，判断三相交流电源的相序。

（二）电路功率（P）和功率因数（$\cos\varphi$）的测量

按图 1.8.2 接线，按表 1.8.1 所示在 A、B 间接入不同元器件，测量电压 U、U_R、U_L，电流 I，电路功率 P，功率因数 $\cos\varphi$ 等值，并分析负载性质。

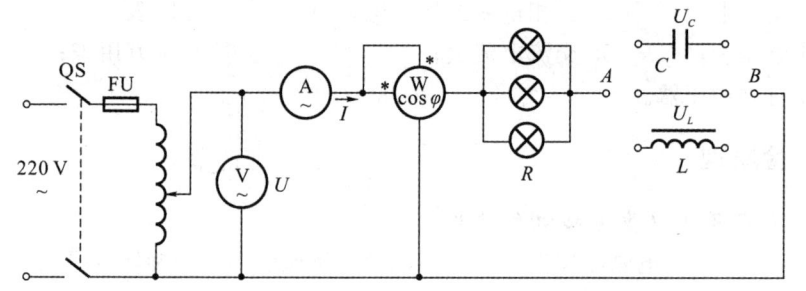

图 1.8.2　测量电路功率及功率因数电路

表 1.8.1　测量电路功率和功率因数实验数据

A、B 间	U/V	U_R/V	U_L/V	U_C/V	I/A	P/W	$\cos\varphi$	负载性质
短　接								
接入 C								
接入 L								
接入 L 和 C								

注：C 为 4.7 μF/500 V 电容器，L 为 40 W 日光灯镇流器。

六、实验报告要求

1. 简述实验电路的相序检测原理。

2. 根据交流电压表、交流电流表、功率表测得的数据，计算 $\cos\varphi$，并与功率因数表的读数比较，分析产生误差的原因。

3. 分析负载性质与 $\cos\varphi$ 的关系。

实验九　三相鼠笼式异步电动机

一、实验目的

1. 熟悉三相鼠笼式异步电动机的结构和额定值。
2. 学习检验三相鼠笼式异步电动机绝缘情况的方法。
3. 学习三相鼠笼式异步电动机定子绕组首、末端的判别方法。
4. 掌握三相鼠笼式异步电动机的启动和反转的方法。

二、实验器材

1. 三相交流电源；　　2. 三相鼠笼式异步电动机；　　3. 兆欧表；
4. 交流电压表；　　　5. 交流电流表；　　　　　　　6. 数字万用表；
7. 三相自耦调压器。

三、实验原理

（一）三相鼠笼式异步电动机的结构

异步电动机是基于电磁原理把交流电能转换为机械能的一种旋转电机。三相鼠笼式异步电动机的基本结构由定子和转子两部分组成。

定子主要由定子铁芯、三相对称定子绕组和机座等组成，是电动机的静止部分。三相定子绕组一般有 6 根引出线，出线端装在机座外面的接线盒内，如图 1.9.1 所示。

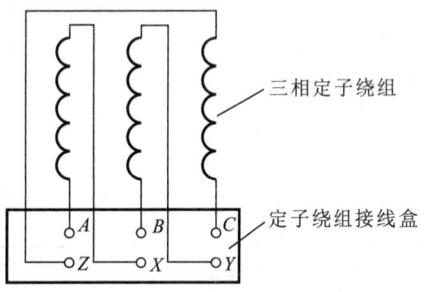

图 1.9.1　三相鼠笼式异步电动机的定子绕组

根据三相电源电压的不同，三相定子绕组可以接成星形或三角形，然后与三相交流电源相连。

转子主要由转子铁芯、转轴、鼠笼式转子绕组、风扇等组成，是电动机的旋转部分。小容量鼠笼式异步电动机的转子绕组大都采用铝浇铸而成，冷却方式一般都采用扇冷式。

（二）三相鼠笼式异步电动机的铭牌

三相鼠笼式异步电动机的额定值标记在电动机的铭牌上。表 1.9.1 所示为本实验所用三相鼠笼式异步电动机的铭牌数据。

表 1.9.1　本实验用三相鼠笼式异步电动机铭牌数据

型　号	电　压	电　流	功　率	转　速	接　法	定　额
DJ24	380 V/220 V	1.13 A/0.65 A	180 W	1 400 r/min	Y/△	连　续

1. 功率:额定运行情况下,电动机轴上输出的机械功率。

2. 电压:额定运行情况下,三相定子绕组应加的电源线电压值。

3. 接法:三相定子绕组接法。当额定电压为 380 V/220 V 时,应为 Y/△接法。

4. 电流:额定运行情况下,当电动机输出额定功率时,定子电路的线电流值。

(三)三相鼠笼式异步电动机的检查

电动机使用前应进行如下必要的检查。

1. 机械检查。

检查引出线是否齐全、牢靠,转子转动是否灵活、匀称,有无异常声响等。

2. 电气检查。

(1) 用兆欧表检查电机绕组间及绕组与机壳之间的绝缘性能。

电动机的绝缘电阻可以用兆欧表进行测量。对额定电压 1 kV 以下的电动机,其绝缘电阻值最低不得小于每伏 1 000 Ω,测量方法如图 1.9.2 所示。一般额定电压 500 V 以下的中小型电动机最低应具有 2 MΩ 的绝缘电阻。

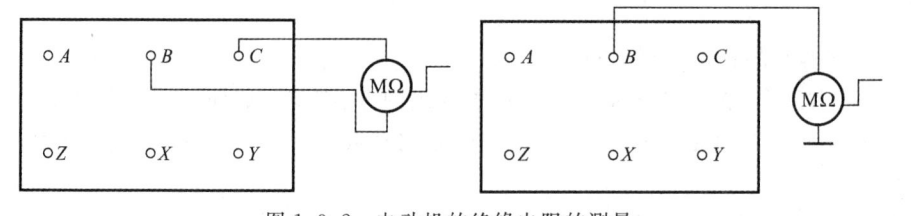

图 1.9.2　电动机的绝缘电阻的测量

(2) 定子绕组首、末端的判别。

异步电动机三相定子绕组的 6 个出线端有 3 个首端和 3 个末端。一般首端标以 A、B、C,末端标以 X、Y、Z。在接线时,如果没有按照首、末端的标记来接,则当电动机启动时磁势和电流就会不平衡,因而引起绕组发热、震动、有噪音,甚至导致电动机不能启动,或因过热而烧毁。定子绕组 6 个出线端标记无法辨认时,可以通过实验方法来判别其首、末端(即同名端)。方法如下:

用数字万用表的欧姆挡从 6 个出线端中确定哪一对引出线是属于同一相的,分别找出三相绕组,并标以符号,如 A,X,B,Y,C,Z。将其中的任意两相绕组串联,如图 1.9.3 所示。将三相自耦调压器的手柄置于输出电压为 0 V 的位置,开启控制屏上的三相交流电源总开关,按下启动按钮,接通三相交流电源。调节三相自耦调压器的输出,在相串联的两相绕组之间施以单相低电压 $U = 80 \sim 100$ V,测出第三相绕组的电压。如电压表有一定读数,表示两相绕组的末端与首端相联,如图 1.9.3(a) 所示。反之,如测得的电压近似为零,则两相绕组的末端与末端(或首端与首端)相连,如图 1.9.3(b) 所示。用同样的方法可测出第三相绕组的首、末端。

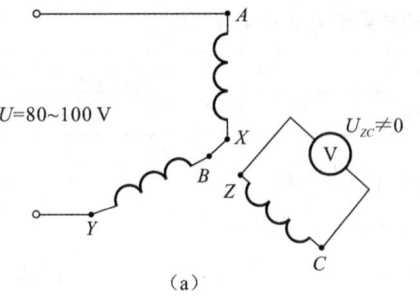 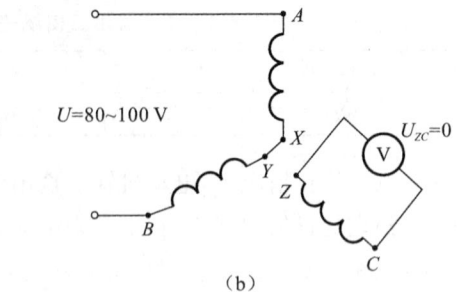

（a）　　　　　　　　　　　　（b）

图 1.9.3　定子绕组首、末端的判别

（四）三相鼠笼式异步电动机的启动

三相鼠笼式异步电动机的直接启动电流可达额定电流的 4～7 倍,但持续时间很短,不至于引起电机过热而烧坏。但对容量较大的电机,过大的启动电流会导致电网电压的下降而影响其他负载的正常运行,因此,通常采用降压启动法。最常用的是 Y-△换接启动,它可使启动电流减小到直接启动电流的 1/3。其使用的条件是正常运行必须采用△接法。

（五）三相鼠笼式异步电动机的反转

三相鼠笼式异步电动机的旋转方向取决于三相电源接入定子绕组时的相序,故只要改变三相电源与定子绕组连接的相序即可使电动机改变旋转方向。

四、预习要求

通过对该实验的预习,能解决以下问题:

1. 如何判断三相鼠笼式异步电动机定子绕组的首、末端? 如何连接成 Y 形或△形?

2. 缺相是三相电动机运行中的一大故障,在启动或运转时发生缺相,会出现什么现象? 有何后果?

3. 当电动机的转子被卡住不能转动时,如果定子绕组接通三相交流电源将会有什么后果?

五、实验内容

1. 抄录三相鼠笼式异步电动机的铭牌数据,并观察其结构。

2. 用数字万用表判别定子绕组的首、末端。

3. 用兆欧表测量电动机的绝缘电阻,并填入表 1.9.2。

表 1.9.2　电动机的绝缘电阻实验数据

各相绕组之间的绝缘电阻/MΩ		绕组对地(机座)之间的绝缘电阻/MΩ	
A 相与 B 相		A 相与地	
A 相与 C 相		B 相与地	
B 相与 C 相		C 相与地	

4. 三相鼠笼式异步电动机的直接启动。

（1）采用 380 V 三相交流电源。

① 将三相自耦调压器的手柄置于输出电压为 0 V 的位置,将控制屏上的交流电压表切换开关置于"调压输出"侧,根据电动机的容量选择交流电流表合适的量程。

② 开启控制屏上的三相交流电源总开关,按启动按钮,此时三相自耦调压器原绕组端 U_1、V_1、W_1 得电,调节三相自耦调压器的输出,使 U、V、W 端输出线电压为 380 V,三只交流电压表指示应基本平衡。保持三相自耦调压器手柄的位置不变,按停止按钮,三相自耦调压器断电。

③ 按图 1.9.4 接线。电动机三相定子绕组采用 Y 接法,供电线电压为 380 V,实验电路中的 QS 及 FU 由控制屏上的接触器 KM 和熔断器 FU 代替。学生可由 U、V、W 端子开始接线,以下各实验均同此。

④ 按控制屏上的启动按钮,电动机直接启动。观察启动瞬间的电流冲击情况及电动机的旋转方向,记录启动电流。当运行稳定后,将交流电流表量程切换至较小量程挡位上,记录空载电流。

⑤ 电动机稳定运行后,突然拆除 U、V、W 中的任一相电源(注意小心操作,以免触电),观测电动机单相运行时交流电流表的读数并记录,再仔细倾听电动机的运行声音有何变化。(可由指导教师示范操作)

⑥ 电动机启动之前先断开 U、V、W 中的任一相,进行缺相启动,观测并记录交流电流表读数。观察电动机能否启动,再仔细倾听电动机是否发出异常的声响。

⑦ 实验完毕,按控制屏上的停止按钮,切断实验电路的三相交流电源。

(2)采用 220 V 三相交流电源。

调节三相自耦调压器的输出,使输出线电压为 220 V。电动机定子绕组采用△接法。按图 1.9.5 接线,重复(1)中各实验步骤,并记录。

5. 三相鼠笼式异步电动机的反转。

电路如图 1.9.6 所示,按控制屏上的启动按钮,启动电动机,观察启动电流及电动机是否反转。

6. 实验完毕,将三相自耦调压器调回零位,按控制屏上的停止按钮,切断实验电路的三相交流电源。

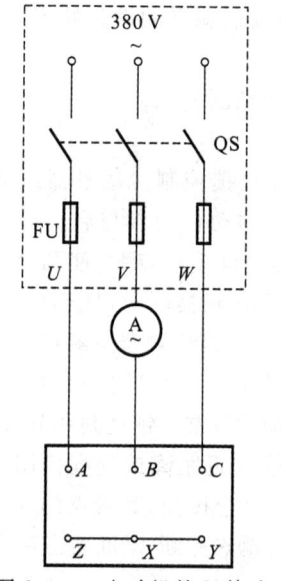

图 1.9.4 电动机的 Y 接法

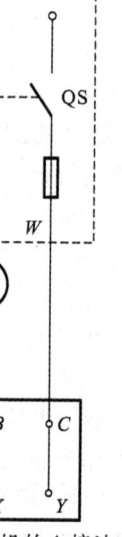

图 1.9.5 电动机的△接法

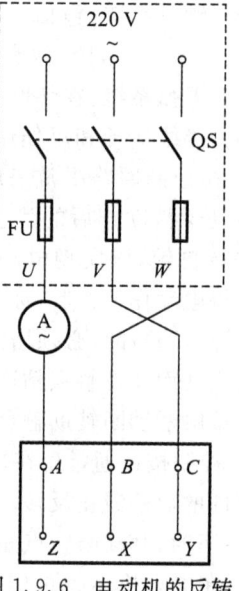

图 1.9.6 电动机的反转

六、实验报告要求

1. 总结三相鼠笼式异步电动机绝缘性能检查的结果，判断该电动机是否完好可用。
2. 对三相鼠笼式异步电动机的启动、反转及各种故障情况进行分析。

实验十　三相鼠笼式异步电动机点动和自锁控制

一、实验目的

1. 通过对三相鼠笼式异步电动机点动控制和自锁控制电路的实际连接，掌握由电气原理图变换成安装接线图的知识。
2. 通过实验进一步加深理解点动控制和自锁控制的特点。

二、实验器材

1. 三相交流电源；　　　2. 三相鼠笼式异步电动机；　　3. 交流接触器；
4. 控制按钮；　　　　　5. 热继电器；　　　　　　　　6. 交流电压表；
7. 数字万用表；　　　　8. 三相自耦调压器。

三、实验原理

1. 继电-接触控制在各类生产机械中有着广泛的应用，凡是需要进行前后、上下、左右、进退等运动的生产机械，均采用传统的典型的正反转继电-接触控制。

交流电动机继电-接触控制电路的主要设备是交流接触器，其主要组成部分如下：

（1）电磁系统：包括铁芯、吸引线圈和短路环。

（2）触点系统：包括主触点和辅助触点。按吸引线圈得电前后触点的动作状态，分为动合（常开）、动断（常闭）两类。

（3）灭弧系统：在切断大电流的触点上装有灭弧罩，以迅速切断电弧。

（4）接线端子和反作用弹簧等。

2. 在控制回路中常采用接触器的辅助触点来实现自锁和互锁控制。接触器线圈得电后能自动保持动作后的状态，这就是自锁。通常用接触器自身的动合触点与启动按钮相并联来进行自锁，以实现电动机的长期运行。这一动合触点称为"自锁触点"。使两个电器不能同时得电动作的控制，称为互锁控制。如为了避免正反转两个接触器同时得电而造成三相交流电源短路事故，必须增设互锁控制环节。为方便操作，也为防止因接触器主触点长期受大电流的烧蚀而偶发触点粘连造成三相交流电源短路事故，通常在具有正反转控制的电路中采用既有接触器动断辅助触点的电气互锁，又有复合按钮机械互锁的双重互锁控制环节。

3. 控制按钮通常用在短时通/断小电流的控制回路中，以实现近距离或远程控制电动机执行部件的启停或正反转。控制按钮专供人工操作使用。对于复合按钮，其触点的动作规律是：当按下时，其动断触点先断，动合触点后合；当松手时，则动合触点先断，动断触点后合。

4. 在电动机运行过程中，应对可能出现的故障进行保护。

采用熔断器实现短路保护,当电动机或电器发生短路时,及时熔断熔体,达到保护线路和电源的目的。熔体熔断时间与流过的电流之间的关系称为熔断器的保护特性,是选择熔体的主要依据。

采用热继电器实现过载保护,使电动机免受长期过载之危害。其主要的技术指标是整定电流值,即电流超过此值的 20% 时,其动断触点应能在一定时间内断开,切断控制回路。触点动作后只能进行人工复位。

5. 在电气控制电路中,最常见的故障发生在接触器上。接触器线圈的电压等级通常有 220 V 和 380 V 等,使用时必须认清,切勿疏忽,否则,电压过高易烧坏线圈,电压过低则吸力不够,不易吸合或吸合频繁,这不但会产生很大的噪声,也会因磁路气隙增大,致使电流过大,烧坏线圈。此外,在接触器铁芯的部分端面嵌装有短路铜环,其作用是为了使铁芯吸合牢靠,消除颤动与噪声。当发生短路铜环脱落或断裂现象时,接触器将会产生很大的震动与噪声。

四、预习要求

通过对该实验的预习,能解决以下问题:

1. 从结构上看,点动控制电路与自锁控制电路的主要区别是什么? 从功能上看,主要区别是什么?

2. 若交流接触器线圈的额定电压为 220 V,误接到 380 V 电源上会有什么后果? 反之,若交流接触器线圈的额定电压为 380 V,而电源线电压为 220 V,其结果又如何?

3. 在主回路中,熔断器和热继电器可否少用一只或两只? 熔断器和热继电器两者是否只采用其中一种就可起到短路和过载保护的作用? 为什么?

五、实验内容

认识各电器的结构、图形符号、接线方法,抄录电动机及各电器铭牌数据,用数字万用表的欧姆挡检查各电器线圈、触点是否完好。

实验电路中,三相鼠笼式异步电动机采用△接法,电源端接三相自耦调压器的输出端 U、V、W,供电线电压为 220 V。

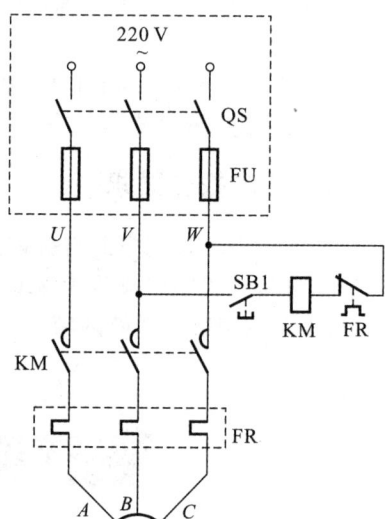

(一)点动控制

1. 按图 1.10.1 所示的点动控制电路进行安装接线。接线时,先接主电路,即从 220 V 三相交流电源的输出端 U、V、W 开始,经交流接触器 KM 的主触点、热继电器 FR 的热元件到电动机 M 的三个线端 A、B、C,用导线按顺序串联起来。主电路连接无误后,再连接控制电路。即从 220 V 三相交流电源某输出端(如 V 相)开始,经过常开按钮 SB1、交流接触器 KM 的线圈、热继电器 FR 的常闭触点到三相交流电源另一个输出端(如

图 1.10.1　三相鼠笼式异步电动机的点动控制

W 相)。显然,这是对交流接触器 KM 线圈供电的电路。接好电路,经指导教师检查后,方可进行通电操作。

2. 开启控制屏上的三相交流电源总开关,按启动按钮,调节三相自耦调压器的输出,使

输出线电压为 220 V。

3. 按启动按钮 SB1,对电动机 M 进行点动操作,比较按下 SB1 与松开 SB1 时电动机和交流接触器的运行情况。

4. 实验完毕,按控制屏上的停止按钮,切断实验电路的三相交流电源。

(二)自锁控制

1. 按图 1.10.2 所示的自锁控制电路进行接线。它与图 1.10.1 的不同点在于控制电路中多串联了一个常闭按钮 SB2,同时在 SB1 上并联了一个交流接触器 KM 的常开触点,起自锁作用。接好电路,经指导教师检查后,方可进行通电操作。

2. 开启控制屏上的三相交流电源总开关,按启动按钮,接通 220 V 三相交流电源。

3. 按启动按钮 SB1,松手后观察电动机 M 是否继续运转。

4. 按停止按钮 SB2,松手后观察电动机 M 是否停止运转。

5. 按控制屏上的停止按钮,切断实验电路的三相交流电源,拆除控制回路中的自锁触点 KM,再接通三相交流电源,启动电动机,观察电动机及接触器的运转情况,从而验证自锁触点的作用。

6. 实验完毕,将三相自耦调压器调回零位,按控制屏上的停止按钮,切断实验电路的三相交流电源。

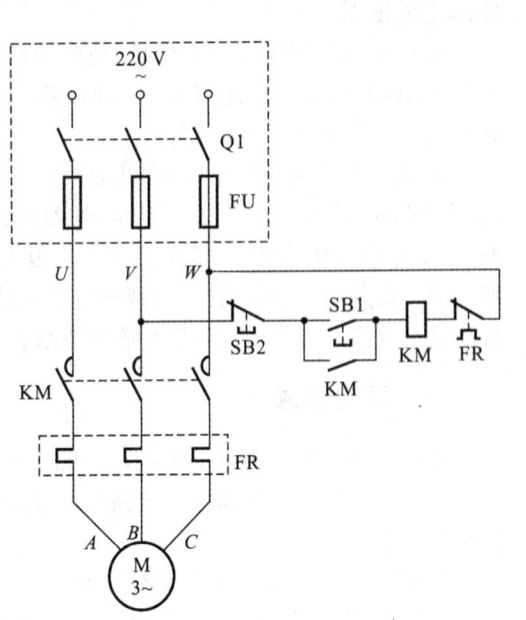

图 1.10.2　三相鼠笼式异步电动机的自锁控制

六、实验报告要求

1. 比较点动控制电路与自锁控制电路在结构和功能方面的主要区别。

2. 分析若将额定电压为 220 V 的交流接触器线圈误接到 380 V 电源上产生的后果。反之,若交流接触器线圈的额定电压为 380 V,而电源线电压为 220 V,其结果又如何?

实验十一　三相电路功率的测量

一、实验目的

1. 掌握用一表法、二表法测量三相电路有功功率与无功功率的方法。

2. 进一步熟练掌握功率表的接线和使用方法。

二、实验器材

1. 三相交流电源;　　2. 交流电压表;　　3. 交流电流表;　　4. 单相功率表;

5. 数字万用表；　　　6. 三相自耦调压器；　7. 三相灯组负载；　8. 三相电容负载。

三、实验原理

1. 对于三相四线制供电的采用星形接法(即 Y_0 接法)的负载,可用一只功率表测量各相的有功功率 P_A、P_B、P_C,则三相负载的总有功功率 $\sum P = P_A + P_B + P_C$。这就是一表法,如图 1.11.1 所示。若三相负载是对称的,则只需测量一相的功率,再乘上 3 即得三相总的有功功率。

2. 三相三线制供电系统中,不论三相负载是否对称,也不论负载是采用 Y 接法还是△接法,都可用二表法测量三相负载的总有功功率,测量电路如图 1.11.2 所示。若负载为感性或容性,且当相位差 $\varphi > 60°$ 时,电路中的一只功率表指针将反偏(数字式功率表将出现负读数),这时应将功率表电流线圈的两个端子调换(不能调换电压线圈端子),其读数应记为负值。而三相总有功功率 $\sum P = P_1 + P_2$(P_1、P_2 本身没有任何含义)。

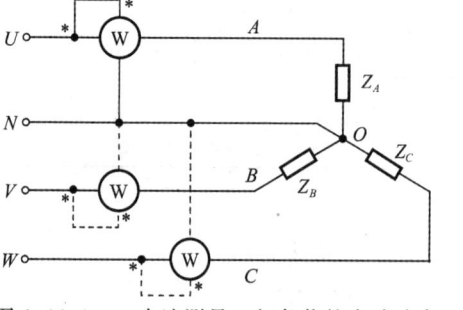

图 1.11.1　一表法测量三相负载的有功功率

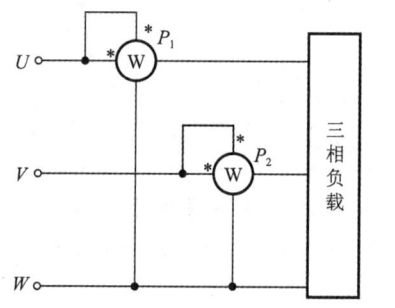

图 1.11.2　二表法测量三相负载的有功功率

除了图 1.11.2 所示的 I_U、U_{UW} 与 I_V、U_{VW} 接法外,还有 I_V、U_{UV} 与 I_W、U_{UW} 以及 I_U、U_{UV} 与 I_W、U_{VW} 两种接法。

3. 对于三相三线制供电的三相对称负载,可用一表法测得三相负载的总无功功率 Q,如图 1.11.3 所示,功率表读数的 $\sqrt{3}$ 倍即为三相对称负载总的无功功率。

除了图 1.11.3 所示的 I_U、U_{VW} 接法外,还有另外两种连接法,即 I_V、U_{UW} 接法和 I_W、U_{UV} 接法。

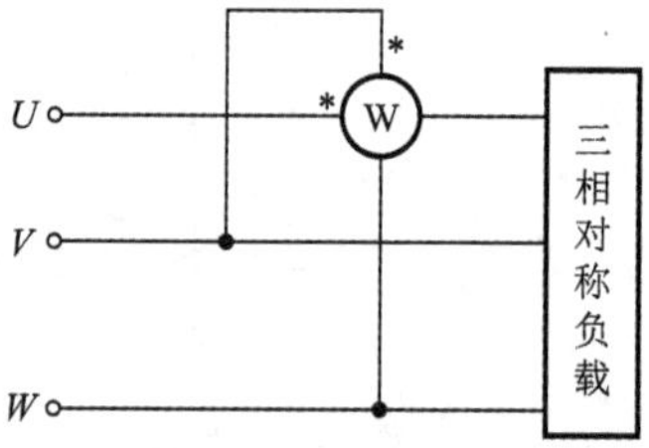

图 1.11.3　一表法测三相
负载的总无功功率

四、预习要求

实验前要预习此实验,并能解决以下问题：

1. 复习二表法测量三相负载有功功率的原理。
2. 复习一表法测量三相对称负载无功功率的原理。
3. 为什么测量功率时在电路中通常都接有电流表和电压表？

五、实验内容

(一) 用一表法测量三相负载的有功功率

按图 1.11.4 所示进行接线。三相灯组负载采用 Y_0 接法,电路中的交流电流表和交流电压表用以监视该相的电流和电压,不要超过功率表电压和电流的量程。经指导教师检查后,接通三相交流电源,调节三相自耦调压器的输出,使输出线电压为 220 V,按表 1.11.1 的要求测量各相的有功功率 P_A、P_B、P_C,并计算总有功功率 $\sum P$。首先将三只表按图 1.11.4 接入 B 相进行测量,然后分别将三只表换接到 A 相和 C 相,再进行测量。

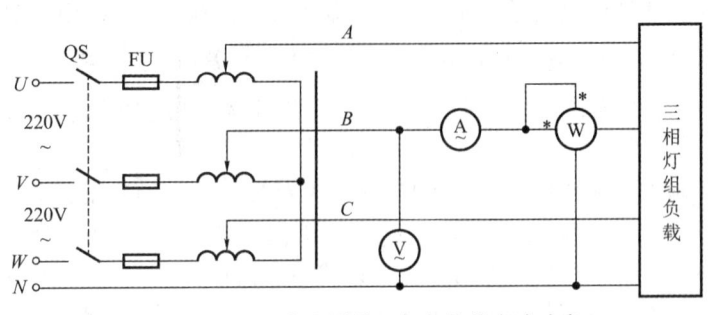

图 1.11.4　一表法测量三相负载的有功功率

表 1.11.1　一表法测量三相负载的有功功率实验数据

负载情况	开灯盏数			测量数据			计算值
	A 相	B 相	C 相	P_A/W	P_B/W	P_C/W	$\sum P/\text{W}$
Y_0 接对称负载	3	3	3				
Y_0 接不对称负载	1	2	3				

（二）用二表法测量三相负载的有功功率

1. 按图 1.11.5 所示进行接线,三相灯组负载采用 Y 接法。

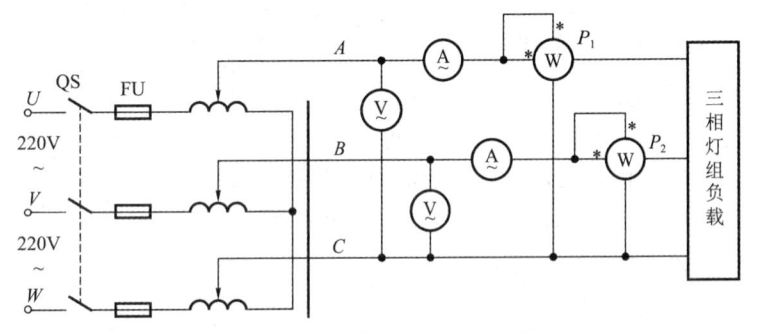

图 1.11.5　二表法测量三相负载的有功功率

经指导教师检查后,接通三相交流电源,调节三相自耦调压器的输出,使输出线电压为 220 V,按表 1.11.2 的内容进行测量和计算。

表 1.11.2　二表法测量三相负载的有功功率实验数据

负载情况	开灯盏数			测量数据		计算值
	A 相	B 相	C 相	P_1/W	P_2/W	$\sum P/\text{W}$
Y 接对称负载	3	3	3			
Y 接不对称负载	1	2	3			
△接不对称负载	1	2	3			
△接对称负载	3	3	3			

2. 将三相灯组负载改成△接法,重复 1 的测量步骤,数据记入表 1.11.2 中。

3. 将两只功率表依次按二表法的另外两种接法接入电路,重复 1、2 的测量步骤,表格自拟。

(三)用一表法测量三相对称负载的无功功率

1. 按图 1.11.6 所示的电路进行接线。负载为三相对称灯组或三相对称电容或二者并联而成,采用 Y 接法,并由开关控制其接入。

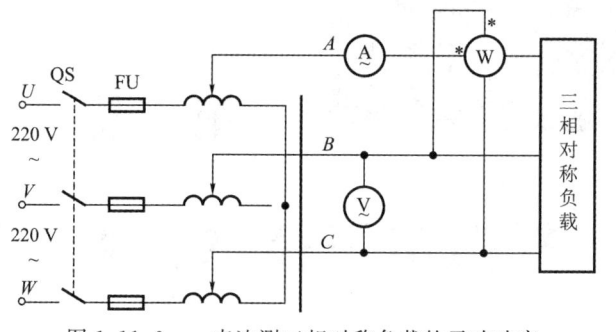

图 1.11.6　一表法测三相对称负载的无功功率

2. 检查接线无误后,接通三相交流电源,用三相自耦调压器将输出线电压调到 220 V,读取三表的读数 U、I 和 Q,并计算无功功率 $\sum Q$,记入表 1.11.3。

3. 分别按 I_V、U_{UW} 和 I_W、U_{UV} 接法,重复 2 的测量步骤,并比较各自的 $\sum Q$ 值。

表 1.11.3　一表法测量三相对称负载的无功功率实验数据

接　法	负载情况	测量值			计算值
		U/V	I/A	Q/(V·A)	$(\sum Q = \sqrt{3}Q)$/(V·A)
I_U、U_{VW}	三相对称灯组(每相开 3 盏)				
	三相对称电容(每相 4.7 μF)				
	以上两种负载并联				
I_V、U_{UW}	三相对称灯组(每相开 3 盏)				
	三相对称电容(每相 4.7 μF)				
	以上两种负载并联				
I_W、U_{UV}	三相对称灯组(每相开 3 盏)				
	三相对称电容(每相 4.7 μF)				
	以上两种负载并联				

六、实验报告要求

1. 完成数据表格中的各项测量和计算任务。比较一表法和二表法的测量结果。

2. 分析、总结三相电路功率测量的方法与结果。

3. 心得体会及其他。

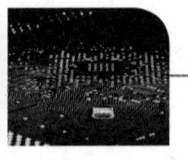

第二篇

模拟电子技术实验

模拟电子技术实验是学习电子技术的一个重要环节,对于学生巩固和加深课堂所学内容、提高实际工作技能、培养科学作风、学习后续课程以及今后从事实践性技术工作,具有重要的作用。

模拟电子技术实验内容的安排遵循由浅到深、由易到难的规律,考虑不同层次的需要,既有测试、验证的内容,也有设计、研究的内容。有些选做实验只提供设计要求及原理简图,由学生自己完成方案选择、实验步骤设定及数据表格记录等,充分发挥学生的创造性和主动性。

模拟电子技术实验有以下要求。

1. 实验前必须充分预习,认真阅读实验内容,分析、掌握实验电路的工作原理,熟悉实验任务。

2. 使用仪器和实验箱前,必须了解其性能、操作方法及注意事项,在使用时应严格遵守。

3. 实验时接线要认真,仔细检查,确定无误后才能接通电源。若是初学或没有把握,应经指导教师审查同意后再接通电源。

4. 实验时应注意以下情况:

(1) 在进行小信号放大实验时,由于受所用信号发生器及连接电缆的限制,往往信号在进入放大电路前就出现噪声或不稳定,有些信号源调不到毫伏以下,实验时可采用在放大器输入端加衰减的方法解决这些问题。一般可用实验箱中的电阻组成衰减器,这样连接电缆上信号的电平较高,不易受干扰。

(2) 做放大电路实验时要检查输出波形是否正确,如发现波形失真甚至变成方波,应检查工作点设置是否正确,或输入信号是否过大。

5. 实验时应注意观察,若发现破坏性异常现象(例如,元件冒烟、发烫或有异味),应立即关断电源,保护现场,报告指导教师,找出原因,排除故障,经指导教师同意后再继续实验。

6. 实验过程中如果需要改接线路,应在关断电源后进行。

7. 实验过程中应仔细观察实验现象,认真记录实验结果(数据波形、现象)。所记录的实验结果经指导教师审阅、签字后才能拆除实验电路。

8. 实验结束后,必须关断电源,并将仪器、设备、工具、导线等按规定整理好。

9. 实验后必须按要求独立完成实验报告。

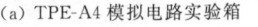

实验一 常用电子仪器的使用

一、实验目的

1. 掌握模拟电路实验箱的组成、主要技术指标和使用方法。
2. 学习数字信号发生器的波形、频率、幅度的调节,面板的作用及使用方法。
3. 掌握用双踪示波器观察、测量波形的基本方法。
4. 掌握交流毫伏表的使用方法。
5. 掌握数字万用表的使用方法。

二、实验器材

1. 模拟电路实验箱;　　2. 数字信号发生器;　　3. 示波器;　　4. 交流毫伏表;
5. 数字万用表。

三、实验原理

下面介绍本实验所用仪器及主要参考技术指标。

(一) 模拟电路实验箱

本篇所有实验均可在 TPE-A4 或者 TPE-A5 型模拟电路实验箱上完成。有部分实验需在面包板上完成,并需另备元器件。

TPE-A4、TPE-A5 模拟电路实验箱如图 2.1.1 所示。

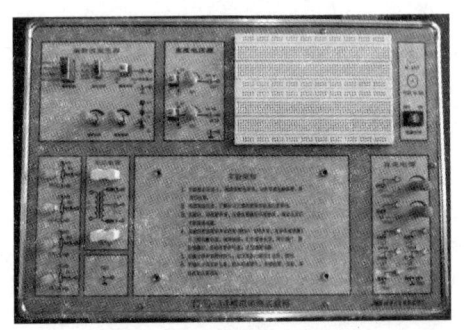
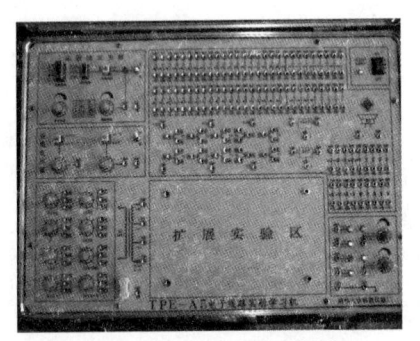

(a) TPE-A4 模拟电路实验箱　　　　　　　　(b) TPE-A5 电子线路实验学习机

图 2.1.1　模拟电路实验箱

模拟电路实验箱由电源开关、直流电压源、交流电压源、信号源、可调电位器、扩展区组成。TPE-A5 模拟电路实验箱还有包括二极管、三极管、电阻、电感、电容、稳压管等在内的元器件区。

模拟电路实验箱的扩展区可配以下三个扩展板。

扩展板 1:分立电路板,可做单级共射放大电路、射极跟随电路、两级交流放大电路、负反馈放大电路等实验,如图 2.1.2 所示。

扩展板 2:差分放大电路板。

扩展板 3:集成运放电路板,可做比例求和运算电路、积分与微分电路、RC 正弦波振荡电路、电压比较与波形发生电路等实验,如图 2.1.3 所示。

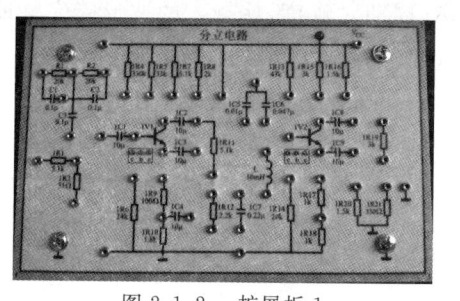 

图 2.1.2　扩展板 1　　　　　　　　图 2.1.3　扩展板 3

(二) 数字信号发生器

AFG-2225 任意波形信号发生器和 SG1020 数字合成信号发生器都是数字信号发生器(如图 2.1.4 所示)。一般的数字信号发生器可输出正弦波、三角波、方波、脉冲波等基本波形,输出频率为 1 μHz~25 MHz,输出信号幅度为 10 V$\pm$10%(50 Ω 负载)或 20 V$\pm$10%(1 MΩ 负载),TTL 脉冲输出为标准 TTL 幅度。不同仪器的频率、幅度的输出范围可能不同。信号输出频率、幅度均有数字显示。

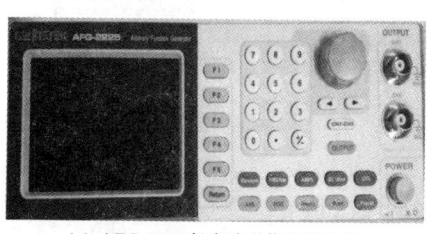 

(a) AFG-2225 任意波形信号发生器　　　(b) SG1020 数字合成信号发生器

图 2.1.4　数字信号发生器

数字信号发生器由电源开关、频率调节按钮、频率选择按钮、频率指示、输出电压(峰-峰值)指示、幅度调节按钮、波形选择按钮、信号输出端口等组成。

学习使用数字信号发生器,必须学会选择波形、频率和幅度。

(三) 示波器

常用的示波器有数字存储示波器和模拟双踪示波器(如图 2.1.5 所示),双踪示波器可同时观察两路输入信号。

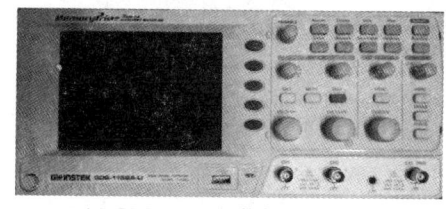 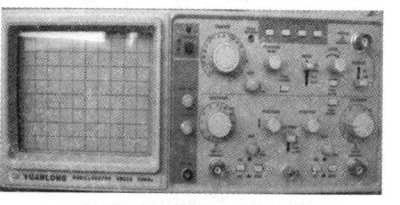

(a) GDS-1000A-U 数字存储示波器　　　(b) VD225 模拟双踪示波器

图 2.1.5　示波器

示波器由电源开关、显示屏、辉度调节旋钮、聚焦调节旋钮、CH1 通道、CH2 通道、CH1 幅度调节旋钮、CH2 幅度调节旋钮、垂直移位旋钮、频率调节旋钮、水平移位旋钮、输出模式选择按钮、触发源和触发模式选择按钮等组成。为了使用方便,数字存储示波器还有自动设置(Autoset)和自动测量(Measure)按钮。

学习使用示波器,必须学会调整波形的频率(周期)、幅度,使输入的波形能完整地在屏幕上显示出来。

(四) 交流毫伏表

交流毫伏表是一种专门用来测量正弦交流电压有效值的交流电压表。实验室常用的有数字显示式的数字毫伏表和指针显示式的晶体管毫伏表(如图 2.1.6 所示),晶体管毫伏表可在 20 Hz～1 MHz 的频率范围内测量 100 μV～300 V 的交流电压,测量电压的范围广,灵敏度高。

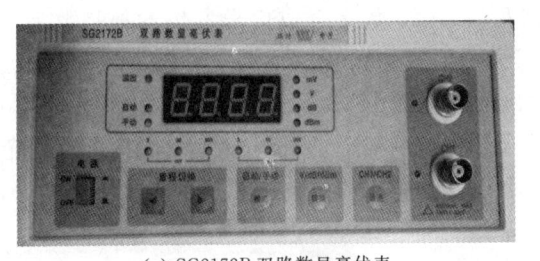

(a) SG2172B 双路数显毫伏表   (b) AVT-321 晶体管毫伏表

图 2.1.6　交流毫伏表

SG2172B 双路数显毫伏表由电源开关、显示窗口、量程切换按钮、自动/手动模式转换按钮、伏/分贝转换按钮、CH1/CH2 输入通道转换按钮、CH1/CH2 输入端口组成。

AVT-321 晶体管毫伏表由电源开关、零点调节按钮、显示窗口、量程旋钮(开机前调到最大)、输入端口、输出端口组成。

(五) 数字万用表

数字万用表(如图 2.1.7 所示)可用于测量交流电压、直流电压、交流电流、直流电流、电阻、电容、二极管和三极管等。

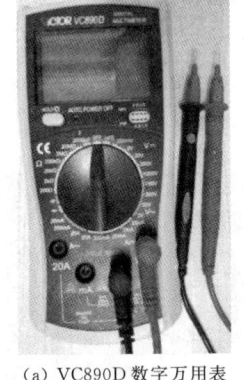
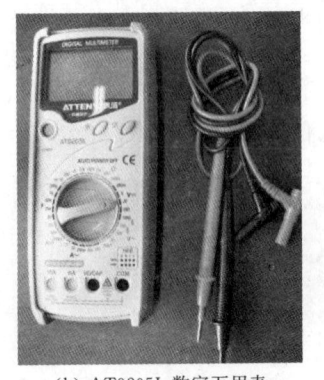

(a) VC890D 数字万用表   (b) AT9205L 数字万用表

图 2.1.7　数字万用表

数字万用表由电源开关、液晶显示器、数据保持开关(按下后数据保持不变)、旋钮开关(改变测量功能及量程)、公共地 COM、电压/电阻/电容/正极插座、毫安级电流测试插座、10 A(20 A)电流测试插座、三极管插孔等组成。

四、预习要求

1. 认真阅读所用仪器的使用说明,详细了解上述电子仪器面板上按钮的功能和使用方法。

2. 熟悉实验内容,自拟数据记录表格。

五、实验内容

1. 熟悉各种实验仪器的使用方法,用数字万用表测试模拟电路实验箱上的电阻、电容、直流电源的数值,并与标称值相比较,对元器件的误差有初步认识。用数字万用表测试模拟电路实验箱上的二极管、三极管的结电压,判别极性及好坏。

2. 用数字信号发生器输出频率为 1 kHz、幅度为 1.4 V(峰-峰值)的正弦波信号,用交流毫伏表测试,记录其交流有效值,用示波器观察该信号的波形,并记录示波器上的频率、峰-峰值等数据。

六、实验报告要求

1. 写出各种实验仪器的主要功能。

2. 整理实验数据,填入自拟的表格中。

实验二 单级共射放大电路

一、实验目的

1. 熟悉电子元器件,进一步掌握各种实验仪器的使用方法。

2. 掌握放大电路静态工作点的调试方法及其对放大电路性能的影响。

3. 学习测量放大电路的静态工作点、电压放大倍数 A_u、输入电阻 R_i、输出电阻 R_o 的方法,了解单极共射放大电路的特性。

4. 研究电路参数对单级共射放大电路动态性能的影响。

二、实验器材

1. 模拟电路实验箱;　　2. 示波器;　　3. 数字信号发生器;　　4. 交流毫伏表;
5. 数字万用表。

三、实验原理

单级共射放大电路如图 2.2.1 所示。该电路为电阻分压式静态工作点稳定电路。R_1、R_2 组成分压衰减电路。通过调节 R_P 可以调整静态工作点。

（一）静态分析

1. 理论估算。

$$U_B = \frac{R_{b2}}{R_b + R_{b2}} V_{CC}, \quad I_{EQ} = \frac{U_B - U_{BEQ}}{R_e} \approx I_{CQ}$$

$$I_{BQ} = \frac{I_{EQ}}{1 + \beta}, \quad U_{CEQ} = V_{CC} - I_{CQ}(R_c + R_e)$$

2. 实测计算。

$$I_B = \frac{V_{CC} - U_B}{R_b} - \frac{U_B}{R_{b2}}, \quad I_C = \frac{V_{CC} - U_C}{R_c}, \quad \beta = \frac{I_C}{I_B}$$

为方便起见，经常测出 B_1 点处的电压值 U_{B_1} 来计算 I_B，即

$$I_B = \frac{V_{CC} - U_{B_1}}{R_{b1}} - \frac{U_B}{R_{b2}}$$

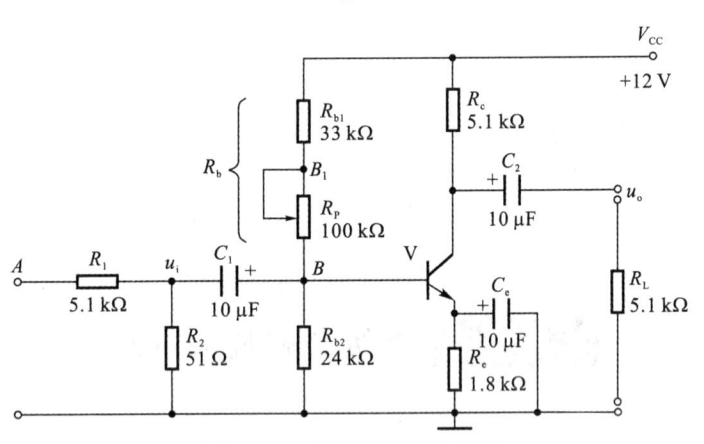

图 2.2.1　单级共射放大电路

（二）动态分析

交流微变等效电路如图 2.2.2 所示。

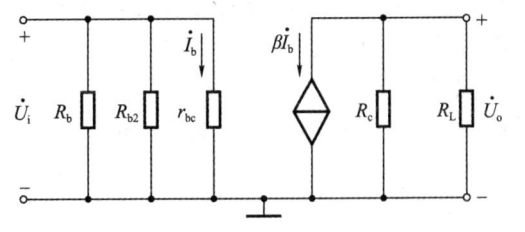

图 2.2.2　单级共射放大电路的交流微变等效电路

1. 电压放大倍数。

（1）理论估算。

$$A_u = \frac{\dot{U}_o}{\dot{U}_i} = -\beta \frac{R_c /\!/ R_L}{r_{be}}$$

其中

$$r_{be} \approx 200 + (1+\beta)\frac{26(\text{mV})}{I_E(\text{mA})}$$

（2）实测计算。

$$A_u = \frac{U_o}{U_i}$$

2. 输入电阻。

输入电阻是指放大电路的输入电阻，不包括 R_1、R_2。

（1）理论估算。

$$R_i = R_b /\!/ R_{b2} /\!/ r_{be}$$

（2）实测计算。在输入端串接一个 5.1 kΩ 的电阻 R_s，如图 2.2.3 所示，测量 U_s 与 U_i，即可计算 R_i，即

$$R_i = \frac{U_i}{U_s - U_i} R_s$$

3. 输出电阻。

（1）理论估算。

$$R_o = R_c$$

（2）实测计算。电路如图 2.2.4 所示。在放大电路正常工作的条件下，测出输出端不接负载 R_L 时的输出电压 U_o 和接入负载后的输出电压 U_L，即可间接求出 R_o 的大小，即

$$R_o = \left(\frac{U_o}{U_L} - 1\right) R_L$$

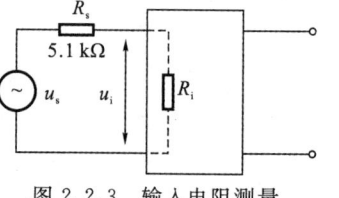
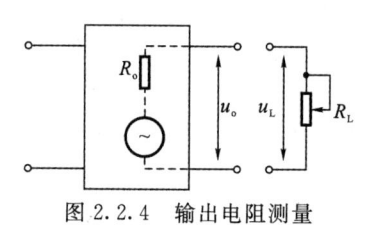

图 2.2.3　输入电阻测量　　　　　　图 2.2.4　输出电阻测量

四、预习要求

1. 掌握单级共射放大电路的工作原理。
2. 掌握单级共射放大电路静态和动态参数的测量方法。

五、实验内容

（一）连接电路并进行简单测量

如三极管为 3DG6，则 β 的取值范围为 25～45；如三极管为 9013，则 β 一般在 150 以上。

1. 连接电路前先用数字万用表判断模拟电路实验箱上三极管的极性和好坏，测量电源电压以及各电阻的实际阻值。

测量三极管 B、C 和 B、E 间的正反向电压，可以判断好坏。若三极管正向导通，则电压 $U_{BE} = 0.7$ V，$U_{BC} = 0.7$ V；若反向截止，则电压为无穷大。

2. 按图 2.2.1 所示连接电路(注意:接线前先测量+12 V 电源,关断电源后再连线)。

(二)静态分析

接线完毕后,应仔细检查,确定无误后再接通电源。使 $U_i = 0$ V(接地),调整 R_P 使 $U_C \approx 6.4$ V,用数字万用表测量三极管各极的电压值 U_B、U_C、U_E 及 B_1 点的电压值 U_{B_1},并计算 I_B、I_C、β,填入表 2.2.1。

表 2.2.1　静态分析实验数据

实测				实测计算		
U_B/V	U_{B_1}/V	U_C/V	U_E/V	I_B/μA	I_C/mA	β

(三)动态分析

1. 负载开路,使数字信号发生器的输出正弦波信号,$f = 1$ kHz,幅度为 500 mV(峰-峰值),接至图 2.2.1 所示的电路的 A 点,经过 R_1、R_2 衰减(1/100),得到 5 mV(峰-峰值)的小信号 u_i。用示波器观察 u_i(用 CH1 通道)和 u_o(用 CH2 通道)的波形,并比较相位,输入、输出波形反相,相差 180°。

在图 2.2.1 所示的电路中,R_1、R_2 组成分压衰减电路,R_1、R_2 以外的电路为放大电路。之所以采取这种结构,是由于一般信号源在输出信号小到几毫伏时,会不可避免地受到电源纹波的影响而出现失真,而大信号时电源纹波几乎无影响,所以,采取大信号加 R_1、R_2 衰减的形式。

2. 负载开路,信号源波形、频率不变,逐渐加大信号源幅度,用交流毫伏表测量 u_o。不失真、失真、最大不失真时 u_i 和 u_o 的有效值 U_i、U_o,并计算电压放大倍数 A_u,填入表 2.2.2。

表 2.2.2　负载开路($R_L = +\infty$)实验数据

实验数据 \ 波形情况	实测		实测计算
	U_i/mV	U_o/V	A_u
不失真			
失真			
最大不失真			

3. 保持 $U_i = 5$ mV 不变,在改变 R_c、R_L 数值的情况下测量输出电压 U_o,并计算电压放大倍数 A_u,将测量、计算结果填入表 2.2.3。

表 2.2.3　接入负载实验数据

给定参数		实测		实测计算	理论估算
R_c/kΩ	R_L/kΩ	U_i/mV	U_o/V	A_u	A_u
5.1	$+\infty$				
5.1	5.1				
5.1	2.2				
2	5.1				
2	2.2				

（四）测量输入、输出电阻

按图 2.2.3 连接电路。用交流毫伏表分别测出 U_s 和 U_i，则

$$R_i = \frac{U_i}{U_s - U_i} R_s$$

按图 2.2.4 连接电路。测出输出端不接负载 R_L 时的输出电压 U_o 和接入负载后的输出电压 U_L，则

$$R_o = \left(\frac{U_o}{U_L} - 1\right) R_L$$

将上述测量及计算结果填入表 2.2.4。

表 2.2.4　测量输入、输出电阻实验数据

输入电阻(设 R_s=5.1 kΩ)				输出电阻			
实　测		实测计算	理论估算	实　测		实测计算	理论估算
U_s/mV	U_i/mV	R_i/kΩ	R_i/kΩ	U_o/V (R_L=+∞)	U_o/V (R_L=5.1 kΩ)	R_o/kΩ	R_o/kΩ

六、实验报告要求

1. 列表整理测量结果，并把静态工作点、电压放大倍数、输入电阻、输出电阻的实测计算值与理论估算值相比较，分析产生误差的原因。

2. 总结 R_c、R_L 及静态工作点对放大电路电压放大倍数、输入电阻、输出电阻的影响。

3. 讨论静态工作点变化对放大电路输出波形的影响。

4. 分析讨论调试过程中出现的问题。

实验三　射极跟随电路

一、实验目的

1. 掌握射极跟随电路的特性及测量方法。
2. 进一步学习放大电路各项参数的测量方法。

二、实验器材

1. 模拟电路实验箱；　　2. 示波器；　　3. 数字信号发生器；　　4. 交流毫伏表；
5. 数字万用表。

三、实验原理

射极跟随电路如图 2.3.1 所示，从发射极获得输出电压且电压放大倍数接近 1，也被称

为射极跟随器。A 点是 u_s 输入点,用于测量输入电阻;B 点是 u_i 输入点。

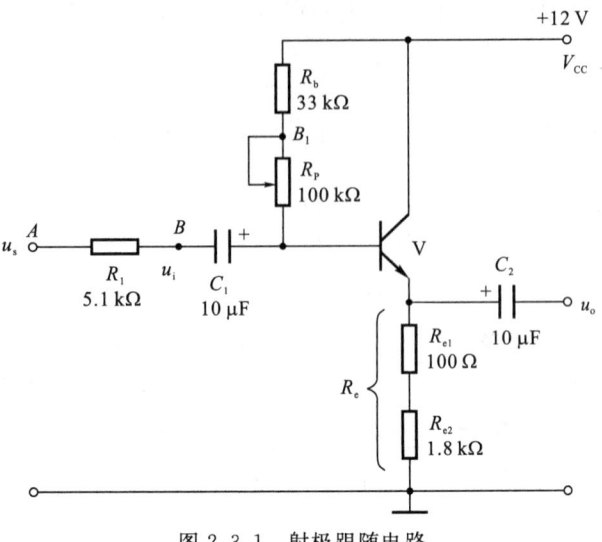

图 2.3.1　射极跟随电路

（一）静态分析

$$V_{CC} = I_{BQ}R'_b + U_{BEQ} + I_{EQ}R_e = I_{BQ}R'_b + U_{BEQ} + (1+\beta)I_{BQ}R_e$$

$$I_{BE} = \frac{V_{CC} - U_{BEQ}}{R'_b + (1+\beta)R_e}, \quad I_{EQ} = (1+\beta)I_{BQ}, \quad U_{CEQ} = V_{CC} - I_{EQ}R_e$$

其中
$$R'_b = R_b + R_P$$

（二）动态分析

$$\dot{U}_i = \dot{I}_b r_{be} + (1+\beta)\dot{I}_b(R_e /\!/ R_L)$$

$$\dot{U}_o = (1+\beta)\dot{I}_b(R_e /\!/ R_L)$$

$$A_u = \frac{(1+\beta)(R_e /\!/ R_L)}{r_{be} + (1+\beta)(R_e /\!/ R_L)}$$

$$R_i = R'_b /\!/ [r_{be} + (1+\beta)(R_e /\!/ R_L)], \quad R_o = R_e /\!/ \frac{r_{be}}{1+\beta}$$

　　由以上公式可知,由于一般有 $(1+\beta)(R_e /\!/ R_L) \gg r_{be}$,所以 $A_u \approx 1$,由于 $i_e \gg i_b$,因而仍有功率放大作用。输入电阻 R_i 可达几十千欧到几百千欧;输出电阻 R_o 很小,只有几十欧姆。因而,此电路从信号源索取的电流小且带负载能力强,常用作多级放大电路的输入级或输出级,也常用作连接缓冲级。

四、预习要求

1. 参照教材有关章节的内容,熟悉射极跟随电路的原理及特点。
2. 根据图 2.3.1 所示的元器件参数,估算静态工作点。

五、实验内容

（一）静态分析

按图 2.3.1 接线。将电源 $+12$ V 接上,在 B 点加 $f = 1$ kHz 的正弦波信号,输出端用示波器监视,反复调整 R_P 及信号源的输出幅度,使输出在示波器屏幕上得到一个最大不失真波形,然后断开输入信号,用数字万用表测量三极管各极的电压值,即可计算该放大电路的静态工作点。或使 $U_i = 0$ V(接地),调整 R_P,使发射极的电压值 $U_E \approx 6$ V,然后测量各极电压值 U_B、U_C 及 B_1 点的电压值 U_{B_1},计算 I_E、I_B、β、r_{be},将数据填入表 2.3.1。

表 2.3.1 静态分析实验数据

实 测				实测计算			
U_E/V	U_B/V	U_{B_1}/V	U_C/V	I_E/mA	$I_B/\mu A$	β	$r_{be}/k\Omega$

各静态值的计算公式如下

$$I_E = \frac{U_E}{R_e}, \quad I_B = \frac{V_{CC} - U_{B_1}}{R_b}, \quad 1 + \beta = \frac{I_E}{I_B}$$

$$r_{be} \approx 200 + (1+\beta)\frac{26(mV)}{I_E(mA)}$$

(二)测量电压放大倍数 A_u

接入负载 $R_L = 1$ kΩ,在 B 点加入 $f = 1$ kHz、幅度为 500 mV 的正弦波信号,用示波器观察,在输出波形不失真的情况下用交流毫伏表测输入电压 U_i 和负载电压 U_L,并对电压放大倍数 A_u 进行实测计算和理论估算,将数据填入表 2.3.2。

表 2.3.2 测量电压放大倍数实验数据

实 测		实测计算	理论估算
U_i/V	U_L/V	A_u	A_u

注:实测计算 $A_u = \dfrac{U_L}{U_i}$,理论估算 $A_u = \dfrac{(1+\beta)(R_e /\!/ R_L)}{r_{be} + (1+\beta)(R_e /\!/ R_L)}$。

(三)测量输出电阻 R_o

在 B 点加入 $f = 1$ kHz 的正弦波信号,$U_i \approx 500$ mV,接上负载 $R_L = 2.2$ kΩ 时,用示波器观察输出波形。用交流毫伏表测量空载时的输出电压 $U_o (R_L = +\infty)$ 和加负载时的输出电压 $U_L (R_L = 2.2$ kΩ),并对输出电阻 R_o 进行实测计算和理论估算,将数据填入表 2.3.3。

表 2.3.3 测量输出电阻实验数据

实 测		实测计算	理论估算
U_o/mV	U_L/mV	$R_o/k\Omega$	$R_o/k\Omega$

注:实测计算 $R_o = \left(\dfrac{U_o}{U_L} - 1\right)R_L$,理论估算 $R_o = R_e /\!/ \dfrac{r_{be}}{1+\beta}$。

(四)测量放大电路的输入电阻 R_i

在输入端串入 $R_s = 5.1$ kΩ,在 A 点加入 $f = 1$ kHz 的正弦波信号,用示波器观察输出波形(不失真)。用交流毫伏表分别测 A、B 点的电压 U_s、U_i,并对输入电阻 R_i 进行实测计算和理论估算,将数据填入表2.3.4。

表 2.3.4　测量输入电阻实验数据

实　测		实测计算	理论估算
U_s/V	U_i/V	$R_i/k\Omega$	$R_i/k\Omega$

注:实测计算 $R_i=\dfrac{U_i}{U_s-U_i}R_s$,理论估算 $R_i=R_b\,/\!/\,[r_{be}+(1+\beta)(R_e\,/\!/\,R_L)]$。

（五）测试射极跟随电路的跟随特性

接入负载 $R_L=2.2\,k\Omega$,在 B 点加入 $f=1\,kHz$ 的正弦波信号,逐渐增大输入信号幅度 U_i,用示波器监视输出端。在波形不失真时,用交流毫伏表测对应的负载电压 U_L,并对 A_u 进行实测计算,将数据填入表 2.3.5。

表 2.3.5　测试跟随特性实验数据

实　测		实测计算
U_i/V	U_L/V	A_u
0.5		
1		
1.5		
2		

六、实验报告要求

1. 整理实验数据并说明实验中出现的各种现象,得出有关的结论。
2. 将实测计算值与理论估算值进行比较,分析产生误差的原因。

实验四　两级交流放大电路

一、实验目的

1. 掌握合理设置静态工作点的方法。
2. 掌握两级交流放大电路电压放大倍数的测试方法。
3. 学会两级交流放大电路频率特性的测试方法。
4. 了解放大电路的失真及消除方法。

二、实验器材

1. 模拟电路实验箱；　　2. 示波器；　　3. 数字信号发生器；　　4. 交流毫伏表；
5. 数字万用表。

三、实验原理

两级交流放大电路如图 2.4.1 所示。

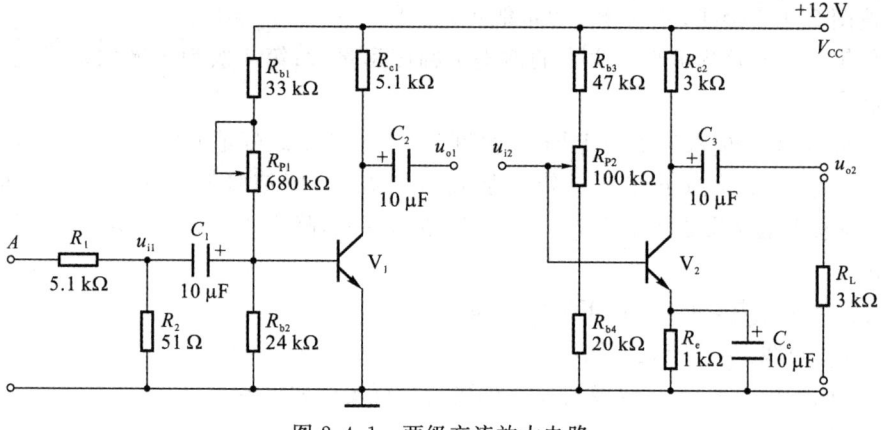

图 2.4.1 两级交流放大电路

静态分析同单级共射放大电路,参考实验二的相关内容。

微变等效电路如图 2.4.2 所示。

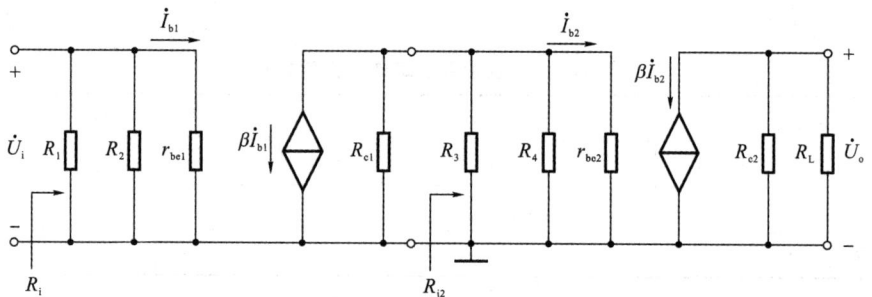

图 2.4.2 两级交流放大电路的微变等效电路

第 1 级、第 2 级的电压放大倍数 A_{u1}、A_{u2} 为

$$A_{u1} = -\beta \frac{R_{c1} \mathbin{/\mkern-5mu/} R_{i2}}{r_{be1}}$$

$$A_{u2} = -\beta \frac{R_{c2} \mathbin{/\mkern-5mu/} R_L}{r_{be2}}$$

输入电阻 R_i、R_{i2},输出电阻 R_o 分别为

$$R_i = R_1 \mathbin{/\mkern-5mu/} R_2 \mathbin{/\mkern-5mu/} r_{be1} \approx r_{be1}$$

$$R_{i2} = R_3 \mathbin{/\mkern-5mu/} R_4 \mathbin{/\mkern-5mu/} r_{be2} \approx r_{be2}$$

$$R_o = R_{c2}$$

四、预习要求

1. 复习教材中多级放大电路的内容及频率特性的测量方法。

2. 分析图 2.4.1 所示的两级交流放大电路,初步估计测试内容的变化范围。

五、实验内容

(一) 设置静态工作点

1. 按图 2.4.1 接线,注意接线尽可能短。

2. 使第 2 级在输出波形不失真的前提下幅度尽量大;第 1 级为了增加信噪比,工作点应尽可能低。

3. 在输入 A 端接入频率为 1 kHz、幅度为 100 mV(峰-峰值)的正弦波信号,使 U_i 为 1 mV(一般采用在模拟电路实验箱上加衰减的办法,即信号源用一个较大的信号,如 100 mV,在模拟电路实验箱上经 100 : 1 衰减电阻衰减,降为 1 mV),调整工作点使输出信号不失真。

如发生寄生振荡,可采用以下措施消除:

(1) 重新布线,尽可能走短线。

(2) 可在三极管的 B、E 两极间加几皮法到几百皮法的电容。

(3) 信号源与放大电路用屏蔽线连接。

断开输入信号,调整 R_{P1} 使三极管 V_1 的集电极电压 $U_C \approx 6.4$ V,调整 R_{P2} 使三极管 V_2 的集电极电压 $U_C \approx 6.4$ V,用数字万用表测出两个三极管其他各极的电压值,计算 I_B、I_C、β 和 r_{be},填入表 2.4.1。

表 2.4.1　设置静态工作点实验数据

实验数据　　三极管	实测			实测计算			
	U_C/V	U_B/V	U_E/V	I_C/mA	I_B/μA	β	r_{be}/kΩ
V_1 管							
V_2 管							

(二) 测量电压放大倍数

接入频率为 1 kHz、幅度为 1 mV 的正弦波信号,用交流毫伏表分别测量空载时和接入负载电阻 $R_L = 3$ kΩ 时的输入、输出电压,按表 2.4.2 测量并计算。

表 2.4.2　测量电压放大倍数实验数据

实验数据　　负载情况	输入、输出电压/mV			测算电压放大倍数		
				第 1 级	第 2 级	整 体
	U_i	U_{o1}	U_{o2}	A_{u1}	A_{u2}	A_u
空 载						
负 载						

注:表中 U_{o1} 为第 1 级输出电压,U_{o2} 为第 2 级输出电压。

(三) 测试两级交流放大电路的频率特性

将放大电路的负载断开,先将输入信号频率调到 1 kHz,在输出信号不失真的前提下将输出幅度调大,保持输入信号幅度不变,改变频率 f,按表 2.4.3(a)测量并记录。注意找出上、下限截止频率 f_H、f_L。

接上负载,重复上述实验步骤。按表 2.4.3(b)测量并记录。

表 2.4.3(a) 空载时两级交流放大电路的频率特性实验数据($R_{\text{L}}=+\infty$)

f/Hz							
U_{o}/V							

表 2.4.3(b) 接上负载后两级交流放大电路的频率特性实验数据($R_{\text{L}}=3\ \text{k}\Omega$)

f/Hz							
U_{o}/V							

六、实验报告要求

1. 整理实验数据,分析实验结果。
2. 画出实验电路的频率特性简图,标出 f_{H} 和 f_{L}。

实验五 差动放大电路

一、实验目的

1. 熟悉差动放大电路的工作原理。
2. 掌握差动放大电路的基本测试方法。

二、实验器材

1. 模拟电路实验箱; 2. 示波器; 3. 数字信号发生器; 4. 交流毫伏表;
5. 数字万用表。

三、实验原理

差动放大电路(如图 2.5.1 所示)是构成多级直接耦合放大电路的基本单元电路,由典型的工作点稳定电路演变而来。为进一步减小零点漂移而使用了对称晶体管电路,以牺牲一个晶体管放大倍数为代价获取了低温漂的效果。它还具有良好的低频特性,可以放大变化缓慢的信号,由于不存在电容,可以不失真地放大各类非正弦信号,如方波、三角波等。差动放大电路有四种接法:双端输入单端输出、双端输入双端输出、单端输入双端输出、单端输入单端输出。

为了进一步抑制温漂,提高共模抑制比,图 2.5.1 所示的电路使用了三极管 V_3 组成的恒流源电路来代替一般电路中的 R_{e}。它的等效电阻极大,从而在低电压下实现了很高的温漂抑制和共模抑制比。为了达到参数对称,提供了 R_{P1} 来进行调节,称之为调零电位器。实际分析时,可以认为参数完全对称。如认为恒流源内阻无穷大,那么,共模电压放大倍数 $A_{\text{c}}=0$。

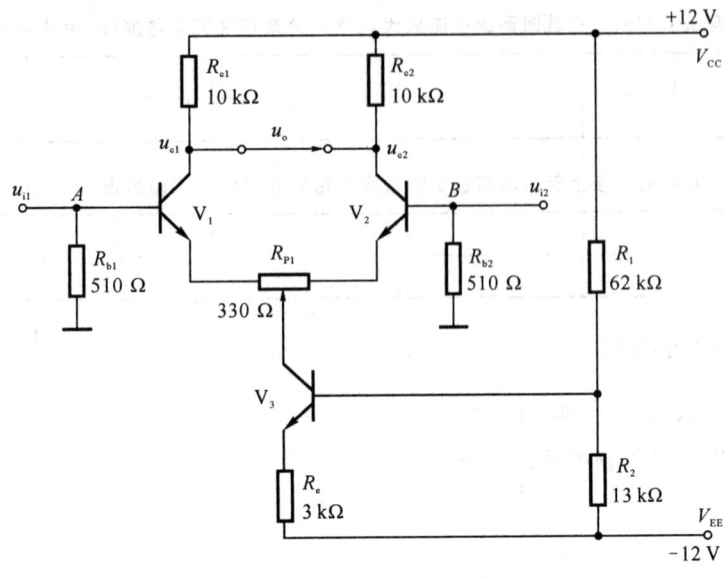

图 2.5.1　差动放大电路

(一) 静态分析

$$U_{R_2} \approx \frac{R_2}{R_1 + R_2} \cdot (V_{CC} - V_{EE})$$

$$I_{C3} \approx I_{E3} = \frac{U_{R_2} - U_{BE3}}{R_e} \approx \frac{U_{R_2}}{R_e} \approx \frac{R_2}{(R_1 + R_2) \cdot R_e} \cdot (V_{CC} - V_{EE})$$

$$I_{EQ1} = I_{EQ2} = \frac{I_{C3}}{2} = I_{EQ}, \quad I_{BQ1} = I_{BQ2} = \frac{I_{EQ}}{1 + \beta}$$

$$U_{CEQ1} = U_{CEQ2} = U_{CEQ} = U_{CQ} - U_{EQ} \approx V_{CC} - I_{CQ} R_c + U_{BEQ}$$

其中 $R_c = R_{c1} = R_{c2}$。

(二) 动态分析

设 $\beta_1 = \beta_2 = \beta$, $r_{be1} = r_{be2} = r_{be}$, 调零电位器滑动端在中点。

1. 双端输入双端输出的差模电压放大倍数 A_d 为

$$A_d = -\beta \frac{R_c // \dfrac{R_L}{2}}{r_{be} + (1 + \beta) \dfrac{R_{P1}}{2}}$$

不接负载 R_L 时有

$$A_d = -\beta \frac{R_c}{r_{be} + (1 + \beta) \dfrac{R_{P1}}{2}}$$

输出电阻为

$$R_o = 2R_c$$

2. 双端输入单端输出的差模电压放大倍数为

$$A_d = -\frac{1}{2} \beta \frac{R_c // R_L}{r_{be} + (1 + \beta) \dfrac{R_{P1}}{2}}$$

不接负载 R_L 时有

$$A_d = -\frac{1}{2}\beta \frac{R_c}{r_{be} + (1+\beta)\dfrac{R_{P1}}{2}}$$

输出电阻为

$$R_o = R_c$$

3. 单端输入时，A_d、R_o 由输出端是单端还是双端决定，与输入端无关。输出必须考虑共模电压放大倍数 A_c，即

$$\dot{U}_o = A_d \Delta \dot{U}_i + A_c \cdot \frac{\Delta \dot{U}_i}{2}$$

无论何种输入、输出方式，输入电阻不变，即

$$R_i = 2[r_{be} + (1+\beta)R_{P1}]$$

四、预习要求

计算图 2.5.1 所示电路的静态工作点（设 $r_{be} = 3 \text{ k}\Omega$，$\beta = 100$）及差模电压放大倍数。

五、实验内容

（一）测量静态工作点

1. 调零：按图 2.5.1 接线，将输入端 A、B 短路并接地，接通直流电源，调节电位器 R_{P1} 使双端输出电压 $U_o = 0$。

2. 测量静态工作点：用数字万用表测量 V_1、V_2、V_3 各极的电压，并填入表 2.5.1 中。

表 2.5.1　测量静态工作点实验数据

各极电压	U_{B1}	U_{C1}	U_{E1}	U_{B2}	U_{C2}	U_{E2}	U_{B3}	U_{C3}	U_{E3}
测量值/V									

（二）测量双端输入的差模电压放大倍数

在输入端加入直流电压信号 $U_{id} = 0.2 \text{ V}$，按表 2.5.2 的要求测量，由测量数据算出单端和双端输出的差模电压放大倍数，将数据填入表 2.5.2。注意：先将 DC 信号源的 OUT1 和 OUT2 分别接入 u_{i1} 和 u_{i2} 端，然后调节 DC 信号源，使其输出为 $U_{i1} = 0.1 \text{ V}$ 和 $U_{i2} = -0.1 \text{ V}$。

表 2.5.2　测量双端输入的差模电压放大倍数实验数据

测量值/V			计算变化量/V			单端输出差模电压放大倍数		双端输出差模电压放大倍数
U_{c1}	U_{c2}	$U_{o双}$	ΔU_{c1}	ΔU_{c2}	$\Delta U_{o双}$	A_{d1}	A_{d2}	$A_{d双}$

（三）测量双端输入的共模电压放大倍数

将输入端 A、B 短接，接到 DC 信号源 OUT1 的输入端，然后调节 DC 信号源，使其输出

为 $U_{i1}=U_{i2}=0.1$ V,按表2.5.3的要求测量,由测量数据算出单端和双端输出的共模电压放大倍数,将数据填入表2.5.3。进一步算出共模抑制比 CMRR=$\left|\dfrac{A_d}{A_c}\right|$。

表 2.5.3　测量双端输入的共模电压放大倍数实验数据

测量值/V			计算变化量/V			单端输出共模电压放大倍数		双端输出共模电压放大倍数
U_{c1}	U_{c2}	$U_{o双}$	ΔU_{c1}	ΔU_{c2}	$\Delta U_{o双}$	A_{c1}	A_{c2}	$A_{c双}$

（四）测量单端输入的差模电压放大倍数

在模拟电路实验箱上组成单端输入的差动放大电路并进行下列实验。

1. 将 B 端接地,组成单端输入差动放大器,从 A 端输入0.2 V的直流信号,测量单端及双端输出电压,并计算单端输入时单端及双端输出的差模电压放大倍数,将数据填入表2.5.4,并与双端输入时的单端及双端差模电压放大倍数进行比较。

2. 从 A 端加入 $U_i=50$ mV,$f=1$ kHz的正弦交流信号,分别测量、记录单端及双端输出电压,并计算单端及双端输出的差模电压放大倍数,填入表2.5.4。

表 2.5.4　测量单端输入的差模电压放大倍数实验数据

测量、计算值　输入信号	测量值/V			双端输出差模电压放大倍数 A_d	单端输出差模电压放大倍数	
	U_{c1}	U_{c2}	U_o		A_{d1}	A_{d2}
直流信号						
正弦交流信号						

注意:输入交流信号时,用示波器监视 u_{c1}、u_{c2} 的波形,若有失真现象,可减小输入电压值,使 u_{c1}、u_{c2} 都不失真。

六、实验报告要求

1. 根据实测数据计算图2.5.1所示电路的静态工作点,与预习计算结果相比较。
2. 整理实验数据,计算各种接法的 A_d,并与理论估算值相比较。
3. 计算实验内容(三)中的 A_c 和 CMRR 值。
4. 总结差动放大电路的性能和特点。

实验六　负反馈放大电路

一、实验目的

1. 研究负反馈对放大电路性能的影响。

2. 掌握负反馈放大电路性能的测试方法。

二、实验器材

1. 模拟电路实验箱；　　2. 示波器；　　3. 数字信号发生器；　　4. 交流毫伏表；
5. 数字万用表。

三、实验原理

图 2.6.1 所示电路为负反馈放大电路。

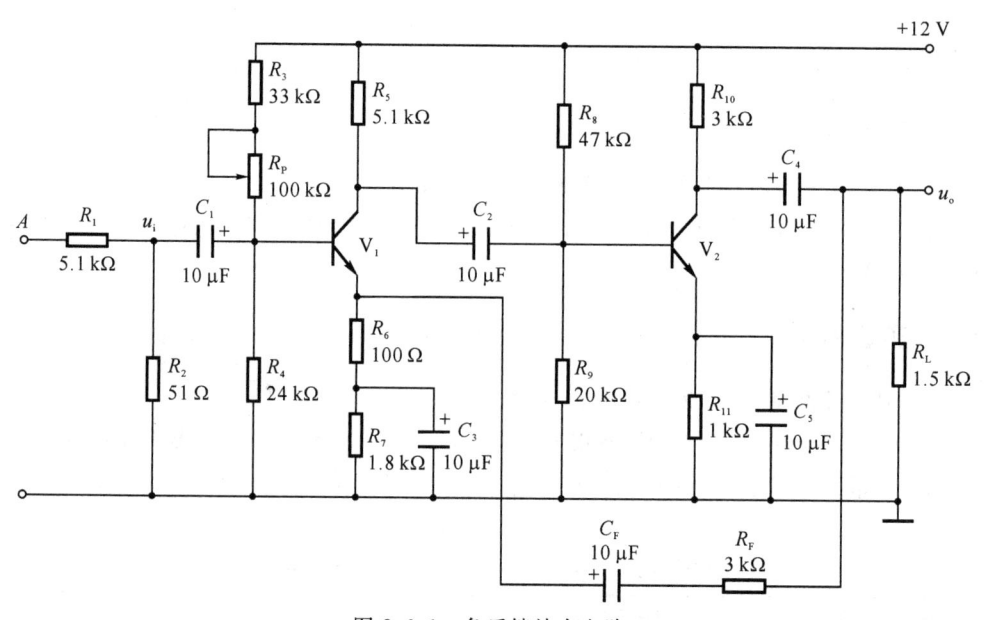

图 2.6.1　负反馈放大电路

图 2.6.1 所示属于电压串联负反馈放大电路。电压串联负反馈会减小电压放大倍数，同时会稳定电压放大倍数，增大输入电阻，减小输出电阻，展宽频带，减小非线性失真。相关公式如下

$$A_{uf} = \frac{A_u}{1 + A_u F}$$

$$\frac{\mathrm{d}A_{uf}}{A_{uf}} = \frac{1}{1 + A_u F} \frac{\mathrm{d}A_u}{A_u}$$

$$f_{Hf} = (1 + A_u F) f_H$$

$$f_{Lf} = \frac{f_L}{1 + A_u F}$$

式中：A_{uf} 为闭环电压放大倍数，A_u 为开环电压放大倍数，F 为反馈系数，f_{Hf} 为闭环时的上限截止频率，f_H 为开环时的上限截止频率，f_{Lf} 为闭环时的下限截止频率，f_L 为开环时的下限截止频率。

$$R_{if} = (1 + A_u F) R_i$$

$$R_{of} = \frac{R_o}{1 + A_u F}$$

式中：R_{if} 为闭环输入电阻，R_i 为开环输入电阻，R_{of} 为闭环输出电阻，R_o 为开环输出电阻。

分析图 2.6.1，与两级交流放大电路相比，增加了 R_6。R_6 引入电压串联交直流负反馈，从而加大了输入电阻，减小了电压放大倍数。R_6 与 R_F、C_F 形成了负反馈回路，反馈系数 F 和电压放大倍数 A_u 分别为

$$F = \frac{U_f}{U_o} \approx \frac{R_6}{R_6 + R_F} = \frac{1}{31} \approx 0.032\ 3$$

$$A_u \approx \frac{1}{F} = 31$$

式中：U_f 为反馈电压，U_o 为输出电压。

四、预习要求

1. 认真阅读实验内容及要求，估计待测量的变化趋势。

2. 设图 2.6.1 所示电路中 V_1 管和 V_2 管的 β 值为 40，计算该放大电路开环和闭环时的电压放大倍数。

五、实验内容

（一）测量负反馈放大电路的静态工作点

断开输入信号，调整 R_P 使 V_1 管的 $U_{C1} \approx 6.4$ V，第 2 级不用调整静态工作点，本身已经比较合适，测量两个管子的各极电压值，计算 V_1 管的 I_{C1}、I_{B1}、β_1 及 V_2 管的 I_{C2}、I_{B2}、β_2，填入表 2.6.1。

表 2.6.1　测量负反馈放大电路的静态工作点实验数据

测量第 1 级			测量第 2 级			计算第 1 级			计算第 2 级		
U_{C1}/V	U_{B1}/V	U_{E1}/V	U_{C2}/V	U_{B2}/V	U_{E2}/V	I_{C1}/mA	I_{B1}/mA	β_1	I_{C2}/mA	I_{B2}/mA	β_2

（二）测量负反馈放大电路开环和闭环时的放大倍数

1. 开环电路。

（1）按图 2.6.1 接线，R_F 和 C_F 先不接入。

（2）输入端接入 $U_i = 1$ mV、$f = 1$ kHz 的正弦波（注意：输入 1 mV 信号采用输入端衰减法，即在 A 点输入 $U_i = 100$ mV、$f = 1$ kHz 的正弦波信号进行衰减）。调整接线和参数，使输出不失真且无振荡。

（3）按表 2.6.2 的要求进行测量并填表。

（4）根据实测值计算开环电压放大倍数 A_u 和输出电阻 R_o，填入表 2.6.2。

2. 闭环电路。

（1）接通 R_F 和 C_F，按 1 中（2）的要求调整电路。闭环时为方便观察，可适当加大输入幅度。

（2）按表 2.6.2 的要求测量，并计算闭环电压放大倍数 A_{uf} 和输出电阻 R_o，将数据填入表 2.6.2。

（3）根据实测结果,验证 $A_{uf} \approx \dfrac{1}{F}$。

表 2.6.2　测量负反馈放大电路开环和闭环时的电压放大倍数实验数据

电路状态 ＼ 测量、计算值	$R_L/k\Omega$	U_i/mV	$(U_{o1}=U_{i2})/mV$	U_o/mV	A_{u1}	A_{u2}	$A_u(A_{uf})$	$R_o/k\Omega$
开　环	$+\infty$							
	1.5							
闭　环	$+\infty$							
	1.5							

注:U_{o1} 为第 1 级输出电压,U_{i2} 为第 2 级输入电压。

（三）测试负反馈放大电路的频率特性

1. 将图 2.6.1 所示电路开环,调节输入信号 u_i 至适当幅度并保持不变,调节频率使输出信号在示波器上有较大且不失真显示。

2. 保持输入信号幅度不变并逐步增加频率,直到波形减小为原来的 70％,此时信号频率即为放大电路的上限截止频率 f_H,测出 f_H,填入表 2.6.3。

3. 条件同上,但逐渐减小频率,测出下限截止频率 f_L,填入表 2.6.3。

4. 将电路闭环,重复步骤 1~3,并将测得的上限截止频率 f_{Hf} 和下限截止频率 f_{Lf} 填入表 2.6.3。

当频率 f 在 4~10 kHz 范围内,输出信号最大(无论开环、闭环),应以此为最大值进行测量。

表 2.6.3　测试负反馈放大电路的频率特性实验数据

开　环		闭　环	
f_H	f_L	f_{Hf}	f_{Lf}

（四）负反馈对失真的改善作用

1. 将图 2.6.1 所示电路开环,逐步加大输入信号 u_i 的幅度,使输出信号出现失真(注意不要严重失真),记录失真波形幅度。

2. 将电路闭环,观察输出情况,并适当增加 u_i 的幅度,使输出幅度接近开环时失真波形的幅度。闭环后,引入负反馈,减小了失真度,改善了波形失真。

3. 若 $R_F=3$ kΩ 不变,但 R_F 接入 V_1 管的基极,则会出现什么情况?实验验证之。引入正反馈,产生大约 7 Hz 的振荡波形。

4. 画出上述各步实验的波形图。

六、实验报告要求

1. 将实验值与理论值进行比较,分析误差产生的原因。

2. 根据实验内容总结负反馈对放大电路的影响。

实验七 比例求和运算电路

一、实验目的

1. 掌握用集成运算放大电路(简称运放)组成比例求和运算电路的特点及性能。
2. 学会上述电路的测试和分析方法。

二、实验器材

1. 模拟电路实验箱；   2. 数字万用表。

三、实验原理

由于集成运放的电压增益大约在 100 000 以上,所以,必须加入电压负反馈,才能使集成运放主要工作于线性放大区。我们把集成运放的输出端与自身的反向输入端通过电路连接,组成电压负反馈电路,因而有"虚断"(正向输入端电压 U_P 与反向输入端电压 U_N 近似相等,$U_P \approx U_N$)和"虚短"(正向输入端电流 I_P 与反向输入端电流 I_N 近似相等,$I_P \approx I_N$),并由此可以推导出各个比例求和运算电路的比例系数。

四、预习要求

1. 写出图 2.7.1～图 2.7.5 中的 U_o 公式。
2. 估算表 2.7.2～表 2.7.5 中的理论值。

五、实验内容

（一）电压跟随电路

实验电路如图 2.7.1 所示(连线时必须加入＋12 V、－12 V 直流电源)。按表 2.7.1 给出的内容进行实验并记录。

电压串联负反馈,根据"虚短"有

$$U_i = U_P, \quad U_o = U_N, \quad U_P \approx U_N$$

所以 $$U_o \approx U_i$$

表 2.7.1 电压跟随电路实验数据

U_i/V		-2	-0.5	0	0.5	1
U_o/V	$R_L = +\infty$					
	$R_L = 5.1\ \text{k}\Omega$					

（二）反相比例放大电路

实验电路如图 2.7.2 所示。按表 2.7.2 给出的内容进行实验并记录。

电压并联负反馈，由"虚短"有

$$U_A = U_B = 0 \text{ V}, \quad I_i = \frac{U_i - U_A}{R_1} = \frac{U_i}{R_1}$$

由"虚断"有

$$I_F = I_i = \frac{U_i}{R_1}, \quad U_o = U_A - I_F R_F = -\frac{R_F}{R_1} U_i$$

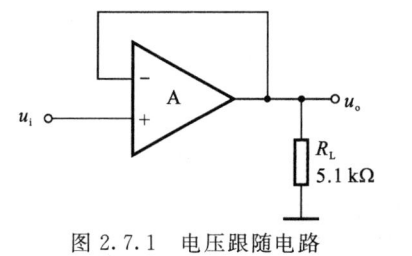
图 2.7.1 电压跟随电路

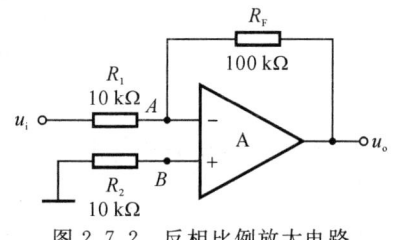
图 2.7.2 反相比例放大电路

表 2.7.2 反相比例放大电路实验数据

直流输入电压 U_i/mV		30	100	300	1 000	3 000
输出电压 U_o	理论估算值/V					
	实测值/V					
	误差/mV					

（三）同相比例放大电路

电路如图 2.7.3 所示。按表 2.7.3 给出的内容进行实验并记录。

电压串联负反馈，由"虚断"有

$$I_P \approx I_N = 0$$

则
$$U_B = U_i, \quad I_{R_1} = I_{R_F}$$

由"虚短"有

$$U_A = U_B = U_i$$

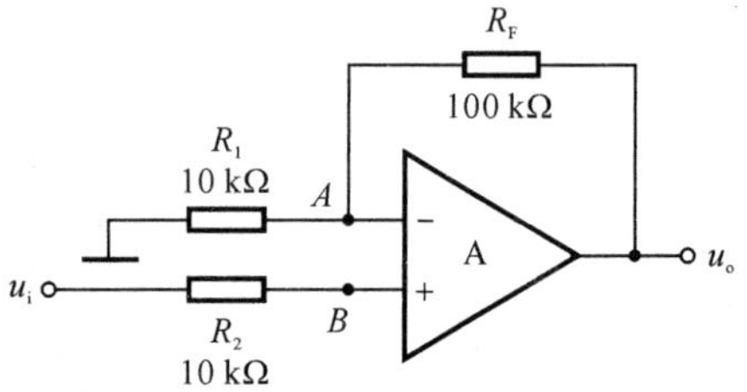

图 2.7.3 同相比例放大电路

则
$$U_o = \frac{U_A}{R_1}(R_1 + R_F) = \left(1 + \frac{R_F}{R_1}\right)U_i$$

表 2.7.3 同相比例放大电路实验数据

直流输入电压 U_i/mV		30	100	300	1 000	3 000
输出电压 U_o	理论估算值/V					
	实测值/V					
	误差/mV					

（四）反相求和放大电路

实验电路如图 2.7.4 所示。按表 2.7.4 给出的内容进行实验并记录，然后与预习计算结果进行比较。

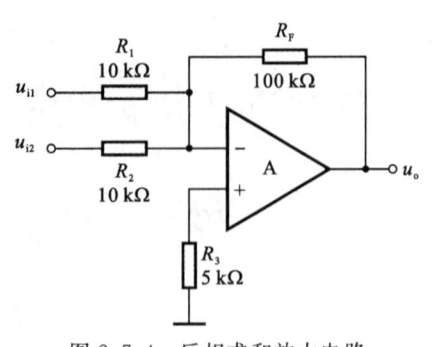

图 2.7.4　反相求和放大电路

电压并联负反馈,分析方法与图 2.7.2 一样,$U_o = -R_F\left(\dfrac{U_{i1}}{R_1} + \dfrac{U_{i2}}{R_2}\right)$。

表 2.7.4　反相求和放大电路实验数据

U_{i1}/V		0.3	-0.3
U_{i2}/V		0.2	0.2
U_o/V	实测值		
	理论估算值		

（五）双端输入求和放大电路

实验电路如图 2.7.5 所示。按表 2.7.5 的要求进行实验并记录。

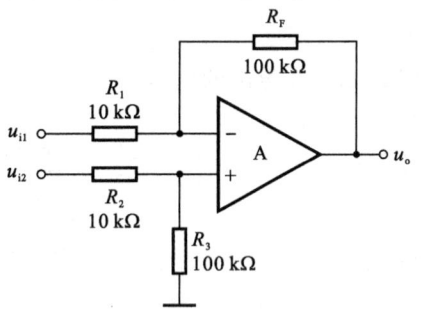

图 2.7.5　双端输入求和放大电路

$$R_1 /\!/ R_F = R_2 /\!/ R_3$$

$$U_o = \frac{R_F}{R_2}U_{i2} - \frac{R_F}{R_1}U_{i1} = 10(U_{i2} - U_{i1})$$

表 2.7.5　双端输入求和放大电路实验数据

U_{i1}/V		1	2	0.2
U_{i2}/V		0.5	1.8	-0.2
U_o/V	实测值			
	理论估算值			

六、实验报告要求

1. 总结本实验中 5 种运算电路的特点及性能。

2. 分析理论估算值与实测值的误差产生的原因。

实验八 积分与微分电路

一、实验目的

1. 学会用运算放大器组成积分与微分电路。
2. 掌握积分与微分电路的特点及性能。

二、实验器材

1. 模拟电路实验箱；　　2. 示波器；　　3. 数字信号发生器；　　4. 交流毫伏表；
5. 数字万用表。

三、实验原理

(一)积分电路

积分电路如图 2.8.1 所示。

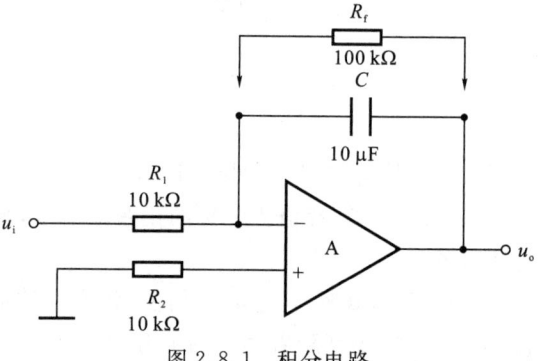

图 2.8.1　积分电路

此电路为反相积分电路，分析得到公式

$$U_o(t) = -\frac{1}{R_1 C} \int_0^t u_i(\tau) d\tau + u_o(t_0)$$

实际电路中为防止低频信号增益过大，往往在积分电容两边并联一个电阻 R_f，它可以减少运放的直流偏移，但也会影响积分的线性关系，一般取 $R_f \gg R_1 = R_2$。

(二)微分电路

微分电路如图 2.8.2 所示。
由微分电路理想分析得到公式

$$U_o(t) = -R_1 C \frac{d u_i(t)}{dt}$$

对于图 2.8.2 所示电路，阶跃变化的信号或是脉冲式大幅值干扰，都会使运放内部放大管进入饱和或截止状态,以致信号消失后仍能回到放大区,造成堵塞,使电路无法工作。同时,由于反馈网络为滞后环节,它与运放内部滞后环节相叠加,易产生自激振荡,从而使电路不稳定。为解决以上问题,可在输入端串联一个小电阻 R_P,以限制输入电流和高频增益,消除自激。以上改进针对阶跃信号(方波、矩形波)或脉冲波形,而对于连续变化的正弦波,除非频率过高,否则不必使用。当加入电阻 R_P 时,电路的输出与输入为近似微分关系。

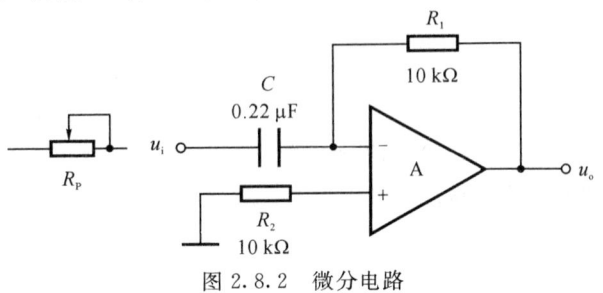

图 2.8.2 微分电路

四、预习要求

1. 分析图 2.8.1 所示电路,若输入为正弦波,u_o 与 u_i 的相位差是多少? 当输入信号的频率为 100 Hz,电压峰-峰值为 2 V 时,输出 u_o 为多少?

2. 分析图 2.8.2 所示电路,若输入为正弦波,u_o 与 u_i 的相位差是多少? 当输入信号的频率为160 Hz,电压有效值为 1 V 时,输出 u_o 为多少?

五、实验内容

(一)积分电路

实验电路如图 2.8.1 所示(连接电路时必须接 +12 V、-12 V 直流电源)。

1. u_i 端输入频率为 100 Hz、电压峰-峰值为 2 V 的正弦波信号,观察和比较 u_i 与 u_o 的幅度大小及相位关系,并记录波形。

2. 改变信号频率(20~400 Hz),观察 u_i 与 u_o 的相位、幅度及波形的变化。当改变信号频率时,输出信号的波形、相位不变,幅度随着频率的上升而下降。

3. u_i 端输入频率为 100 Hz、电压峰-峰值为 2 V 的方波信号,观察和比较 u_i 与 u_o 的幅度大小及相位关系,并记录波形。

(二)微分电路

实验电路如图 2.8.2 所示。

1. 输入正弦波信号,频率为 160 Hz,电压有效值为 1 V。用示波器观察 u_i 与 u_o 的波形并测量输出电压。

2. 改变正弦波频率(20~400 Hz),用示波器观察 u_i 与 u_o 的相位、幅度的变化情况并记录。

3. 输入方波信号,频率为 200 Hz,电压峰-峰值为 400 mV,在微分电容左端接入 400 Ω 左右的电阻(通过调节 1 kΩ 电位器 R_P 得到),用示波器观察 u_o 的波形并记录。

4. 输入方波信号,频率为 200 Hz,电压峰-峰值为 400 mV,调节微分电容左端接入的电位器 R_P(10 kΩ),用示波器观察 u_i 与 u_o 的幅度及波形的变化情况并记录。

（三）积分-微分电路

实验电路如图 2.8.3 所示。

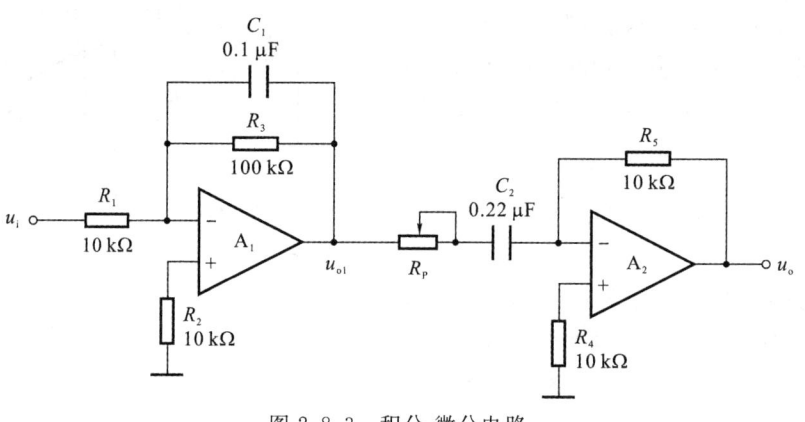

图 2.8.3 积分-微分电路

1. u_i 端输入频率为 200 Hz、电压峰-峰值为 12 V 的方波信号，用示波器观察 u_i 和 u_o 的波形并记录。

2. 将频率改为 500 Hz，观察 u_i 和 u_o 的波形并记录。

六、实验报告要求

1. 整理实验中的数据及波形，总结积分、微分电路的特点。
2. 分析实测值与理论估算值的误差产生的原因。

实验九 RC 正弦波振荡电路

一、实验目的

1. 掌握 RC 正弦波振荡电路的构成及工作原理。
2. 熟悉 RC 正弦波振荡电路的调整、测试方法。
3. 观察 RC 参数对振荡频率的影响，学习振荡频率的测定方法。

二、实验器材

1. 模拟电路实验箱；   2. 示波器；   3. 数字信号发生器；   4. 交流毫伏表；
5. 数字万用表。

三、实验原理

正弦波振荡电路必须具备两个条件：一是必须引入反馈，而且反馈信号要能代替输入信号，这样才能在不输入信号的情况下自发产生正弦波振荡；二是要有外加的选频网络，用于

确定振荡频率。因此，振荡电路由四部分组成：放大电路、选频网络、反馈网络、稳幅环节。实际电路中多用 LC 谐振电路或是 RC 串并联电路(两者均起到带通滤波选频的作用)作为正反馈来组成正弦波振荡电路。振荡平衡条件为 $\dot{A}_u \dot{F} = 1$，即幅度条件为 $|\dot{A}_u \dot{F}| = 1$，相位条件为 $\varphi_A + \varphi_F = 2n\pi$，启振条件为 $|\dot{A}_u \dot{F}| > 1$。

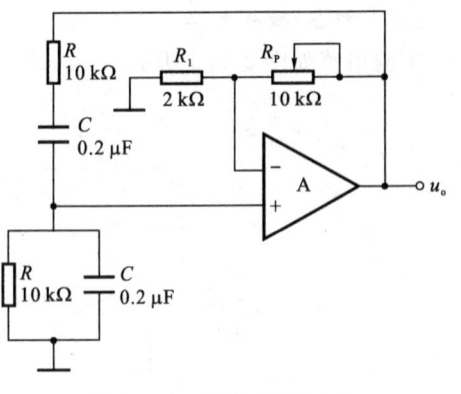

图 2.9.1　正弦波振荡电路

实验电路如图 2.9.1 所示。该电路常称为文氏电桥振荡电路，由 R_P 和 R_1 组成电压串联负反馈，使集成运放工作于线性放大区，形成同相比例放大电路，由 RC 串并联网络作为正反馈回路兼选频网络。分析电路可得

$$\dot{F} = \frac{1}{3 + j\left(\omega RC - \dfrac{1}{\omega RC}\right)}$$

设 $\omega_0 = \dfrac{1}{RC}$，有

$$|\dot{F}| = \frac{1}{\sqrt{9 + \left(\dfrac{\omega}{\omega_0} - \dfrac{\omega_0}{\omega}\right)^2}}, \qquad \varphi_F = -\arctan \frac{1}{3}\left(\frac{\omega}{\omega_0} - \frac{\omega_0}{\omega}\right)$$

当 $\omega = \omega_0$ 时，$|\dot{F}| = \dfrac{1}{3}$，$\varphi_F = 0$，此时取 A_u 稍大于 3，便满足启振条件。

$$A_u = 1 + \frac{R_P}{R_1} \geqslant 3$$

所以

$$R_P \geqslant 2R_1$$

稳定振荡时 $A_u = 3$，振荡频率 $f_0 = \dfrac{1}{2\pi RC}$。

四、预习要求

分析 RC 正弦波振荡电路的工作原理。

五、实验内容

1. 按图 2.9.1 接线，思考以下问题：

(1) 若元器件完好，接线正确，电源电压正常，而 $u_o = 0$，原因何在？应怎么办？

(2) 有输出但出现明显失真，应如何解决？

2. 调整 R_P 使电路启振，用示波器观察输出波形，测出 u_o 的频率 f_{01} 并与计算值比较。

3. 改变振荡频率。

在模拟电路实验箱上设法使文氏电桥电容 $C = 0.1\ \mu\text{F}$。

注意：必须先关断模拟电路实验箱电源开关才能改变参数，检查无误后再接通电源。测 f_0 时，应适当调节 R_P 使 u_o 无明显失真后再进行。

由于 A_u 要大于 3,即 R_P 大于 4 kΩ 时才启振,但此时电压放大倍数大于平衡条件的要求,易出现输出幅度过大而失真的现象。为改善这种现象,可适当加入稳幅环节,在 R_P 两端并联 ±6 V 双向稳压管,利用双向稳压管的动态电阻变化特性进行自调节。

4. 测定运算放大器放大电路的闭环电压放大倍数 A_{uf}。

先测出图 2.9.1 所示电路的输出电压值 U_o,然后关断模拟电路实验箱电源,保持 R_P 不变,断开图 2.9.1 中的 RC 正反馈网络,用数字信号发生器输出一个频率相同的正弦波信号 u_i,接至运放同相输入端,如图 2.9.2 所示。调节 u_i 幅度(频率不能变),使输出电压等于原值 U_o,测出此时的输入电压值 U_i,则 $A_{uf}=U_o/U_i$。

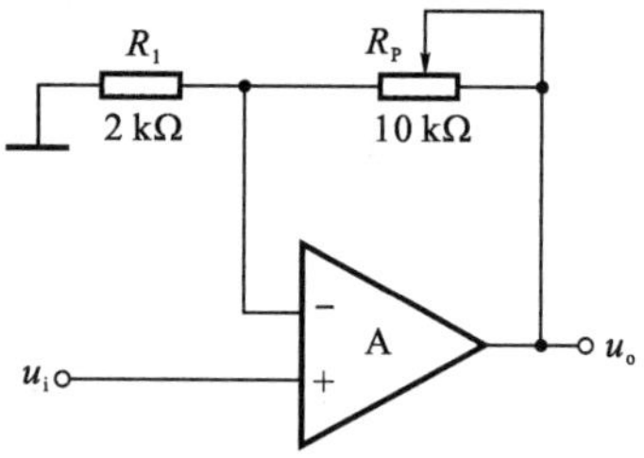

图 2.9.2 运算放大器放大电路

六、实验报告要求

1. 电路中哪些参数与振荡频率有关?
2. 将振荡频率的实测值与理论估算值进行比较,分析产生误差的原因。
3. 总结改变负反馈深度对振荡电路启振的幅度条件及输出波形的影响。

实验十 电压比较与波形发生电路

一、实验目的

1. 掌握电压比较电路的电路构成及特点。
2. 学会测试电压比较电路的方法。
3. 掌握波形发生电路的特点和分析方法。

二、实验器材

1. 模拟电路实验箱;　　2. 示波器;　　3. 数字信号发生器;　　4. 交流毫伏表;
5. 数字万用表。

三、实验原理

(一) 电压比较电路

1. 过零比较电路。

电路如图 2.10.1 所示。由于运放的正向输入端电压 $U_P=0$ V,当输入电压 U_i 大于 0 V 时,u_o 端输出双向稳压管的稳定电压 $-U_Z$,反之输出 U_Z。

2. 反相滞回比较电路。

电路如图 2.10.2 所示,可求出阈值电压为

$$U_{TH} = \frac{R_2}{R_F + R_2} U_Z, \quad U_{TL} = -\frac{R_2}{R_F + R_2} U_Z$$

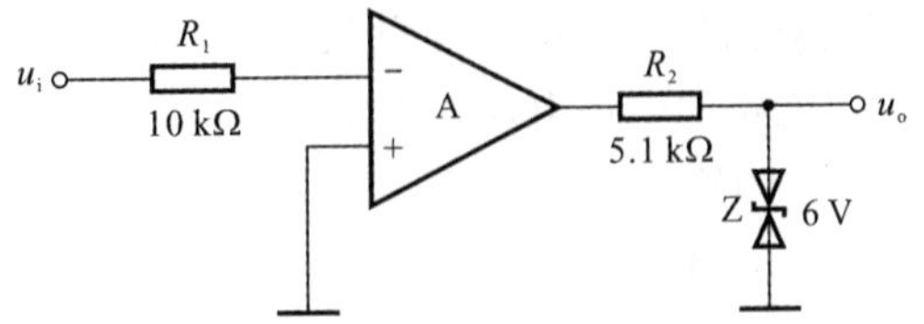

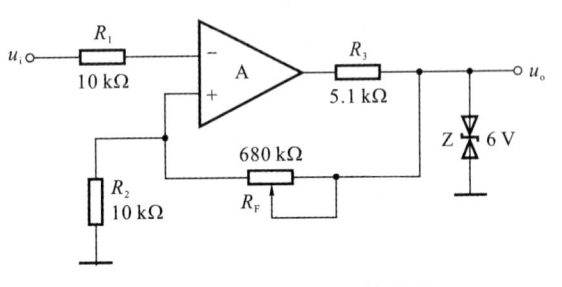

图 2.10.1　过零比较电路

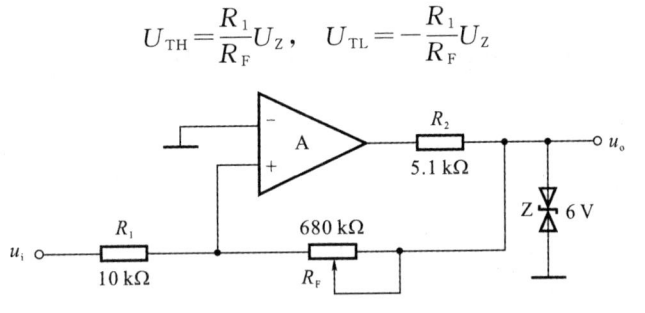

图 2.10.2　反相滞回比较电路

3. 同相滞回比较电路。

电路如图 2.10.3 所示,可求出阈值电压为

$$U_{TH} = \frac{R_1}{R_F} U_Z, \quad U_{TL} = -\frac{R_1}{R_F} U_Z$$

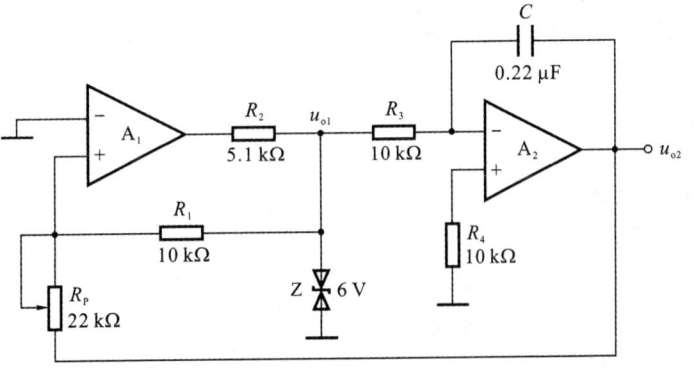

图 2.10.3　同相滞回比较电路

（二）波形发生电路

波形发生电路如图 2.10.4 所示。

图 2.10.4　波形发生电路

图 2.10.4 所示为三角波的波形发生电路,由同相滞回比较电路与积分电路组成。

四、预习要求

1. 分析图 2.10.1 所示电路,回答以下问题:

(1) 电压比较电路是否要调零?原因何在?

(2) 电压比较电路两个输入端的电阻是否要对称?为什么?

(3) 集成运放两个输入端的电位差如何估计?

2. 分析图 2.10.2 所示电路,并计算:

(1) 使 u_o 由 $+U_Z$ 变为 $-U_Z$ 的 u_i 临界值(U_{TH})。

(2) 使 u_o 由 $-U_Z$ 变为 $+U_Z$ 的 u_i 临界值(U_{TL})。

(3) 若由 u_i 端输入电压有效值为 1 V 的正弦波,试画出 u_i-u_o 的波形图。

3. 分析图 2.10.3 所示电路,重复 2 的计算步骤。

4. 在图 2.10.4 所示电路中,如何改变输出频率?

电压比较电路中,集成运放工作在开环或正反馈状态,只要两个输入端之间的电压稍有差异,双向稳压管就工作在稳压状态,输出端便输出双向稳压管的稳定电压。

五、实验内容

(一)过零比较电路

1. 按图 2.10.1 接线,u_i 端悬空时测 u_o 端电压。

2. u_i 端输入频率为 500 Hz、电压有效值为 1 V 的正弦波,观察并记录 u_i-u_o 波形。

3. 改变 u_i 的幅度,观察 u_o 的变化。

(二)反相滞回比较电路

1. 按图 2.10.2 接线,并将 R_F 调为 100 kΩ,u_i 端接 DC 信号源,测出 u_o 由 $+U_Z$ 到 $-U_Z$ 变化时 u_i 的临界值(U_{TH})。

2. 条件同上,测出 u_o 由 $-U_Z$ 到 $+U_Z$ 变化时 u_i 的临界值(U_{TL})。

3. u_i 端接频率为 500 Hz、电压有效值为 1 V 的正弦信号,观察并记录 u_i-u_o 波形。

4. 将电路中的 R_F 调为 200 kΩ,重复步骤 3。

(三)同相滞回比较电路

1. 按图 2.10.3 接线,并将 R_F 调为 100 kΩ,u_i 端接 DC 信号源,测出 u_o 由 $+U_Z$ 到 $-U_Z$ 变化时 u_i 的临界值(U_{TH})。

2. 条件同上,测出 u_o 由 $-U_Z$ 到 $+U_Z$ 变化时 u_i 的临界值(U_{TL})。

3. u_i 端接频率为 500 Hz、有效值为 1 V 的正弦信号,观察并记录 u_i-u_o 波形。

4. 将电路中 R_F 调为 200 kΩ,重复步骤 3。

(四)三角波发生电路

1. 按图 2.10.4 接线,分别观测 u_{o1} 及 u_{o2} 的波形并记录。

2. 如何改变输出波形的频率?按预习方案分别实验并记录。

六、实验报告要求

1. 整理实验数据及波形,并与预习计算值比较。

2. 总结这几种电路的特点。

实验十一 集成功率放大电路

一、实验目的

1. 熟悉集成功率放大电路的特点。
2. 掌握集成功率放大电路的主要性能指标及测量方法。

二、实验器材

1. 模拟电路实验箱；　　2. 示波器；　　3. 数字信号发生器；　　4. 交流毫伏表；
5. 数字万用表。

三、实验原理

集成功率放大器 LM386 是一种音频集成功放,具有自身功耗低、电压增益可调整、电源电压范围大、外接元件少和总谐波失真小的优点。LM386 内部电路如图2.11.1所示。

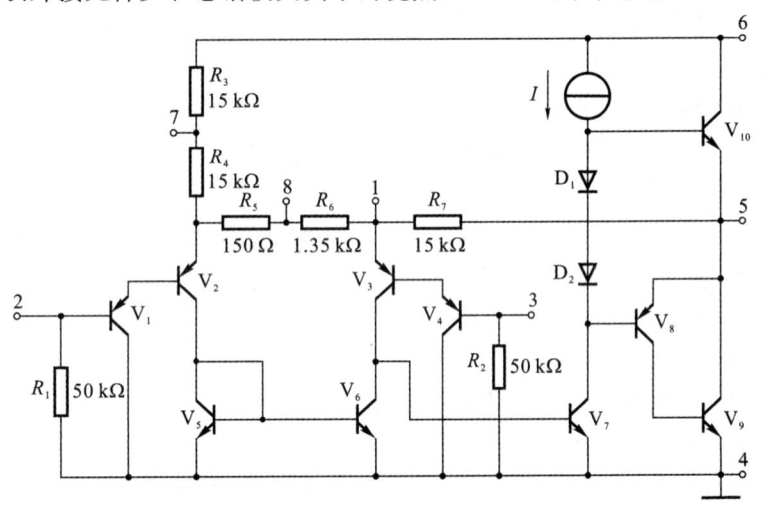

图 2.11.1　LM386 内部电路

集成功率放大电路如图2.11.2所示,开关 K 与电容 C_2 控制增益,C_3 为旁路电容,C_1 为去耦电容,用于滤掉电源的高频交流部分,C_4 为输出隔直电容,C_5 与 R 串联构成校正网络,进行相位补偿。

当负载为 R_L 时,最大不失真输出功率为

$$P_{OM} = \frac{\left(\dfrac{U_{OM}}{\sqrt{2}}\right)^2}{R_L}$$

当输出信号峰-峰值接近电源电压时,有

$$U_{OM} \approx \frac{V_{CC}}{2}, \quad P_{OM} \approx \frac{V_{CC}^2}{8R_L}$$

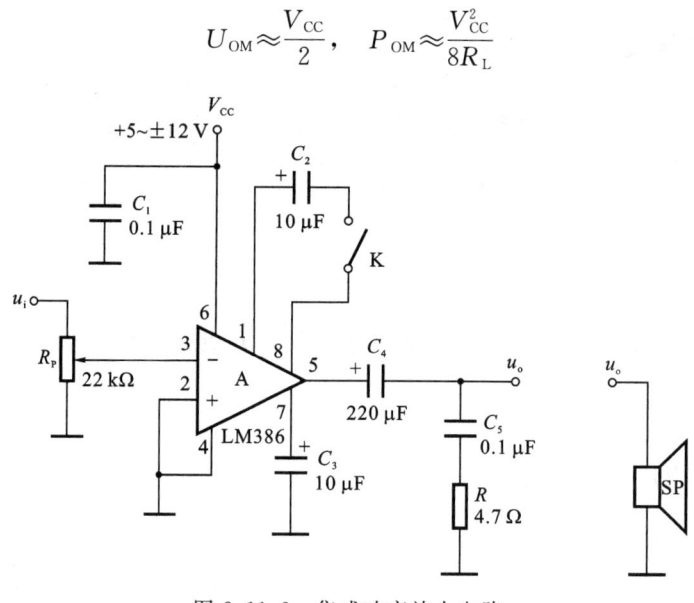

图 2.11.2　集成功率放大电路

四、预习要求

1. 对照图 2.11.2 分析集成功率放大电路的工作原理。

2. 在图 2.11.1 所示电路中,若 $V_{CC} = 12$ V,$R_L = 8$ Ω,估算该电路的 P_{OM} 及直流电源供给功率 P_V。

3. 阅读实验内容,准备数据表格。

五、实验内容

1. 按图 2.11.1 所示在模拟电路实验箱上插装电路,电源电压 V_{CC} 为 12 V,不加信号时量测静态工作电流 I_Q。在输入端接 1 kHz 信号,用示波器观察输出波形。逐渐增加输入电压的幅度,直至出现波形失真为止,记录此时输入电压、输出电压的幅度,并根据测量数据计算 A_u、P_{OM},将数据填入表 2.11.1,并记录波形。

2. 去掉 10 μF 电容 C_2,重复上述步骤 1。

3. 改变电源电压(选 5 V、9 V 两挡),重复上述步骤 1。

表 2.11.1　静态、动态分析表

V_{CC}/V	C_2	不接 R_L				$R_L = 8$ Ω(喇叭)			
		I_Q/mA	U_i/mV	U_o/V	A_u	U_i/mV	U_o/V	A_u	P_{OM}/W
12	接　入								
	不　接								
9	接　入								
	不　接								
5	接　入								
	不　接								

六、实验报告要求

1. 根据实验测量值,计算各种情况下的 P_{OM}、P_V 及电源效率 $\eta = \dfrac{P_{OM}}{P_V}$。

2. 绘制电源电压与输出电压、输出功率的关系曲线。

实验十二 整流滤波与并联稳压电路

一、实验目的

1. 熟悉单相半波整流、全波整流、桥式整流电路。
2. 了解电容滤波的作用。
3. 了解并联稳压电路。

二、实验器材

1. 模拟电路实验箱;　　2. 示波器;　　3. 数字万用表;　　4. 可调直流稳压电源。

三、实验原理

(一) 半波整流、桥式整流电路

实验电路分别如图 2.12.1 和图 2.12.2 所示。

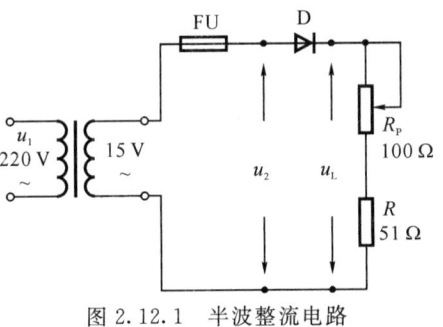

图 2.12.1　半波整流电路

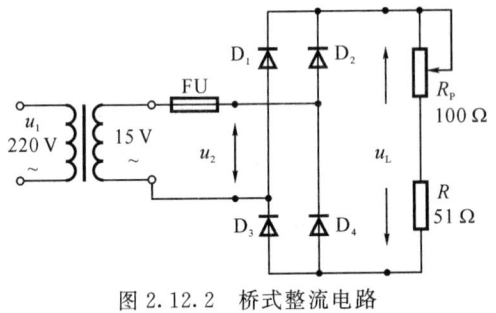

图 2.12.2　桥式整流电路

图 2.12.1 所示是半波整流电路,如果忽略二极管的导通电压,输出应是半波波形。如果输入交流信号有效值为 U_1,则输出信号平均值为 $\dfrac{\sqrt{2}U_1}{\pi} \approx 0.45U_1$,有效值为 $\dfrac{U_1}{\sqrt{2}}$。

图 2.12.2 所示是桥式整流电路,如果忽略二极管的导通电压,输出应是全波波形。输出信号平均值为 $\dfrac{2\sqrt{2}U_1}{\pi} \approx 0.9U_1$,有效值为 U_1。

(二) 电容滤波电路

电路如图 2.12.3 所示。电容滤波电路是利用电容对电荷的存储作用来抑制纹波的。

在不加入负载电阻时,理论上应输出无纹波的稳定电压,但实际上由于受到二极管的反向电流和电容的漏电流的影响,仍然可以看到纹波。由于大电容的漏电流较大,所以,接入 $470~\mu F$ 电容时观察到的纹波比接入 $10~\mu F$ 电容时的大。接入负载后,在示波器中可看到明显的纹波。纹波中电压处于上升部分时,二极管导通,通过的电流一部分经过负载,一部分给电容充电,其时间常数为 $R'C(R'=r /\!/ R_L,r$ 为输入电路内阻$)$;纹波中电压处于下降部分时,二极管截止,负载上的电流由电容提供,其放电时间常数为 $R_L C$。一般有 $R_L \gg r > (R_L /\!/ r)$,因此,滤波的效果主要取决于放电时间常数,其数值越大,滤波后输出纹波越小,电压波形越平滑,平均值也越大。平均值为

$$U_{OM} = \sqrt{2} U_1 \left(1 - \frac{T}{4 R_L C} \right)$$

其中 T 为电网电压的周期。

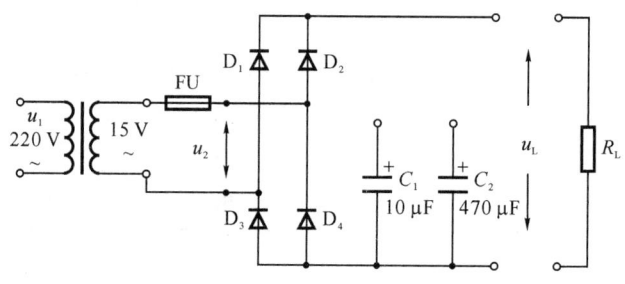

图 2.12.3　电容滤波电路

(三)并联稳压电路

并联稳压电路如图 2.12.4 所示,由稳压二极管和限流电阻组成,利用稳压二极管的电流调节作用通过限流电阻上的电流和电压进行补偿,达到稳压的目的,因而限流电阻必不可少。对于稳压电路,一般用稳压系数 S_r 和输出电阻 R_o 来描述其稳压特性。S_r 表明输入电压波动对稳压特性的影响,R_o 表明负载电阻对稳压特性的影响。

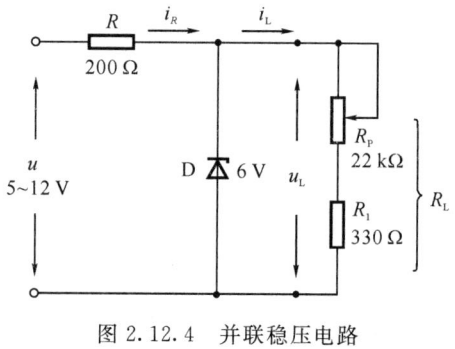

图 2.12.4　并联稳压电路

$$S_r = \left. \frac{\Delta U_o / U_o}{\Delta U_i / U_i} \right|_{R_L 不变}, \quad R_o = -\left. \frac{\Delta U_o}{\Delta I_o} \right|_{U_i 不变}$$

分析电路,设稳压二极管两端电压为 U_z,流过稳压二极管的电流为 I_z,则稳压二极管交流等效电阻 $r_z = \Delta U_z / \Delta I_z$。根据交流等效电路可知

$$S_r = \frac{U_i}{U_o} \cdot \frac{\Delta U_o}{\Delta U_i} = \frac{U_i}{U_o} \cdot \frac{r_z /\!/ R_L}{R + r_z /\!/ R_L}, \quad R_o = R /\!/ r_z$$

四、预习要求

1. 复习教材中整流滤波电路和并联稳压电路的工作原理及其指标的物理意义。

2. 复习教材中整流滤波电路和并联稳压电路的调整步骤和稳定度,以及动态内阻的测量方法。

五、实验内容

(一) 半波整流、桥式整流电路

分别按图 2.12.1 和图 2.12.2 连接电路,用示波器观察 u_2 及 u_L 的波形,并测量 U_2、U_L 及二极管的电压 U_D。

(二) 电容滤波电路

实验电路如图 2.12.3 所示。

1. 分别将不同电容接入电路,R_L 先不接,用示波器观察 u_L 的波形,测量 U_L 并记录。

2. 接上 $R_L = 1\ \text{k}\Omega$,用示波器观察 u_L 的波形,测量 U_L 并记录。

3. 将 R_L 改为 150 Ω,用示波器观察 u_L 的波形,测量 U_L 并记录。

(三) 并联稳压电路

实验电路如图 2.12.4 所示。

1. 电源输入电压为 10 V 不变,测量负载变化时电路的稳压特性。

改变负载电阻 R_L,使负载电流 $I_L = 1$、5、10 mA,分别测量 U_L、U_R、I_Z、I_R,并将测量数据填入表 2.12.1,计算稳压二极管交流等效电阻和电源输出电阻。

表 2.12.1　并联稳压电路

I_L/mA	U_L/V	U_R/V	I_Z/mA	I_R/mA
1				
5				
10				

测量得:$I_{Zmin} = $ _____ ,$U_{Zmin} = $ _____ 。

计算得:$r_Z = $ _____ ,$R_o = $ _____ 。

2. 负载不变,测量电源电压变化时电路的稳压特性。

用可调的直流电压的变化模拟 220 V 电源电压的变化,电路接入前将可调直流稳压电源调到 10 V,然后调到 8、9、11、12 V。按表 2.12.2 的内容测量并填表,以 10 V 为基准,计算稳压系数 S_r。

表 2.12.2　电路的稳压性能

U_i/V	U_L/V	I_R/mA	I_L/mA	S_r
10				
8				
9				
11				
12				

六、实验报告要求

1. 整理实验数据并按实验内容要求进行计算。

2. 计算图 2.12.4 所示电路能输出的电流最大值为多少。为获得更大电流应如何选择电路元器件及参数？

实验十三 串联稳压电路

一、实验目的

1. 研究串联稳压电路的主要特性，掌握串联稳压电路的工作原理。
2. 学会串联稳压电路的调试及测量方法。

二、实验器材

1. 直流电压表；   2. 直流毫安表；   3. 示波器；   4. 数字万用表；
5. 交流毫伏表。

三、实验原理

串联稳压电路如图 2.13.1 所示，以稳压二极管电路为基准，利用晶体管的电流放大作用增大负载电流，并在电路中引入电压负反馈使输出电压稳定、输出电阻变小。一般通过改变反馈网络常数使输出电压可调。

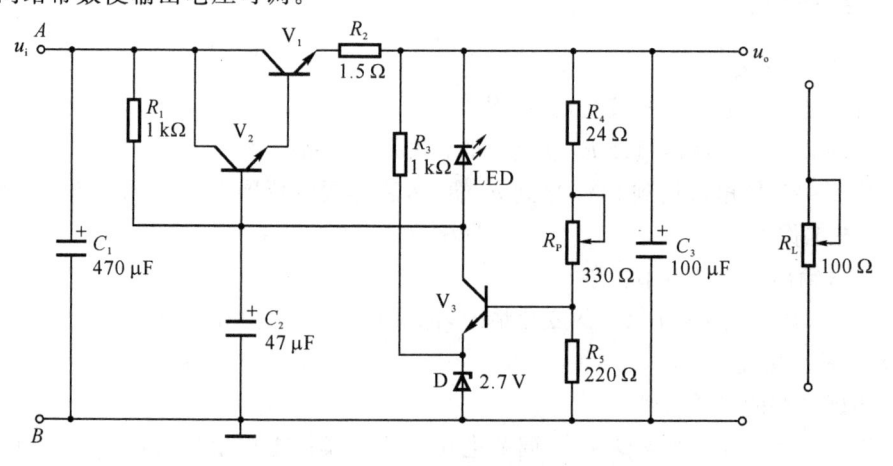

图 2.13.1 串联稳压电路

分析图 2.13.1 可知：电压基准由稳压二极管 D 提供，反馈网络由 R_4、R_P、R_5 组成，改变 R_P 就能改变反馈系数，从而调整输出电压。C_1、C_3 用来抑制纹波，C_2 用来抑制纹波和可能出现的高频振荡。R_2 和 LED 组成过载保护和示警电路。当输入电压 u_i 上升时，输出电压 u_o 上升，则 V_3 的基极电位 U_{B3} 上升，集电极电流 I_{C3} 上升，从而 V_2 的基极电流 I_{B2} 下降，V_1 的发射极电流 I_{E1} 下降，U_{CE1} 上升，最终 u_o 下降，完成反馈自动稳压。反之也一样。由于三极管的放大倍数很大，$I_C \approx I_E$，则

$$U_{B3} \approx \frac{R_5}{R_4 + R_P + R_5} U_o$$

$$U_o \approx \left(1 + \frac{R_4 + R_P}{R_5}\right) U_{B3} = \left(1 + \frac{R_4 + R_P}{R_5}\right)(U_Z + U_{BE3})$$

其中，U_Z 为稳压二极管两端电压。

由此进行静态工作点估算，即

$$U_{C1} = U_{C2} = U_i, \quad U_{E3} = 2.7 \text{ V}, \quad U_{B3} = 3.4 \text{ V}$$

$$U_o = \left(1 + \frac{24 + 165}{220}\right) \times 3.4 \approx 6.321 \text{ V}, \quad U_{E1} \approx U_o = 6.321 \text{ V}$$

$$U_{B1} = U_{E2} = U_{E1} + 0.7 = 7.021 \text{ V}, \quad U_{B2} = U_{C3} = U_{E2} + 0.7 = 7.721 \text{ V}$$

LED 两端电压为

$$U_+ - U_- = U_{BE1} + U_{BE2} + IR_2$$

当输出电流大到一定程度时，LED 两端电压大于导通电压，则 LED 发光报警，同时从 u_i 经 R_1 向 LED 提供电流 i_D，减轻复合管的电流负荷，从而形成保护。

四、预习要求

1. 估算图 2.13.1 所示电路中各三极管的静态工作点(设各管的 $\beta = 100$，电位器 R_P 滑动端处于中间位置)。

2. 分析图 2.13.1 所示电路，电阻 R_2 和发光二极管 LED 的作用是什么。

3. 设计数据表格。

五、实验内容

(一) 静态调试

1. 看清楚实验电路板的接线，查清引线端子。

2. 按图 2.13.1 接线，负载 R_L 开路，即串联稳压电路空载。

3. 将 5~27 V 电源调到 9 V，接到 u_i 端，然后再调电位器 R_P，使 $U_o = 6$ V。测量各三极管的静态工作点。

4. 测试输出电压的调节范围。

调节 R_P，观察输出电压 U_o 的变化情况，记录 U_o 的最大值和最小值。

(二) 动态测量

1. 测试电路的稳压特性。

使串联稳压电路处于空载状态，调节电位器 R_P，模拟电网电压波动 $\pm 10\%$，即 U_i 由 8 V 变到 10 V，测量相应的输出电压及变化量。根据公式 $S_r = \dfrac{\Delta U_o / U_o}{\Delta U_i / U_i}$ 计算稳压系数。

2. 测量电路的输出电阻。

串联稳压电路的负载电流 I_L 由空载时的 0 mA 变化到额定值 100 mA 时，测量输出电压 U_o 的变化量，即可求出输出电阻 $R_o = \left| \dfrac{\Delta U_o}{\Delta I_L} \right|$。测量过程中保持 $U_i = 9$ V 不变。

3. 测试输出的纹波电压。

将图 2.13.1 所示电路的电压输入端 u_i 接到图 2.13.2 所示的整流滤波电路的输出端(即接通 A-a、B-b)。在负载电流 $I_L = 100$ mA 的条件下，用示波器观察串联稳压电路输入、输出电压中的交流分量 u_i 和 u_o，并描绘其波形。用交流毫伏表测量交流分量的大小。

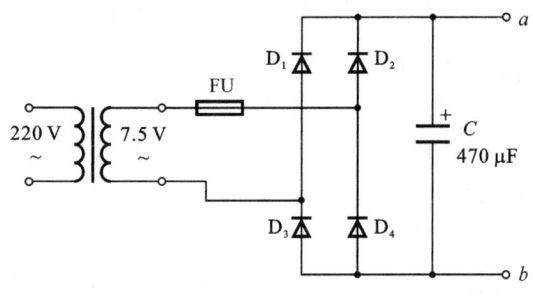

图 2.13.2　整流滤波电路

思考：

(1) 如果把图 2.13.1 所示电路中电位器 R_P 的滑动端往上（或往下）调，则各三极管的静态工作点将如何变化？

(2) 调节 R_L 时，V_3 的发射极电压如何变化？电阻 R_5 两端的电压如何变化？

(3) 如果把 C_3 去掉（开路），输出电压将如何变化？

(4) 电路中哪个三极管消耗的功率大？按实验内容（二）中的第 3 项接线。

（三）输出保护

1. 在电路的输出端接上负载 R_L，同时串接直流毫安表，并用直流电压表监视输出电压。逐渐减小 R_L 值，直到短路，注意 LED 发光二极管逐渐变亮的情况，记录此时的电压、电流值。

2. 逐渐加大 R_L 值，观察并记录输出电压、电流值。

注意：此实验内容短路时间应尽量短（不超过 5 s），以防元器件过热。

思考：如何改变电路的保护值？

（四）选做项目

测试串联稳压电路的外特性。（实验步骤自拟）

六、实验报告要求

1. 对静态调试及动态测试进行总结。

2. 计算串联稳压电路的输出电阻 R_o 及稳压系数 S_r。

3. 对部分思考题进行讨论。

实验十四　集成稳压电路

一、实验目的

1. 了解集成稳压电路的特性和使用方法。

2. 掌握直流稳压电源主要参数的测试方法。

二、实验器材

1. 示波器；   2. 数字万用表。

三、实验原理

集成负反馈串联稳压器稳压的基本要求是 $U_i - U_o \geqslant 2$ V。主要分为三个系列：固定正电压输出的三端稳压器 78 系列、固定负电压输出的三端稳压器 79 系列、可调式三端稳压器 X17 系列。78 系列中输出电压有 5、6、9 V 等，根据输出的最大电流分类，有 1.5 A 型号的 78XX（XX 为其输出电压）、0.5 A 型号的 78MXX、0.1 A 型号的 78LXX 三挡。79 系列中输出电压有 -5、-6、-9 V 等，同样根据输出最大电流分为三挡，标识方法一样。可调式三端稳压器根据对工作环境温度的不同要求分为三种型号，能工作在 -55～150 ℃ 的为 117，能工作在 -25～150 ℃ 的为 217，能工作在 0～150 ℃ 的为 317，同样根据输出最大电流的不同分为 X17、X17M、X17L 三挡，其输入、输出电压差要求在 3 V 以上，$U_o - U_T = U_{REF} = 1.25$ V。

四、预习要求

1. 复习教材中直流稳压电源部分有关电源的主要参数及其测试方法。
2. 查阅手册，了解本实验所用稳压器的技术参数。
3. 计算图 2.14.5 所示电路中 R_{P1} 的值。估算图 2.14.3 所示电路的输出电压范围。
4. 拟定实验步骤及数据表格。

五、实验内容

（一）稳压器的测试

实验电路如图 2.14.1 所示，为集成稳压电路的标准电路，其中，二极管 D 起保护作用，防止输入端突然短路时因电流倒灌而损坏稳压器。

测试内容：稳定输出电压、电压调整率、稳压系数、输出电阻、电压纹波（有效值或峰值）。

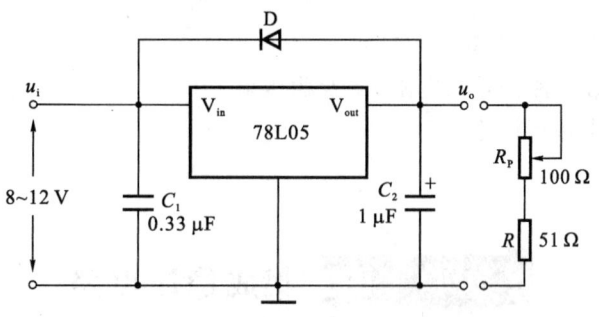

图 2.14.1　三端稳压器参数测试

（二）集成稳压电路性能的测试

仍用图 2.14.1 所示电路，测试内容如下：
1. 保持输出电压稳定的最小输入电压。
2. 输出电流最大值及过流保护性能。

(三) 集成稳压电路的灵活应用(选做)

1. 改变输出电压。

实验电路如图 2.14.2、图 2.14.3 所示。按图接线,测量电路的输出电压及变化范围。

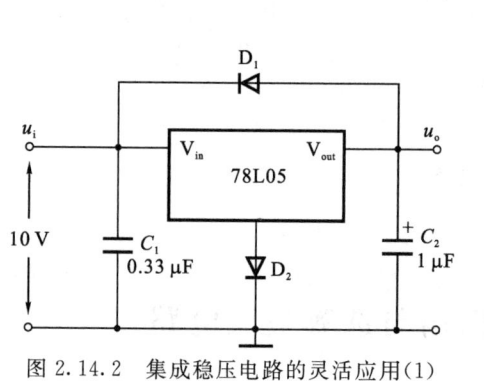

图 2.14.2　集成稳压电路的灵活应用(1)

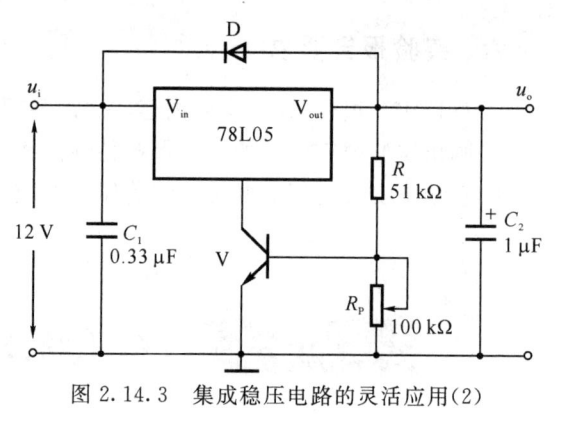

图 2.14.3　集成稳压电路的灵活应用(2)

2. 组成恒流源。

实验电路如图 2.14.4 所示。按图接线,测试恒流源的作用。

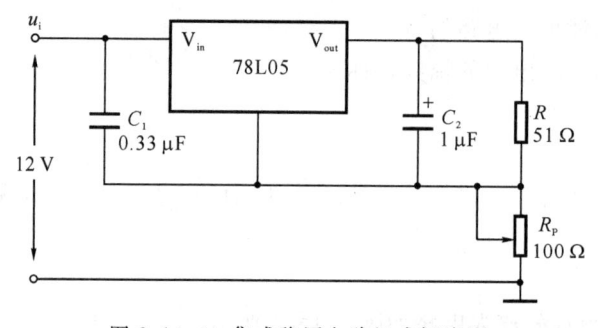

图 2.14.4　集成稳压电路组成恒流源

3. 可调稳压电路。

(1) 实验电路如图 2.14.5 所示。LM317L 的最大输入电压为 40 V(本实验只加 15 V 输入电压),输出为 1.25~37 V 可调,最大输出电流为 100 mA。

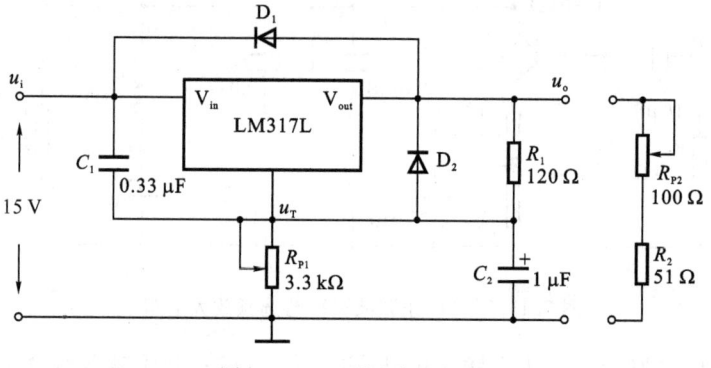

图 2.14.5　可调稳压电路

(2) 按图接线,并测试以下内容:

① 电压输出范围。

② 按实验内容(一)测试各项指标。测试时将输出电压调到最高输出电压。

六、实验报告要求

1. 整理实验报告,计算实验内容(一)的各项参数。

2. 画出实验内容(二)的输出保护特性曲线。

3. 总结本实验所用的两种三端稳压器的应用方法。

实验十五　*LC* 正弦波振荡与选频放大电路

一、实验目的

1. 研究 *LC* 正弦波振荡电路的特性。

2. 研究 *LC* 选频放大电路的幅频特性。

二、实验器材

1. 正弦波信号发生器;　2. 示波器;　3. 数字万用表;　4. 频率计。

三、实验原理

LC 正弦波振荡与选频放大电路如图 2.15.1 所示。

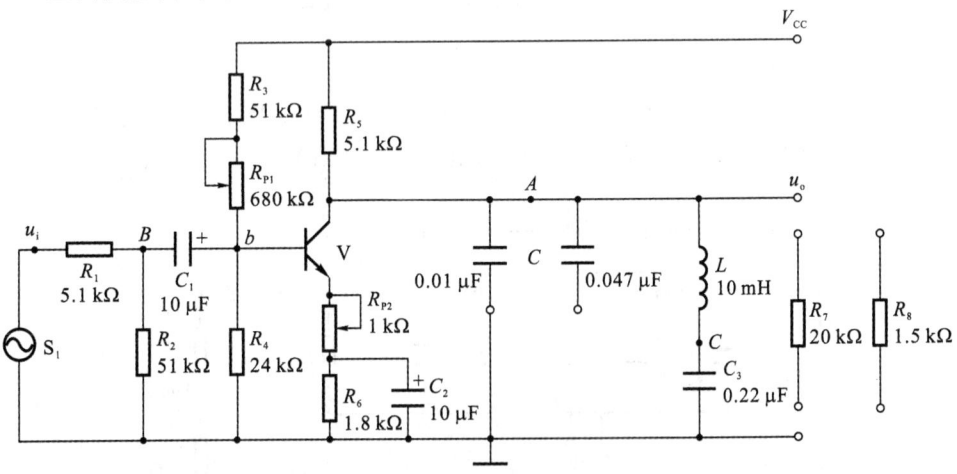

图 2.15.1　*LC* 正弦波振荡与选频放大电路

电路利用 *LC* 并联谐振产生选频作用,以之作为正反馈,利用输出和输入的相位关系与反馈系数来满足振荡的平衡条件:幅度条件为 $|\dot{A_u}\dot{F}|=1$,相位条件为 $\varphi_A+\varphi_F=2n\pi$,启振

条件为 $|\dot{A}_u\dot{F}| > 1$。对交流等效电路进行分析可知，R_{P2} 用于调整 A_u，来满足启振条件。图 2.15.1 所示电路是电容三点式振荡电路，其反馈信号取自电容。优点是：对高频谐波阻抗较小，谐波分量小，振荡波形好；电容可以选得较小，振荡频率可以做得较高。缺点是：频率调整范围较小，因为改变电容时直接影响反馈信号，从而改变启振条件，容易出现停振或信号过大而失真的情况。

四、预习要求

1. 复习教材中 LC 正弦波振荡电路的振荡条件及频率计算方法。计算图 2.15.1 所示电路中当电容 C 分别为 $0.047~\mu F$ 和 $0.01~\mu F$ 时的振荡频率。

2. 复习教材中 LC 选频放大电路的幅频特性。

五、实验内容

（一）测量 LC 选频放大电路的幅频特性曲线

1. 按图 2.15.1 接线，先选电容 C 为 $0.01~\mu F$。

2. 调节 R_{P1}，使三极管 V 的集电极电压为 6 V（此时 $R_{P2} = 0~\Omega$）。

3. 调节信号源 S_1 的幅度和频率，使 $f \approx 16~kHz$，$U_i = 10~V$（峰-峰值），用示波器监视输出波形。调节 R_{P2}，使失真最小，输出幅度最大，测量此时的幅度，计算 A_u。

4. 微调信号源频率（幅度不变），使 U_0 最大，并记录此时的振荡频率 f_0 及输出信号的幅度。

5. 改变信号源频率，使 f（单位：kHz）分别为 $f_0 - 2$、$f_0 - 1$、$f_0 - 0.5$、$f_0 + 0.5$、$f_0 + 1$、$f_0 + 2$，并分别测出相对应频率的输出幅度。

6. 将电容 C 改为 $0.047~\mu F$，重复上述实验步骤（2）～（5）。

（二）LC 振荡电路的研究

将图 2.15.1 中的信号源 S_1 去掉，先将 $C = 0.01~\mu F$ 接入，断开 R_2。

在不接通 B、C 两点的情况下，令 $R_{P2} = 0~\Omega$，调节 R_{P1}，使三极管 V 的集电极电压为 6 V。

1. 振荡频率。

（1）接通 B、C 两点，用示波器观察 A 点的波形。调节 R_{P2}，使波形不失真，测量此时的振荡频率，并与实验内容（一）的选频放大器的振荡频率比较。

（2）将电容 C 改为 $0.047~\mu F$，重复上述步骤。

2. 振荡幅度条件。

（1）在上述形成稳定振荡的基础上，测量 B、C、A 点的电压 U_B、U_C、U_A，求出 A_uF 值，验证 A_uF 是否等于 1。

（2）调节 R_{P2}，加大负反馈，观察振荡电路是否会停振。

（3）在恢复振荡的情况下，在 A 点分别接入阻值为 20 kΩ 和 1.5 kΩ 的负载电阻，观察输出波形的变化。

（三）影响输出波形的因素

1. 在输出波形不失真的情况下，调节 R_{P2}，使 R_{P2} 为 0 Ω，即减小负反馈，观察振荡波形的变化。

2. 调节 R_{P1}，使波形不失真，在此情况下调节 R_{P2}，观察振荡波形的变化。

六、实验报告要求

1. 由实验内容(一)做出选频放大电路的 $|A_u|$-f 曲线。

2. 记录实验内容(二)的各步实验现象，并解释原因。

3. 总结负反馈对振荡幅度和波形的影响。

4. 分析静态工作点对振荡条件和波形的影响。

注：本实验中若无频率计，可由示波器测量波形周期再进行换算。

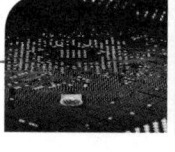

第三篇

数字电子技术实验

数字电子技术实验是电工电子技术实验的重要组成部分,对于学生巩固和加深课堂所学内容,提高实际工作技能,培养科学作风,以及学习后续课程和从事实践性技术工作,具有重要的作用。

本篇从培养学生的动手能力和工程设计能力出发,介绍了数字电子技术实验的方法、步骤和过程,主要内容包括数字电子技术的电路基础知识和测试常识、基础实验、综合性实验等,内容由易到难,深入浅出,与理论结合紧密。实验内容侧重于设计性和应用性,对于某些实验,还要求学生用不同的实验方法来实现电路功能,有利于拓展学生的思路。

为了做好数字电子技术实验,特提出以下要求:

1. 实验前必须充分预习,认真阅读实验内容,分析、掌握实验电路的工作原理,熟悉实验任务。

2. 在使用仪器和实验箱前,必须了解其性能、操作方法及注意事项,使用时应严格遵守。

3. 实验前先要读懂集成芯片的引脚排列,分清电源、地、输入端、输出端,读懂集成块的逻辑功能表,然后根据集成块的逻辑功能设计、连接电路。

4. 实验时接线要认真,仔细检查,确定无误后才能接通电源。若是初学或没有把握,应经指导教师审查同意后再接通电源。

5. 实验时应注意观察,若发现有破坏性异常现象(例如,元件冒烟、发烫或有异味),应立即关断电源,保护现场,报告指导教师,找出原因,排除故障,经指导教师同意后再继续实验。

6. 实验过程中如果需要改接线路,应在关断电源后进行。

7. 实验过程中应仔细观察实验现象,认真记录实验结果(数据波形、现象)。所记录的实验结果经指导教师审阅、签字后才能拆除实验电路。

8. 实验结束后,必须关断电源,拔出电源插头,并按规定整理好仪器、设备、工具、导线等。

9. 实验后必须按要求独立完成实验报告。

实验一 TTL 基本门电路逻辑功能测试

一、实验目的

1. 掌握常用 TTL 门电路的逻辑功能,熟悉其型号、外形和引脚排列。
2. 验证 TTL 基本门电路的逻辑功能。

二、实验器材

1. 数字电路实验箱,1 台; 2. 数字万用表,1 块;
3. 74LS02(四 2 输入或非门),1 片; 4. 74LS20(双 4 输入与非门),1 片;
5. 74LS86(四 2 输入异或门),1 片; 6. 74LS51(与或非门),1 片;
7. 74LS00(四 2 输入与非门),2 片。

各 TTL 门电路的引脚排列图如图 3.1.1 所示。

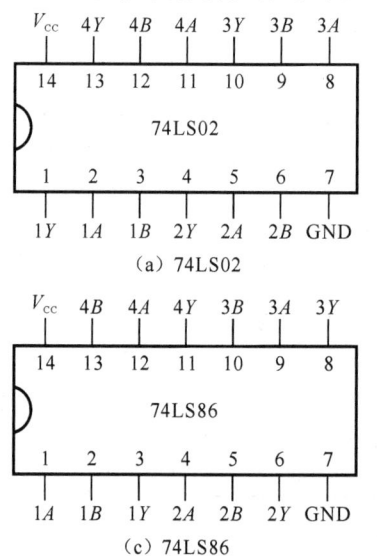

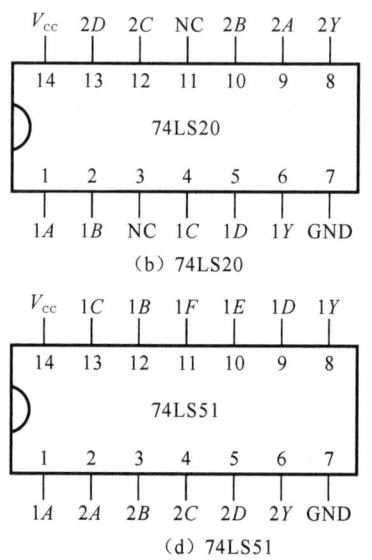

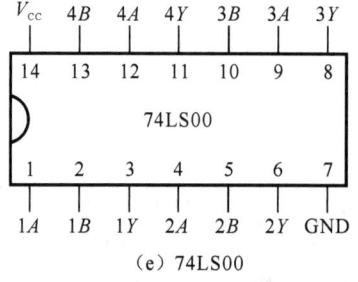

图 3.1.1　TTL 门电路引脚排列图

三、实验原理

(一)TTL门电路的输入、输出性质

当输入端为高电平时,输入电流是反向二极管的漏电流,电流极小,其方向是从外部流入输入端。

当输入端处于低电平时,电流由电源 V_{CC} 经内部电路流出输入端,电流较大,当与上级电路连接时,将决定上级电路应具备的负载能力。高电平输出电压 V_{OH} 在负载不大时为3.5 V左右。低电平输出时,允许后级电路灌入电流,随着灌入电流的增加,低电平输出电压 V_{OL} 将升高。一般LS系列的TTL门电路允许灌入8 mA电流,即可吸收后级20个LS系列标准门电路的灌入电流。最大允许低电平输出电压为0.4 V。

(二)TTL门电路的连接

在实际的数字电路系统中,总是将一定数量的门电路按需要前后连接起来,这时前级电路的输出将与后级电路的输入相连并驱动后级电路工作。这就存在电平的配合和负载能力两个需要妥善解决的问题。

可用下列几个表达式来说明连接时所要满足的条件:

1. V_{OH}(前级)$\geqslant V_{IH}$(后级);
2. V_{OL}(前级)$\leqslant V_{IL}$(后级);
3. I_{OH}(前级)$\geqslant n \times I_{IH}$(后级);
4. I_{OL}(前级)$\geqslant n \times I_{IL}$(后级)。

其中,V_{IH} 和 V_{IL} 为高电平输入电压和低电平输入电压,I_{OH} 和 I_{OL} 为高电平输出电流和低电平输出电流,I_{IH} 和 I_{IL} 为高电平输入电流和低电平输入电流,n 为后级门电路的数目。

TTL门电路的所有系列,由于电路结构形式相同,所以电平配合比较方便,不需要外接元器件即可直接连接,不足之处是低电平时带负载门的能力有限。表3.1.1列出了74系列TTL门电路的扇出系数。

表 3.1.1　74 系列 TTL 门电路的扇出系数

后级 前级	74LS00	74ALS00	7400	74L00	74S00
74LS00	20	40	5	40	5
74ALS00	20	40	5	40	5
7400	40	80	10	40	10
74L00	10	20	2	20	1
74S00	50	100	12	100	12

四、实验内容

(一)测试与非门的逻辑功能

1. 将74LS20插入数字电路实验箱的IC插座,选第1组与非门,输入端 A、C、B、D 接数字电路实验箱的逻辑电平输出插孔,由对应的逻辑开关置高电平"1"或低电平"0",输出端 Y 接至数字电路实验箱的LED(发光二极管)电平显示输入插孔,如图3.1.2(a)所示。与非门输出高电平时,LED亮;输出低电平时,LED灭。

2. 将与非门的四个输入端 A、B、C、D 分别置为表 3.1.2(a)中所列状态时,观察 LED 的状态及输出端 Y 的逻辑状态并填入表中。

3. 按图 3.1.2(b)接线,输入端 A 接 1 Hz 连续脉冲,输入端 B 接逻辑电平输出插孔,其余输入端接高电平"1"。使输入端 B 按表 3.1.2(b)给出的状态改变,将 LED 的状态及输出端 Y 的逻辑状态填入表中。

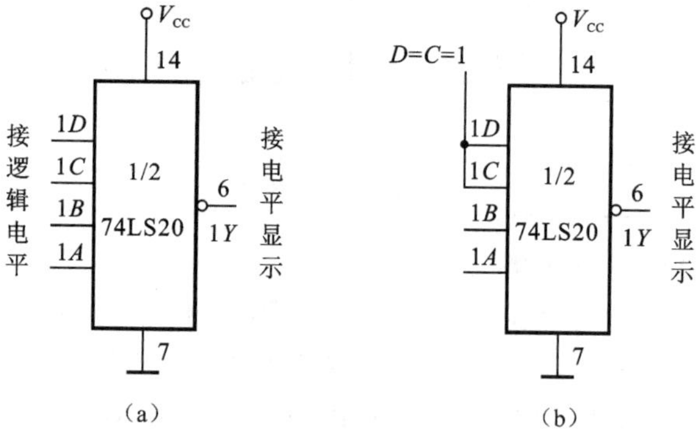

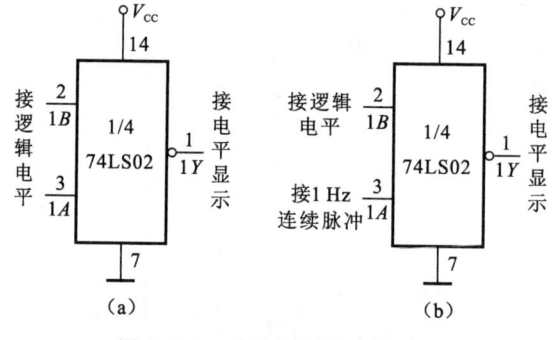

图 3.1.2 与非门逻辑功能测试

表 3.1.2(a)　与非门逻辑功能测试

A	B	C	D	LED	Y
1	1	1	1		
0	1	1	1		
0	0	1	1		
0	0	0	1		
0	0	0	0		

表 3.1.2(b)　与非门逻辑功能测试

A	B	LED	Y
 ⊓⊓	0		
 ⊓⊓	1		

（二）测试或非门的逻辑功能

1. 将 74LS02 插入数字电路实验箱的一个 14 脚 IC 插座,如图 3.1.3(a)所示,选第 1 组或非门,输入端 A、B 分别接逻辑电平输出插孔,由对应的逻辑开关置高电平"1"或低电平"0",输出端 Y 接至 LED 电平显示输入插孔。当或非门输出高电平时,LED 亮;输出低电平时,LED 灭。

图 3.1.3 或非门逻辑功能测试

2. 输入端 A、B 分别置为表 3.1.3(a)所列状态时,观察 LED 的状态及输出端 Y 的逻辑状态,填入表中。

3. 按图 3.1.3(b)接线,在输入端 A 送入 1 Hz 连续脉冲,输入端 B 接逻辑电平输出插孔。使输入端 B 按表 3.1.3(b)所列状态改变,观察 LED 的状态及输出端 Y 的对应逻辑变化,把状态填入表中。

表 3.1.3(a)　或非门逻辑功能测试

A	B	LED	Y
0	0		
0	1		
1	0		
1	1		

表 3.1.3(b)　或非门逻辑功能测试

A	B	LED	Y
⊓⊓	0		
⊓⊓	1		

(三) 测试异或门的逻辑功能

1. 将 74LS86 插入数字电路实验箱的一个 14 脚 IC 插座,选第 1 组异或门,输入端 A、B 分别接逻辑电平输出插孔,由对应的逻辑开关置高电平"1"或低电平"0",异或门的输出端 Y 接至 LED 电平显示输入插孔。当异或门输出高电平时,LED 亮;输出低电平时,LED 灭。

2. 输入端 A、B 分别置为表 3.1.4(a)所列状态,观察 LED 的状态及输出端 Y 的逻辑状态,并填入表中。

3. 在输入端 A 送入 1 Hz 连续脉冲,输入端 B 接逻辑电平输出插孔。使输入端 B 按表 3.1.4(b)所示状态改变,观察 LED 的状态及输出端 Y 的对应逻辑变化,把状态填入表中。

表 3.1.4(a)　异或门逻辑功能测试

A	B	LED	Y
0	0		
0	1		
1	0		
1	1		

表 3.1.4(b)　异或门逻辑功能测试

A	B	LED	Y
⊓⊓	0		
⊓⊓	1		

(四) 测试与或非门的逻辑功能

1. 将 74LS51 插入数字电路实验箱的一个 14 脚 IC 插座。选第 2 组与或非门,输入端 2、3、4、5 引脚分别连接到逻辑电平输出插孔,输出端 6 引脚接 LED 电平显示输入插孔,由 LED 显示输出状态的变化。

2. 输入端 A、B、C、D 分别置为表 3.1.5 所列状态,将 LED 的状态及输出端 Y 显示的状态填入表内。注意观察 $A=B=0$ 及 $A=B=1$ 时输出端的状态。

表 3.1.5　与或非门逻辑功能测试

A	B	C	D	LED	Y
0	0	0	0		
0	0	0	1		
0	0	1	0		
0	0	1	1		
0	1	0	1		
1	0	1	0		
1	1	0	0		
1	1	0	1		
1	1	1	0		
1	1	1	1		

(五) 用与非门组成其他功能逻辑门

利用两片 74LS00,按下列各项要求分别写出用与非门组成其他各功能逻辑门的逻辑函数式,画出电路图,连接电路,根据测试结果判断电路连接的对错。

1. 用与非门组成两输入端与门电路。

逻辑函数式为

$$Y=AB=\overline{\overline{AB}}=\overline{\overline{AB}\cdot 1}$$

2. 用与非门组成两输入端或门电路。

逻辑函数式为

$$Y=A+B=\overline{\overline{A+B}}=\overline{\overline{A}\cdot\overline{B}}=\overline{\overline{A\cdot 1}\cdot\overline{B\cdot 1}}$$

3. 用与非门组成异或门电路。

逻辑函数式为

$$Y=\overline{A}B+A\overline{B}=\overline{\overline{\overline{A}B+A\overline{B}}}=\overline{\overline{\overline{A}B}\cdot\overline{A\overline{B}}}$$

$$Y=\overline{A}B+A\overline{B}=\overline{\overline{\overline{A\cdot\overline{AB}}\cdot\overline{B\cdot\overline{AB}}}}$$

五、实验报告要求

1. 写出实验原理、实验目的和实验步骤。
2. 复核实验数据是否符合逻辑关系,认真完成实验报告。

实验二　OC 门和三态门的应用

一、实验目的

1. 熟悉 OC 门和三态门的逻辑功能。
2. 掌握 OC 门的典型应用,了解 R_L 对 OC 门的影响。
3. 掌握 TTL 与 CMOS 门电路的接口转换电路。
4. 掌握三态门的典型应用。

二、实验器材

1. 数字电路实验箱,1 台;　　　　　　2. 数字万用表,1 块;
3. 74LS01(四 2 输入与非 OC 门),1 片;　4. 74LS04(六反相器),1 片;
5. 74LS125(四三态门),1 片;　　　　　6. 74LS00(四 2 输入与非门),1 片;
7. CD4069(六反相器),1 片。

三、实验原理

OC 门即集电极开路与非门,三态门即除正常的高电平"1"和低电平"0"两种状态外,还有第三种状态——高阻态输出。OC 门和三态门均是特殊的 TTL 门电路,若干个 OC 门

（或三态门）的输出端可并联在一起。而普通的 TTL 门电路,由于它们的输出电阻太小,所以它们的输出不可以并联在一起构成"线与"。

（一）OC 门

OC 门的逻辑符号如图 3.2.1 所示,由于输出端内部的输出管的集电极是开路的,所以,工作时需外接负载电阻 R_L。两个 OC 门输出端相连时,其输出为 $Y=\overline{A_1B_1+A_2B_2}$。即把两个 OC 与非门的输出相与（称"线与"）,完成与或非的逻辑功能,如图3.2.2所示。

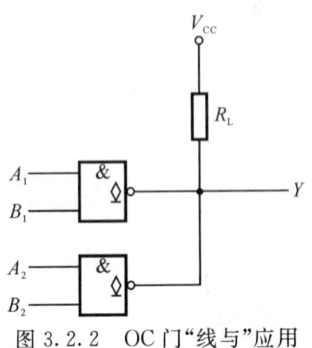

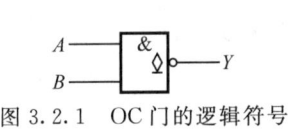

图 3.2.1 OC 门的逻辑符号

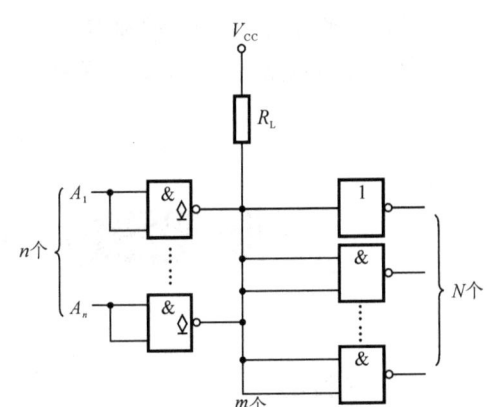

图 3.2.2 OC 门"线与"应用

R_L 阻值的计算方法可通过图 3.2.3 来说明。如果 n 个 OC 门"线与"驱动 N 个负载门,则负载电阻 R_L 可以根据"线与"的 OC 门的数目 n 和负载门的数目 N 来进行选择。为保证输出电平符合逻辑关系,电阻 R_L 阻值的范围应为

$$R_{Lmax}=\frac{V_{CC}-V_{OH}}{nI_{OH}+mI_{IH}}$$

$$R_{Lmin}=\frac{V_{CC}-V_{OL}}{I_{LM}-NI_{IL}}$$

式中：I_{OH}——OC 门输出管的截止漏电流;

I_{LM}——OC 门输出管允许的最大负载电流;

I_{IL}——负载门的低电平输入电流;

V_{CC}——负载电阻 R_L 所接的外接电源电压;

I_{IH}——负载门的高电平输入电流;

m——接入电路的负载门输入端的个数。

图 3.2.3 OC 门电阻 R_L 阻值的确定

R_L 阻值的大小会影响输出波形的边沿时间,在工作速度较快时,R_L 的阻值应尽量小,接近 R_{Lmin}。

OC 门主要应用在以下三个方面：

1. 组成"线与"电路,完成某些特定的逻辑功能。

2. 组成信息通道（总线）,实现多路信息采集。

3. 实现逻辑电平的转换,以驱动 CMOS 门电路、继电器、三极管等。

在 TTL 门电路中,除集电极开路与非门外,还有集电极开路或门、集电极开路或非门

等其他各种门电路,在此不一一叙述。

(二)三态门

三态门有三种状态:"0""1"和高阻态。处于高阻态时,电路与负载之间相当于开路。图3.2.4(a)所示为三态门的逻辑符号,它有一个控制端(又称禁止端或使能端)$\overline{EN}$。$\overline{EN}=1$ 为禁止工作状态,Y 呈高阻态;$\overline{EN}=0$ 为正常工作状态,$Y=A$。

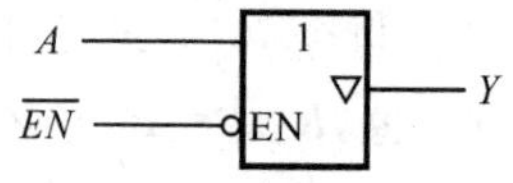

三态门最重要的用途是实现多路信息的采集,即用一个传输通道(或称总线)以选通的方式传送多路信号,如图3.2.4(b)所示。

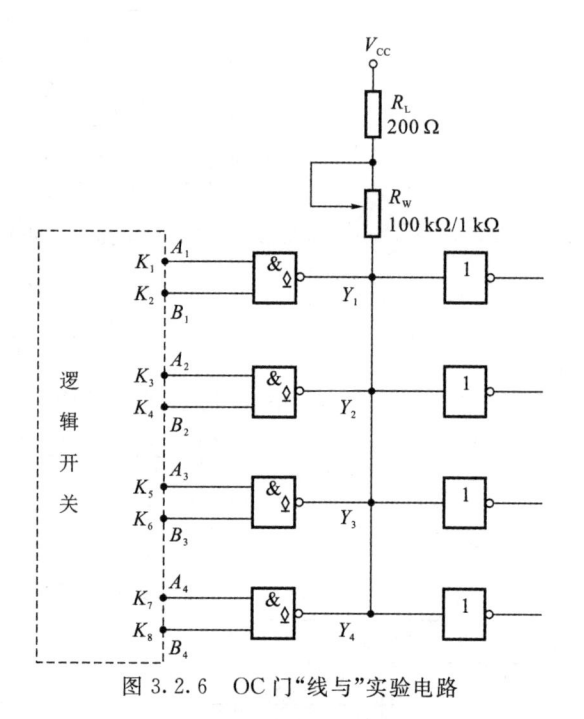

（a）逻辑符号

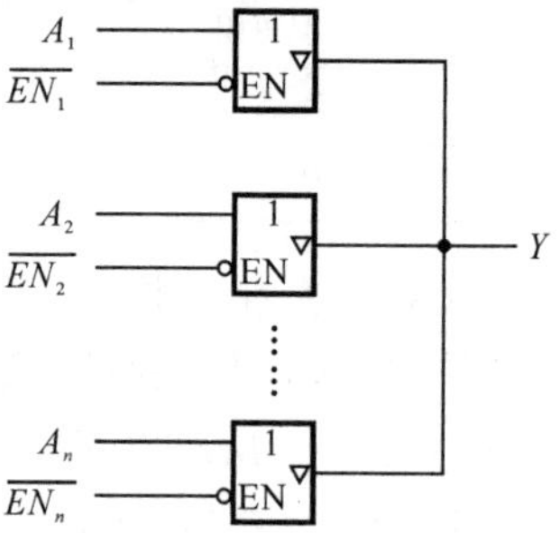

（b）应用举例

图 3.2.4　三态门

四、实验内容

(一) OC 门实验

本实验选用 74LS01 集电极开路输出的四 2 输入与非门,其引脚排列图如图 3.2.5(a)所示。

1. 负载电阻 R_L 大小的确定。

反相器用 74LS04,其引脚排列图如图 3.2.5(b)所示。按图 3.2.6 所示接线,负载电阻 R_L 用一只 200 Ω 电阻和 100 kΩ/1 kΩ 电位器 R_w 串联代替。用下面的实验方法确定 R_{Lmax} 和 R_{Lmin} 的值。

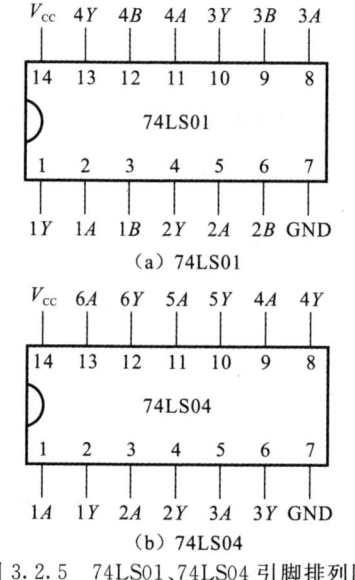

（a）74LS01

（b）74LS04

图 3.2.5　74LS01、74LS04 引脚排列图

图 3.2.6　OC 门"线与"实验电路

将"线与"Y 端接数字电路实验箱的 LED 电平显示输入插孔,设置逻辑开关 $K_1 \sim K_8$,观察输出端 Y 是否符合"线与"的逻辑关系,即验证 $Y=\overline{A_1B_1+A_2B_2+A_3B_3+A_4B_4}$ 与或非逻辑功能。若不符合逻辑关系,则调节 R_w 或检查电路,直至符合逻辑关系为止。然后令

$K_1 \sim K_8$ 都为"0",调节 R_W 的值(取 100 kΩ),使 $V_{OH} = 3.0$ V,记下对应的 R_W 值,$R_{Lmax} = R_L + R_W$,再令 $K_1 = K_2 = 1$,$K_3 \sim K_8 = 0$,调节 R_W 的值(取 1 kΩ),使 $V_{OL} = 0.4$ V,记下对应的 R_W 值,$R_{Lmin} = R_L + R_W$,填入表 3.2.1 中。

表 3.2.1　负载电阻 R_L 大小的确定

负载电阻	实测值	理论值
R_{Lmax}		
R_{Lmin}		

2. OC 门实现电平转换。

按图 3.2.7 所示接线,实现 TTL 门电路驱动 CMOS 门电路的电平转换。

在图 3.2.7 所示电路中,TTL 门电路用 74LS00 与非门,OC 门用 74LS01,CMOS 门电路用 CD4069 反相器。CD4069 引脚排列图如图 3.2.8 所示。注意:CMOS 门电路在接入电源后,其多余的输入端需加保护,在此只需将不用的 3、5、9、11、13 引脚连在一起,再接地即可。

电路接线完毕,检查无误后,接通电源,在输入端 A 和 B 输入全"1",用数字万用表测量 C、D、E 端的电压,再将 B 输入置"0",用数字万用表测量 C、D、E 端的电压。两次测得的结果填入表 3.2.2 中。

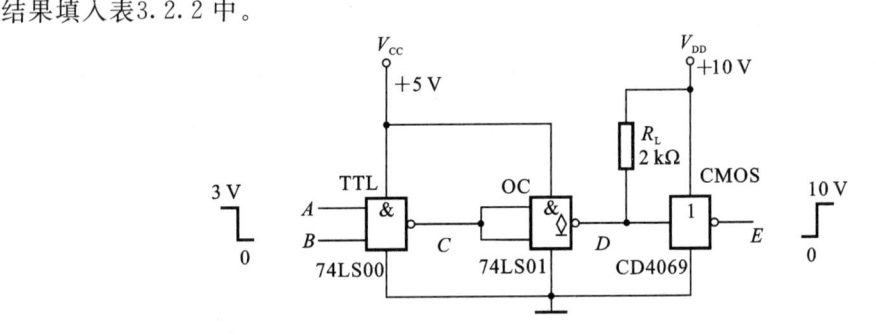

图 3.2.7　TTL 门电路与 CMOS 门电路的电平转换

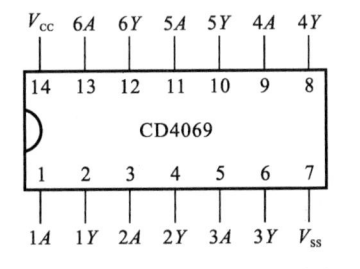

图 3.2.8　CD4069 引脚排列图

表 3.2.2　电平实测数据表

输　入		V_C/V	V_D/V	V_E/V
A	B			
1	1			
1	0			

（二）三态门实验

三态门选用 74LS125，引脚排列图如图 3.2.9 所示，其实验电路如图 3.2.10 所示。

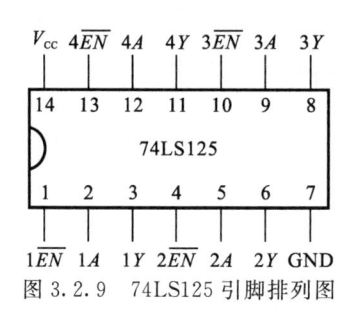

图 3.2.9　74LS125 引脚排列图

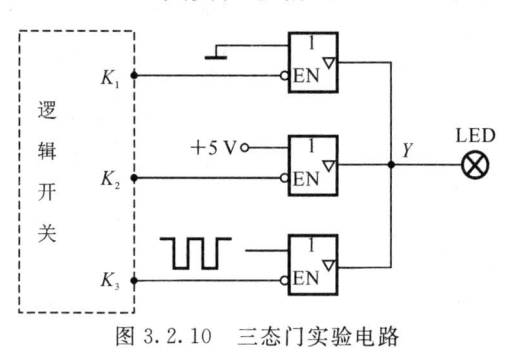

图 3.2.10　三态门实验电路

按图 3.2.10 所示接线，其中，三态门的三个输入分别接地、高电平和脉冲源，输出连在一起接 LED 电平显示输入插孔。三个使能端接数字电路实验箱的逻辑电平输出插孔，分别由逻辑开关 K_1、K_2、K_3 控制，并全置高电平。

在三个使能端均为"1"时，用数字万用表测量 Y 端输出。分别使 K_1、K_2、K_3 为"0"，观察输出端 LED 的状态。

注意：K_1、K_2、K_3 不能有一个以上同时为"0"，否则，会造成与门输出相连，这是绝对不允许的。

五、实验报告要求

1. 整理、分析实验数据和结果。
2. 计算实验中 R_{Lmax} 和 R_{Lmin} 的理论值，并与它们的实测值相比较。
3. 分析图 3.2.7 中 TTL 与 CMOS 门电路的电平转换中 R_L 的作用。

实验三　组合逻辑电路的设计（一）

一、实验目的

1. 掌握用中小规模集成电路设计与测试组合逻辑电路的方法。
2. 进一步熟悉集成门电路的使用。
3. 掌握二进制译码器的原理与应用。

二、实验器材

1. 数字电路实验箱，1 台；　　　　2. 数字万用表，1 块；
3. 74LS00（四 2 输入与非门），2 片；　4. 74LS20（双 4 输入与非门），1 片；
5. 74LS138（3 线/8 线译码器），1 片。
74LS138 引脚排列图如图 3.3.1 所示。

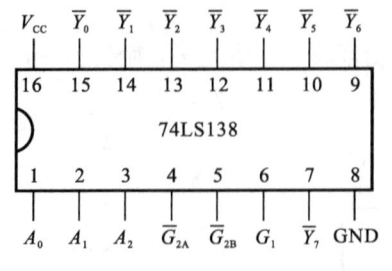

图 3.3.1 74LS138 引脚排列图

74LS138 功能表如表 3.3.1 所示。

表 3.3.1 74LS138 功能表

输 入					输 出							
G_1	$\overline{G_{2A}} + \overline{G_{2B}}$	A_2	A_1	A_0	$\overline{Y_0}$	$\overline{Y_1}$	$\overline{Y_2}$	$\overline{Y_3}$	$\overline{Y_4}$	$\overline{Y_5}$	$\overline{Y_6}$	$\overline{Y_7}$
0	×	×	×	×	1	1	1	1	1	1	1	1
×	1	×	×	×	1	1	1	1	1	1	1	1
1	0	0	0	0	0	1	1	1	1	1	1	1
1	0	0	0	1	1	0	1	1	1	1	1	1
1	0	0	1	0	1	1	0	1	1	1	1	1
1	0	0	1	1	1	1	1	0	1	1	1	1
1	0	1	0	0	1	1	1	1	0	1	1	1
1	0	1	0	1	1	1	1	1	1	0	1	1
1	0	1	1	0	1	1	1	1	1	1	0	1
1	0	1	1	1	1	1	1	1	1	1	1	0

注:"×"为任意态。

三、实验原理

(一) 组合逻辑电路的设计方法与步骤

使用中小规模集成电路来设计组合逻辑电路是最常见的逻辑电路设计方法之一。设计组合逻辑电路的一般方法与步骤是:

1. 根据设计任务要求,定义输入逻辑变量和输出逻辑变量。

2. 列出输入变量与输出变量之间的真值表。

3. 由真值表写出逻辑函数式,用卡诺图或代数化简法求出最简逻辑函数式。

4. 根据逻辑函数式画出逻辑电路图,用标准元器件构成电路。

5. 用实验来验证设计的正确性。

(二) 组合逻辑电路的设计要求

1. 用 74LS00 实现半加器,并通过逻辑电平显示(即一组发光二极管)输出高低电平,高电平点亮。

2. 设计测试译码器 74LS138 功能的实验方案。

3. 用 74LS138 和 74LS20 实现全减器的功能。

提示:设被减数为 A,减数为 B,来自低位的借位为 J_0,所得的差为 D,借位为 J,则有

$$D(A,B,J_0)=\sum m(1,2,4,7)$$

$$J(A,B,J_0)=\sum m(1,2,3,7)$$

四、实验内容

(一)检查与非门

将 74LS00 的 V_{CC} 端(14 脚)接通 5 V 电源,将 GND 端(7 脚)接地,用数字万用表测 14 脚与 7 脚之间应有 5 V 电压。其他引脚均悬空。用数字万用表的电压挡测量各引脚的对地电压,输入端对地应有 1.0～1.4 V 的电压,而输出端的读数大约为 0.2 V,否则,门电路可能已损坏。

(二)半加器

按自己设计的半加器连接好电路,也可参考图 3.3.2 所示电路。按表 3.3.2 验证其逻辑功能。如果实测结果与半加器的功能不符,请自行检查电路,排除故障。测试过程中,输入高电平可直接接 V_{CC},低电平直接接地。输出端接数字电路实验箱的 LED 电平显示插孔。

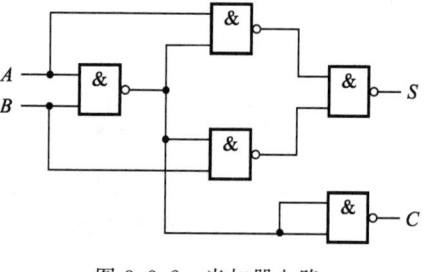

图 3.3.2 半加器电路

表 3.3.2 半加器真值表

A	B	S	C
0	0	0	0
0	1	1	0
1	0	1	0
1	1	0	1

(三)74LS138 的功能测试

按表 3.3.1 验证 74LS138 的功能,步骤自拟,并将验证过程在实验报告中加以简要说明。

当 $G_1\overline{G}_{2A}\overline{G}_{2B}\neq 100$ 时,输出端全为高电平;当 $G_1\overline{G}_{2A}\overline{G}_{2B}=100$ 时,根据输入信号的不同,相应输出端为低电平,其他输出端全为高电平。

(四)用 74LS138 和 74LS20 设计全减器

列出真值表,由真值表写出逻辑函数式,根据逻辑函数式画出逻辑电路图,用标准元器件 74LS138 和 74LS20 构成电路。接好实验电路,接上电源,用实验来验证设计的正确性,结果填入表 3.3.3 中。

表 3.3.3 全减器逻辑功能测试

A	B	J_0	D	J
0	0	0		
0	0	1		
0	1	0		
0	1	1		
1	0	0		
1	0	1		
1	1	0		
1	1	1		

五、实验报告要求

1. 写出电路设计的过程。
2. 画出实验电路图。
3. 验证逻辑功能。

实验四 组合逻辑电路的设计(二)

一、实验目的

1. 掌握数据选择器的功能和应用方法。
2. 熟悉 LED 数码管的使用方法。
3. 掌握显示译码器的功能和使用方法。

二、实验器材

1. 数字电路实验箱,1 台;
2. 74LS00(四 2 输入与非门),1 片;
3. 74LS153(双 4 选 1 数据选择器),1 片;
4. 74LS151(8 选 1 数据选择器),1 片;
5. 74LS47(BCD-七段显示译码器),1 片;
6. 共阳极 LED 数码管,1 片。

三、实验原理

(一)数据选择器

数据选择器又称为多路转换器、多路选择开关或多路开关,它有 n 个选择控制端、2^n 个数据输入端,还有数据输出端或反码数据输出端,以及选通输入端等。它的逻辑功能为:在选择控制端的控制下,从多个输入数据中选择一个并将其送到输出端。常用的数据选择器有 4 选 1 数据选择器(74LS153、74LS253、CC14539)和 8 选 1 数据选择器(74LS151、CC4512)。

74LS153 和 74LS151 引脚排列图如图 3.4.1 所示。

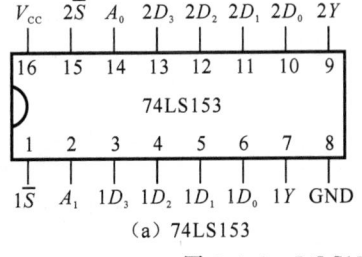
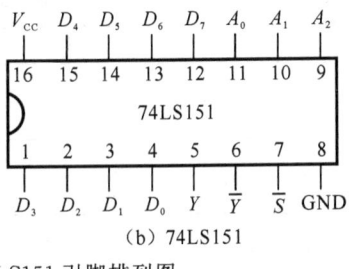

(a) 74LS153   (b) 74LS151

图 3.4.1   74LS153 和 74LS151 引脚排列图

74LS153 是双 4 选 1 数据选择器,即在一块集成芯片上有两个 4 选 1 数据选择器。逻

辑函数式为

$$Y=\overline{A}_1\overline{A}_0D_0+\overline{A}_1A_0D_1+A_1\overline{A}_0D_2+A_1A_0D_3$$

74LS151 是 8 选 1 数据选择器，有 8 个输入端、3 个选择控制端。逻辑函数式为

$$Y=\overline{A}_2\overline{A}_1\overline{A}_0D_0+\overline{A}_2\overline{A}_1A_0D_1+\overline{A}_2A_1\overline{A}_0D_2+\overline{A}_2A_1A_0D_3$$
$$+A_2\overline{A}_1\overline{A}_0D_4+A_2\overline{A}_1A_0D_5+A_2A_1\overline{A}_0D_6+A_2A_1A_0D_7$$

74LS153 和 74LS151 功能表分别如表 3.4.1 和表 3.4.2 所示。

表 3.4.1　74LS153 功能表

$\overline{S}$	A_1	A_0	Y
1	×	×	0
0	0	0	D_0
0	0	1	D_1
0	1	0	D_2
0	1	1	D_3

表 3.4.2　74LS151 功能表

$\overline{S}$	A_2	A_1	A_0	Y
1	×	×	×	0
0	0	0	0	D_0
0	0	0	1	D_1
0	0	1	0	D_2
0	0	1	1	D_3
0	1	0	0	D_4
0	1	0	1	D_5
0	1	1	0	D_6
0	1	1	1	D_7

（二）七段数码显示器与 BCD-七段显示译码器

1. 七段数码显示器。

常见的七段数码显示器有半导体数码管和液晶显示器两种。半导体数码管的每一个线段都是一个发光二极管，因而也把它叫作 LED 数码管或 LED 七段显示器，它按照发光二极管的连接方式可分为共阴极和共阳极两种类型。共阳极 LED 数码管的公共端接电源正极，输入信号为低电平时发光二极管点亮；共阴极 LED 数码管的公共端接电源负极，输入信号为高电平时发光二极管点亮。根据输入信号的不同，LED 数码管显示不同的数字。

2. BCD-七段显示译码器。

BCD-七段显示译码器的作用是将输入的 4 位二进制数码译成驱动七段数码显示器所需要的电平信号，使它能显示 0~9 的十进制数字。七段数码显示器有共阴极和共阳极两种类型，相对应的数码显示译码器也有输出高电平有效、输出低电平有效两种类型。BCD-七段显示译码器 74LS47 是一种与共阳极七段数码显示器配合使用的集成译码器兼驱动器。

74LS47 引脚排列图如图 3.4.2 所示，功能表如表 3.4.3 所示。

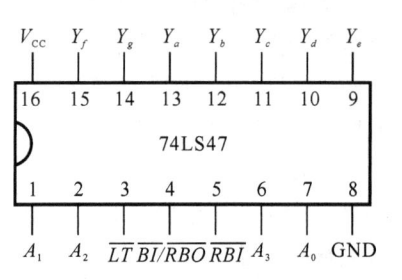

图 3.4.2　74LS47 引脚排列图

表 3.4.3　74LS47 功能表

控制端			数据输入				显示字形
$\overline{LT}$	$\overline{BI}/\overline{RBO}$	$\overline{RBI}$	A_3	A_2	A_1	A_0	
0	0/	×	×	×	×	×	全灭（灭灯）
0	悬空（1/）	×	×	×	×	×	8（试灯）
1	0/	×	×	×	×	×	全灭（灭灯）
1	/0	0	0	0	0	0	全灭（灭零）
1	/1	1	0	0	0	0	0
1	/1	×	0	0	0	1	1
1	/1	×	0	0	1	0	2
1	/1	×	0	0	1	1	3
1	/1	×	0	1	0	0	4
1	/1	×	0	1	0	1	5
1	/1	×	0	1	1	0	6
1	/1	×	0	1	1	1	7
1	/1	×	1	0	0	0	8
1	/1	×	1	0	0	1	9
1	/1	×	1	0	1	0	⊏
1	/1	×	1	0	1	1	⊐
1	/1	×	1	1	0	0	⊔
1	/1	×	1	1	0	1	⊏
1	/1	×	1	1	1	0	╘
1	/1	×	1	1	1	1	全　灭

注：表中 $\overline{BI}/\overline{RBO}$ 的状态在"/"左为输入，在"/"右为输出。

74LS47 的逻辑功能为：

(1) 特殊控制端 $\overline{BI}/\overline{RBO}$。$\overline{BI}/\overline{RBO}$ 可以用作输入端，也可以用作输出端。

作为输入端使用时，如果 $\overline{BI}=0$，则不管其他输入端为何值，$a\sim g$ 均输出"0"，显示器全灭。因此，$\overline{BI}$ 称为灭灯输入端。

作为输出端使用时，受控于 $\overline{RBI}$。当 $\overline{RBI}=0$，输入为"0"的二进制码"0000"时，显示器全灭，用以指示该片正处于灭零状态，所以，$\overline{RBO}$ 又称为灭零输出端。

(2) 试灯。$\overline{LT}$ 称为试灯输入端。当 $\overline{LT}=0$ 时，无论输入为何值，$a\sim g$ 输出全"1"，数码管七段全亮。由此可以检测显示器七个发光段的好坏。

(3) 灭零。$\overline{RBI}$ 称为灭零输入端。当 $\overline{LT}=1$，而输入为"0"的二进制码"0000"时，只有当 $\overline{RBI}=1$ 时，才产生"0"的七段显示码。如果此时输入 $\overline{RBI}=0$，则译码器的 $a\sim g$ 输出全"0"，使显示器全灭。

(4) 正常译码显示。当 $\overline{LT}=1$，$\overline{BI}/\overline{RBO}=1$ 时，对输入为十进制数 1～15 的二进制码（0001～1111）进行译码，产生对应的七段显示码。

(5) A_3、A_2、A_1、A_0 为二进制码输入端。

（6）Y_a、Y_b、Y_c、Y_d、Y_e、Y_f、Y_g 为各笔画段控制端。输出低电平时,点亮相应的笔画段,需配共阳极 LED 数码管。共阳极 LED 数码管引脚排列图及显示的不同数字如图 3.4.3 所示,使用时将其与 74LS47 连接,74LS47 内部有升压电阻,因而无需外部电阻就可以直接驱动共阳极 LED 数码管。

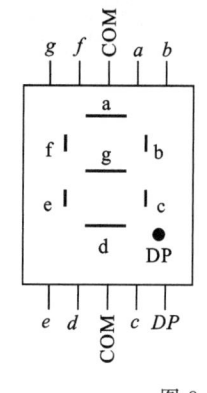
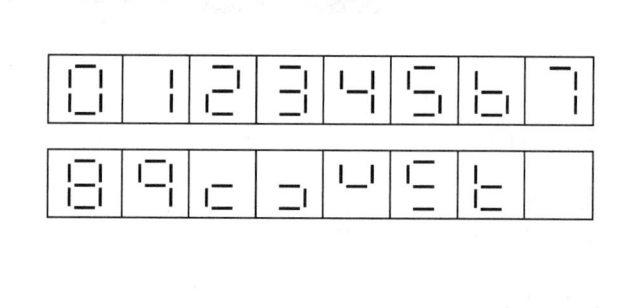

图 3.4.3　LED 数码管引脚排列图及显示的不同数字

四、实验内容

（一）用数据选择器 74LS153 构成全加器

参考电路如图 3.4.4 所示,A、B 为被加数和加数,CI 为来自低位的进位,S 为和,CO 为进位输出。请按表 3.4.4 测试其功能(全加器输出端接至 LED 电平显示输入插孔)。

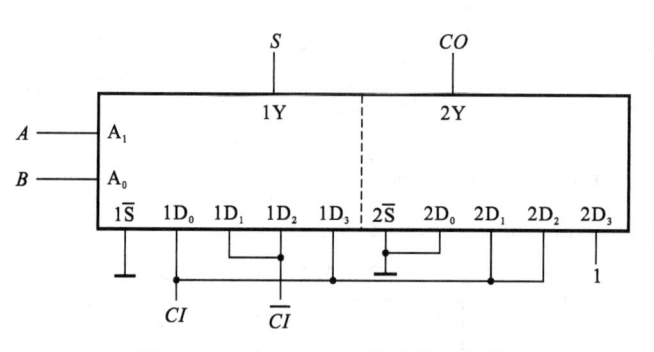

图 3.4.4　由 74LS153 构成的全加器

表 3.4.4　全加器逻辑功能测试

A	B	CI	S	CO
0	0	0		
0	0	1		
0	1	0		
0	1	1		
1	0	0		
1	0	1		
1	1	0		
1	1	1		

（二）用数据选择器 74LS151 实现三变量多数表决电路

设计电路,画出电路图,连接电路实现功能,验证其逻辑功能。

（三）BCD-七段显示译码器 74LS47 的功能测试

按表 3.4.3 进行功能测试。

五、实验报告要求

1. 画出由数据选择器 74LS153 构成的全加器的电路图,填写全加器功能测试表。

2. 写出用数据选择器 74LS151 实现三变量多数表决电路的设计步骤,画出电路图,验证其逻辑功能。

3. 总结 74LS47 的功能。

实验五 集成触发器

一、实验目的

1. 掌握集成触发器逻辑功能的测试方法。
2. 熟悉并验证触发器的逻辑功能及相互转换的方法。

二、实验器材

1. 数字电路实验箱,1 台;
2. 74LS76(双 JK 触发器),1 片;
3. 74LS74(双 D 触发器),1 片;
4. 74LS00(四 2 输入与非门),1 片。

74LS74 和 74LS76 引脚排列图如图 3.5.1 所示。

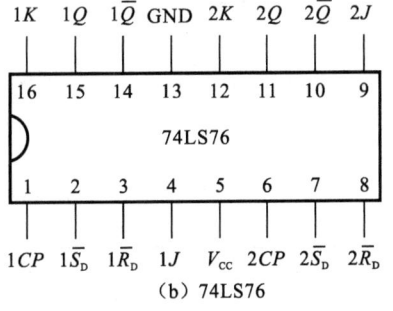

图 3.5.1 74LS74、74LS76 引脚排列图

74LS74 和 74LS76 功能表分别如表 3.5.1 和表 3.5.2 所示。

表 3.5.1 74LS74 功能表

$\overline{S}_D$	$\overline{R}_D$	CP	D	Q^{n+1}
0	1	$\times$	$\times$	1
1	0	$\times$	$\times$	0
0	0	$\times$	$\times$	ϕ
1	1	$\uparrow$	1	1
1	1	$\uparrow$	0	0

注:"$\uparrow$"为低电平到高电平跳变,"ϕ"为不定态。

表 3.5.2 74LS76 功能表

$\overline{S}_D$	$\overline{R}_D$	CP	J	K	Q^{n+1}
0	1	$\times$	$\times$	$\times$	1
1	0	$\times$	$\times$	$\times$	0
0	0	$\times$	$\times$	$\times$	ϕ
1	1	$\downarrow$	0	0	Q^n
1	1	$\downarrow$	1	0	1
1	1	$\downarrow$	0	1	0
1	1	$\downarrow$	1	1	$\overline{Q^n}$

注:"$\downarrow$"为高电平到低电平跳变。

三、实验原理

（一）集成触发器的基本类型及其逻辑功能

按触发器的逻辑功能分为：RS 触发器、D 触发器、JK 触发器、T 触发器、T'触发器。

RS 触发器的特征方程为

$$Q^{n+1} = \overline{S} + RQ^n$$

D 触发器的特性方程为

$$Q^{n+1} = D$$

JK 触发器的特性方程为

$$Q^{n+1} = J\,\overline{Q}^n + \overline{K}Q^n$$

T 触发器的特性方程为

$$Q^{n+1} = T\,\overline{Q}^n + \overline{T}Q^n$$

T'触发器的特性方程为

$$Q^{n+1} = \overline{Q}^n$$

（二）触发器的转换

由于目前市场上供应的多为集成 JK 触发器和 D 触发器，很少有 T 触发器和 T'触发器，所以，有时我们需要进行触发器的转换。可以在触发器外添加适当的组合逻辑电路来实现触发器的转换，其结构框图如图 3.5.2 所示。图 3.5.2 中的组合电路可按功能转换要求进行设计，转换方法见表 3.5.3。

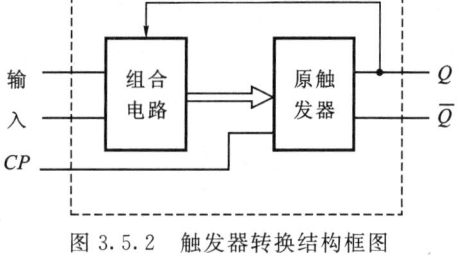

图 3.5.2　触发器转换结构框图

表 3.5.3　触发器的转换方法

原触发器	转　换			
	T 触发器	T'触发器	D 触发器	JK 触发器
D 触发器	$Q^{n+1} = T\overline{Q}^n + \overline{T}Q^n$	$Q^{n+1} = \overline{Q}^n$	—	$Q^{n+1} = J\overline{Q}^n + \overline{K}Q^n$
JK 触发器	$J = K = T$	$J = K = 1$	$J = D, K = \overline{D}$	—

图 3.5.3 所示为 D 触发器转换为 JK 触发器、T'触发器的电路图。

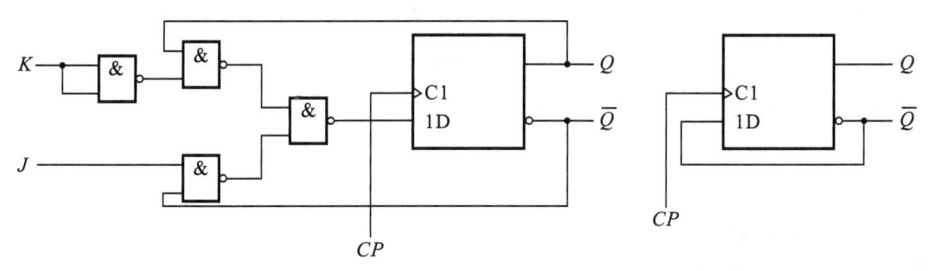

图 3.5.3　D 触发器转换为 JK 触发器、T'触发器

图 3.5.4 所示为 JK 触发器转换为 D 触发器、T 触发器、T'触发器的电路图。

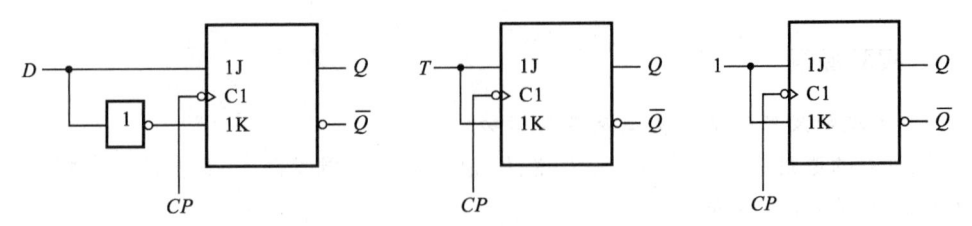

图 3.5.4　JK 触发器转换为 D 触发器、T 触发器、T' 触发器

四、实验内容

1. 验证 JK 触发器和 D 触发器的逻辑功能。

（1）测试 $\overline{R}_D$、$\overline{S}_D$ 的复位、置位功能。

在 $\overline{R}_D=0$、$\overline{S}_D=1$ 或 $\overline{S}_D=0$、$\overline{R}_D=1$ 期间，任意改变 J、K（或 D）及 CP 的状态，观察 Q、$\overline{Q}$ 的状态。

（2）测试 JK 触发器和 D 触发器的逻辑功能。

在 $\overline{S}_D=1$、$\overline{R}_D=1$ 期间，改变 J、K（或 D）、CP 端的状态，观察 Q、$\overline{Q}$ 状态的变化。注意观察触发器状态的更新是否发生在 CP 脉冲的上升沿或下降沿。

2. 将 JK 触发器分别转换成 D 触发器、T 触发器、T' 触发器，并验证其功能。

3. 将 D 触发器分别转换成 JK 触发器、T 触发器、T' 触发器，并验证其功能。

五、实验报告要求

1. 填写 JK 触发器和 D 触发器的逻辑功能表。

2. 画出将 JK 触发器转换成 T 触发器、T' 触发器、D 触发器的实验电路图。

3. 画出将 D 触发器转换成 JK 触发器、T 触发器、T' 触发器的实验电路图。

实验六　移位寄存器及其应用

一、实验目的

1. 掌握中规模集成电路 4 位双向移位寄存器的逻辑功能及使用方法。

2. 熟悉移位寄存器构成环形计数器的应用。

二、实验器材

1. 数字电路实验箱，1 台；

2. 74LS194（4 位双向移位寄存器），1 片；

3. 74LS00（四 2 输入与非门），1 片。

74LS194 引脚排列图如图 3.6.1 所示。

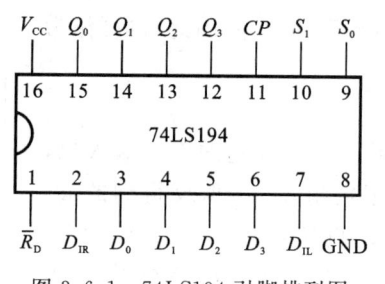

图 3.6.1 74LS194 引脚排列图

74LS194 有 5 种不同的工作状态:清零、保持、右移(方向:$Q_0 \rightarrow Q_3$)、左移(方向:$Q_0 \leftarrow Q_3$)、并行输入,其功能表如表 3.6.1 所示。

表 3.6.1 74LS194 功能表

CP	$\overline{R}_D$	S_1	S_0	工作状态	$Q_0 Q_1 Q_2 Q_3$
$\times$	0	$\times$	$\times$	清 零	$\overline{R}_D = 0$,使 $Q_0 Q_1 Q_2 Q_3 = 0000$; 寄存器正常工作时,$\overline{R}_D = 1$
$\uparrow$	1	0	0	保 持	CP 作用后寄存器的内容保持不变, $Q_0 Q_1 Q_2 Q_3 = Q_0^n Q_1^n Q_2^n Q_3^n$
$\uparrow$	1	0	1	右 移	串行数据送至右移串行输入端 D_{IR}, CP 上升沿到来时数据右移, $Q_0 Q_1 Q_2 Q_3 = D_{IR} Q_0 Q_1 Q_2$
$\uparrow$	1	1	0	左 移	串行数据送至左移串行输入端 D_{IL}, CP 上升沿到来时数据左移, $Q_0 Q_1 Q_2 Q_3 = Q_1 Q_2 Q_3 D_{IL}$
$\uparrow$	1	1	1	并行输入	CP 上升沿作用后,并行输入数据, $Q_0 Q_1 Q_2 Q_3 = D_0 D_1 D_2 D_3$

其中,D_0、D_1、D_2、D_3 为并行输入端,Q_0、Q_1、Q_2、Q_3 为并行输出端,S_1、S_0 为操作模式控制端,$\overline{R}_D$ 为直接清零端,CP 为时钟脉冲输入端。

三、实验原理

移位寄存器是一个具有移位功能的寄存器,寄存器中所存的代码能够在移位脉冲的作用下依次左移或右移。既能左移又能右移的移位寄存器称为双向移位寄存器,只需要改变左、右移的控制信号便可实现双向移位。移位寄存器的存取信息方式分为串入串出、串入并出、并入串出、并入并出四种形式。

移位寄存器的应用很广,可构成移位寄存器型计数器、顺序脉冲发生器、串行累加器,也可用作数据转换,即把串行数据转换为并行数据,或把并行数据转换为串行数据等。

(一)环形计数器

把移位寄存器的输出反馈到它的串行输入端,就可以进行循环移位,如图 3.6.2 所示。把输出端 Q_3 和右移串行输入端 D_{IR} 相连接,设初始状态 $Q_0 Q_1 Q_2 Q_3 = 1000$,则在时钟脉冲的作用下,$Q_0 Q_1 Q_2 Q_3$ 将依次变为 $0100 \rightarrow 0010 \rightarrow 0001 \rightarrow 1000 \rightarrow \cdots$ 可见,它是一个具有 4 个有效状态的计数器,这种类型的计数器通常称为环形计数器。图 3.6.2 所示电路可以由各个输出端输出在时间上有先后顺序的脉冲,因此,也可作为顺序脉冲发生器。

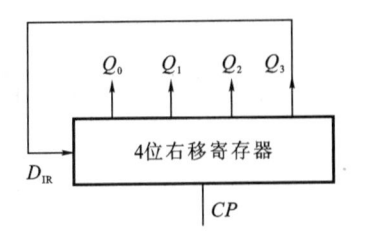

图 3.6.2 由移位寄存器构成环形
计数器的原理图

(二)扭环形计数器

把移位寄存器的输出取反再反馈到它的串行输入端,就可以组成扭环形计数器。把输出端 Q_3 取反得到的 $\overline{Q}_3$ 和右移串行输入端 D_{IR} 相连接,设初始状态 $Q_0Q_1Q_2Q_3 = 0000$,则在时钟脉冲的作用下,$Q_0Q_1Q_2Q_3$ 将依次变为 $1000 \rightarrow 1100 \rightarrow 1110 \rightarrow 1111 \rightarrow 0111 \rightarrow 0011 \rightarrow 0001 \rightarrow 0000 \rightarrow \cdots$

四、实验内容

(一)测试 74LS194 的逻辑功能

$\overline{R}_D$、S_1、S_0、D_{IR}、D_{IL}、D_0、D_1、D_2、D_3 分别接至数字电路实验箱的逻辑电平输出插孔,Q_0、Q_1、Q_2、Q_3 接至 LED 电平显示输入插孔,CP 端接单脉冲源输出插孔(正或负)。按表 3.6.2 所规定的输入状态,逐项进行测试。

表 3.6.2 74LS194 逻辑功能测试

输　入										输　出				功能总结
清零	模　式		时钟	串行输入		并行输入				Q_0	Q_1	Q_2	Q_3	
$\overline{R}_D$	S_1	S_0	CP	D_{IL}	D_{IR}	D_0	D_1	D_2	D_3					
0	×	×	×	×	×	×	×	×	×					
1	1	1	↑	×	×	a	b	c	d					
1	0	1	↑	×	0	×	×	×	×					
1	0	1	↑	×	1	×	×	×	×					
1	1	0	↑	0	×	×	×	×	×					
1	1	0	↑	1	×	×	×	×	×					
1	0	0	↑	×	×	×	×	×	×					

注:$abcd$ 为任意 4 位二进制数码。

1. 清零:令 $\overline{R}_D = 0$,其他输入均为任意态,这时寄存器的输出 Q_0、Q_1、Q_2、Q_3 应均为 "0"。清零后,置 $\overline{R}_D = 1$。

2. 送数:令 $\overline{R}_D = S_1 = S_0 = 1$,送入任意 4 位二进制数码,如 $D_0D_1D_2D_3 = abcd$,加 CP 脉冲,观察 $CP=0$、CP 由 $0 \rightarrow 1$、CP 由 $1 \rightarrow 0$ 三种情况下输出状态的变化,并观察寄存器输出状态的变化是否发生在 CP 脉冲的上升沿。

3. 右移:清零后,令 $\overline{R}_D = 1$,$S_1 = 0$,$S_0 = 1$,由右移输入端 D_{IR} 送入二进制数码,如 "0100",观察输出情况并记录。注意:右移时从低位向高位移,先送高位,后送低位。

4. 左移:先清零或预置,再令 $\overline{R}_D = 1$,$S_1 = 1$,$S_0 = 0$,由左移输入端 D_{IL} 送入二进制数码,如 "1100",观察输出情况并记录。注意:左移时从高位向低位移,先送低位,后送高位。

5. 保持:寄存器预置任意 4 位二进制数码"$abcd$",令 $\overline{R}_D = 1$,$S_1 = S_0 = 0$,加 CP 脉冲,观察输出情况并记录。

(二)环形计数器、扭环形计数器

1. 右移环形计数器:参照图 3.6.2 接线,用并行输入法为寄存器预置某二进制数码(如

"0100"),然后进行右移循环,观察寄存器输出端状态的变化,并将结果记入表 3.6.3 中。

2. 左移环形计数器:用并行输入法为寄存器预置某二进制数码(如"0100"),然后进行左移循环,观察寄存器输出端状态的变化,并将结果记入表 3.6.3 中。

3. 右移扭环形计数器:将移位寄存器接成扭环形计数器,用并行输入法为寄存器预置某二进制数码(如"0000"),然后进行右移循环,观察寄存器输出端状态的变化,并将结果记入表 3.6.3 中。

表 3.6.3 右移环形计数器、左移环形计数器、右移扭环形计数器状态变化表

右移环形计数器		左移环形计数器		右移扭环形计数器	
CP	$Q_0Q_1Q_2Q_3$	CP	$Q_0Q_1Q_2Q_3$	CP	$Q_0Q_1Q_2Q_3$
0	0100	0	0100	0	0000
1		1		1	
2		2		2	
3		3		3	
4		4		4	
5		5		5	
6		6		6	
7		7		7	
8		8		8	

五、实验报告要求

1. 分析表 3.6.2 的实验结果,总结移位寄存器 74LS194 的逻辑功能并写入表 3.6.2 的功能总结一栏中。

2. 画出 4 位右移环形计数器、左移环形计数器和右移扭环形计数器的电路图,并填表 3.6.3。

3. 在对 74LS194 送数后,若要使输出端改为另外的数码,是否一定要使寄存器清零?

4. 使移位寄存器清零,除采用 $\overline{R}_D$ 输入为低电平外,可否采用右移或左移的方法? 可否使用并行送数法? 若可行,如何进行操作?

5. 若进行循环左移,图 3.6.2 所示的接线应如何改接?

实验七 计数器及其应用

一、实验目的

1. 学习用集成触发器构成计数器的方法。
2. 掌握中规模集成计数器的使用方法及功能测试方法。

二、实验器材

1. 数字电路实验箱,1 台;
2. 74LS192 或 CC40192(BCD 码十进制同步加/减计数器),1 片;
3. 74LS00(四 2 输入与非门),1 片。

74LS192 引脚排列图如图 3.7.1 所示。

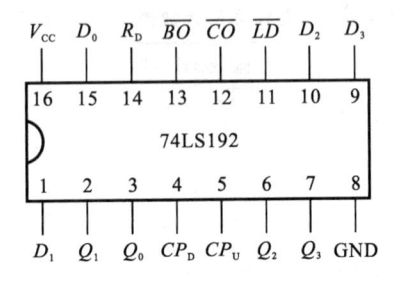

图 3.7.1　74LS192 引脚排列图

74LS192 功能表如表 3.7.1 所示。

表 3.7.1　**74LS192 功能表**

输　入								输　出			
R_D	$\overline{LD}$	CP_U	CP_D	D_3	D_2	D_1	D_0	Q_3	Q_2	Q_1	Q_0
1	×	×	×	×	×	×	×	0	0	0	0
0	0	×	×	d	c	b	a	d	c	b	a
0	1	↑	1	×	×	×	×	加计数			
0	1	1	↑	×	×	×	×	减计数			

其中,R_D 为清零端,$\overline{LD}$ 为异步预置数端,CP_U 为加计数脉冲输入端,CP_D 为减计数脉冲输入端,$\overline{CO}$ 为非同步进位输出端,$\overline{BO}$ 为非同步借位输出端,Q_3、Q_2、Q_1、Q_0 为计数输出端,D_3、D_2、D_1、D_0 为数据输入端。

三、实验原理

计数器是一个用以实现计数功能的时序电路,它不仅可用来计脉冲数,还常用来进行数字系统的定时、分频,执行数字运算以及实现其他特定的逻辑功能。

计数器的种类很多,按构成计数器的各触发器是否使用一个时钟脉冲源来分,有同步计数器和异步计数器;根据计数进制的不同,分为二进制计数器、十进制计数器和任意进制计数器;根据计数的增减趋势,又分为加法计数器、减法计数器和可逆计数器;还有可预置计数器和可编程序功能计数器等。目前,无论是 TTL 门电路还是 CMOS 门电路,都有品种较齐全的中规模集成计数电路。例如,十进制异步计数器 74LS90,4 位二进制同步计数器74LS93、CC4520,4 位十进制同步计数器 74LS160、74LS162,4 位二进制可预置同步计数器74LS161、CC40161,4 位二进制可预置同步加/减计数器 74LS191、74LS193、CC4516,BCD码十进制同步加/减计数器 74LS190、74LS192、CC40192、CC4510。使用者只要借助器件手册提供的功能表和工作时序图以及引脚排列图,就能正确地使用这些器件。

（一）用 D 触发器构成二进制异步加/减计数器

图 3.7.2 所示是用 4 只 D 触发器构成的 4 位二进制异步加法计数器。它的连接特点是将每只 D 触发器接成 T' 触发器，再将低位触发器的 $\overline{Q}$ 端和高一位的 CP 端相连接。

若将图 3.7.2 稍加改动，即将低位触发器的 Q 端与高一位的 CP 端相连接，则构成了一个 4 位二进制异步减法计数器。

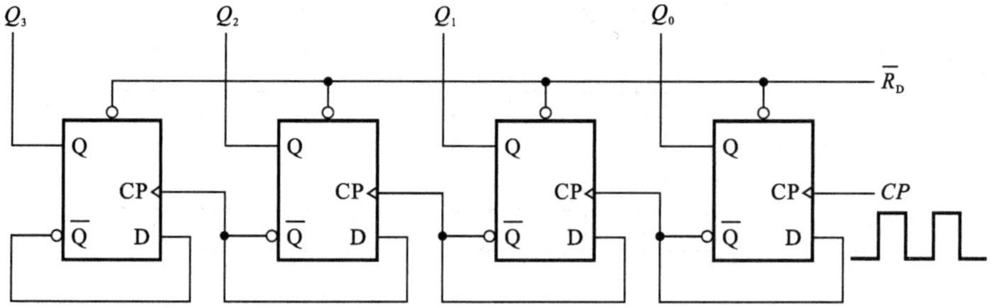

图 3.7.2　4 位二进制异步加法计数器

（二）中规模十进制计数器

74LS192 或 CC40192 是十进制同步可逆计数器，具有双时钟输入，并具有清零和置数等功能。对 74LS192 的功能表说明如下：

1. 当清零端 $R_D=1$ 时，计数器直接清零；当 $R_D=0$ 时，执行其他功能。

2. 当 $R_D=0$ 且置数端 $\overline{LD}=0$ 时，数据直接从数据输入端 D_3、D_2、D_1、D_0 置入计数器。

3. 当 $R_D=0$、$\overline{LD}=1$ 时，执行计数功能。执行加计数时，减计数端 $CP_D=1$，计数脉冲由 CP_U 输入，在计数脉冲上升沿进行 8421 码的十进制加法计数；执行减计数时，加计数端 $CP_U=1$，计数脉冲由 CP_D 输入，在计数脉冲上升沿进行 8421 码的十进制减法计数。表 3.7.2 为 8421 码十进制加/减计数器的状态转换表。

表 3.7.2　8421 码十进制加/减计数器状态转换表

输入脉冲数	加计数输出		减计数输出	
CP	$Q_3Q_2Q_1Q_0$	$\overline{CO}$	$Q_3Q_2Q_1Q_0$	$\overline{BO}$
0	0000	1	0000	0
1	0001	1	1001	1
2	0010	1	1000	1
3	0011	1	0111	1
4	0100	1	0110	1
5	0101	1	0101	1
6	0110	1	0100	1
7	0111	1	0011	1
8	1000	1	0010	1
9	1001	0	0001	1
10	0000	1	0000	0

（三）计数器的级联使用

一个十进制计数器只能表示 0～9 十个数，为了扩大计数器范围，常将多个十进制计数器级联使用。

异步计数器一般没有专门的进位信号输出端，通常用本级的高位输出信号驱动下一级计数器计数，如图 3.7.3 所示。

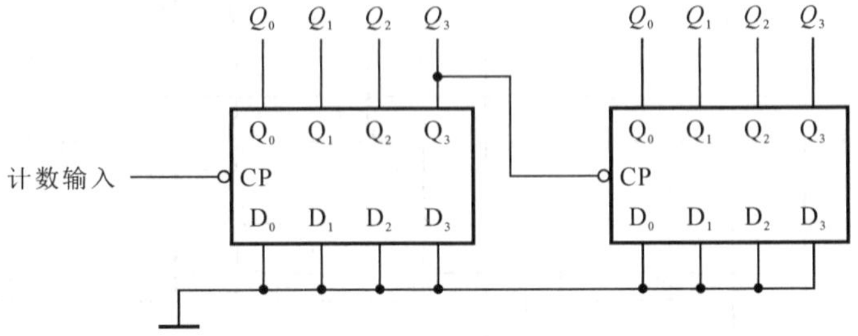

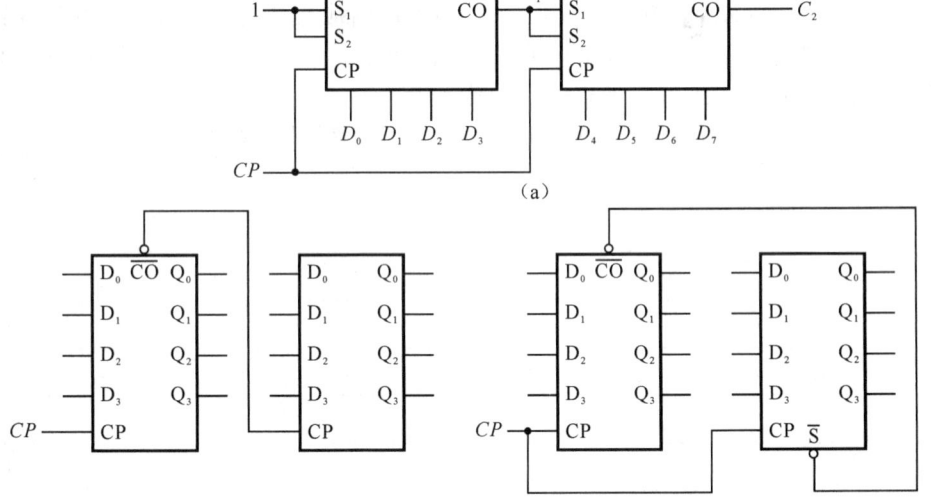

图 3.7.3　异步计数器的级联

同步计数器往往有进位（或借位）输出端，故可选用其进位（或借位）输出信号驱动下一级计数器。图 3.7.4 所示为十进制可预置同步加/减计数器的几种级联方法，图 3.7.4(a)是利用进位输出 CO 控制高一位的状态控制端 S_1、S_2 的级联图，图 3.7.4(b)是利用行波进位法的级联图，图 3.7.4(c)是利用 CO 控制使能控制端 S 的级联图。

图 3.7.4　同步计数器的级联

（四）实现任意进制计数

1. 用复位法获得任意进制计数器。

假定已有 N 进制计数器，而需要得到一个 M 进制计数器时，只要 $M < N$，则用复位法使计数器计数到 M 时置"0"，即可获得 M 进制计数器。图 3.7.5 所示为一个由十进制计数器接成的六进制计数器。

2. 利用预置功能获得 M 进制计数器。

在数字钟里,对时位的计数序列为 1、2、…、11、12、1、… 是十二进制的,且无"0"。图 3.7.6 所示是一个特殊十二进制计数器的电路方案,当计数到 13 时,通过与非门产生一个复位信号,使 74LS192(2) 直接置成 "0000",而 74LS192(1) 的个位直接置成 "0001",从而实现了 1～12 计数。

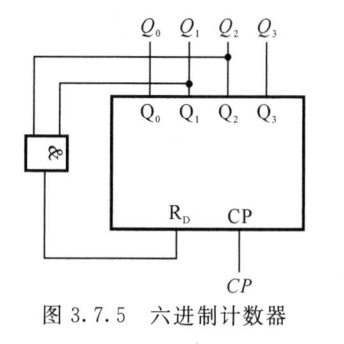

图 3.7.5 六进制计数器

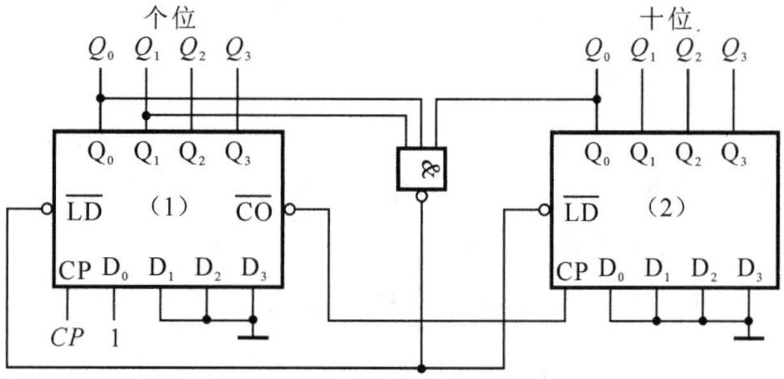

图 3.7.6 特殊十二进制计数器

图 3.7.7 所示为用 3 个 74LS192 组成的 421 进制计数器。

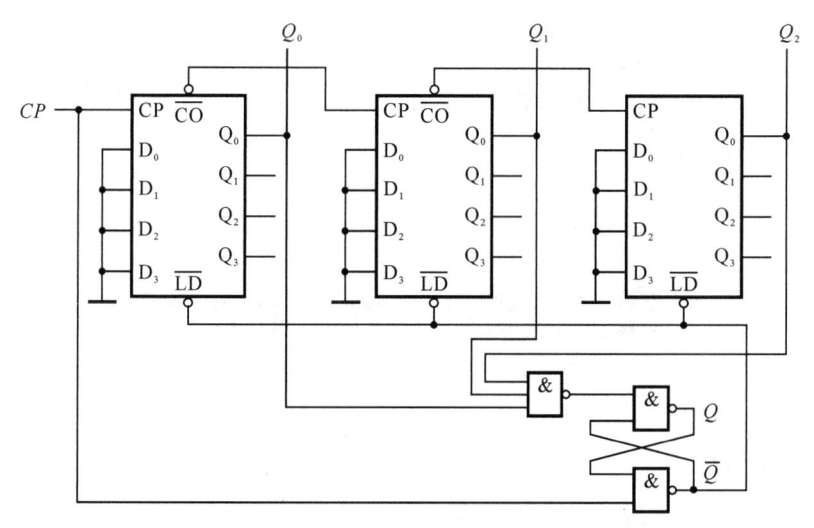

图 3.7.7 421 进制计数器

外加的由与非门构成的锁存器可以克服器件计数速度的离散性,保证在反馈置零信号作用下计数器可靠置零。

四、实验内容

1. 测试 74LS192 同步十进制可逆计数器的逻辑功能。

计数脉冲由单次脉冲源提供,清零端 R_D、置数端 $\overline{LD}$、数据输入端 D_3、D_2、D_1、D_0 分别接数字电路实验箱的逻辑电平输出插孔,输出端 Q_3、Q_2、Q_1、Q_0 及 $\overline{CO}$、$\overline{BO}$ 接 LED 电平显示输入插孔。按表 3.7.1 逐项测试并判断其功能是否正常。

(1) 清零。

令 $R_\mathrm{D}=1$,其他输入为任意态,这时 $Q_3Q_2Q_1Q_0=0000$,清零后置 $R_\mathrm{D}=0$。

（2）置数。

$R_D=0$，CP_U、CP_D 任意，数据输入端输入任意一组二进制数。令 $\overline{LD}=0$，观察计数器的输出状态，判断预置功能是否完成，此后置 $\overline{LD}=1$。

（3）加计数。

$R_D=0$，$\overline{LD}=CP_D=1$，CP_U 接单脉冲源输出插孔。清零后送入 10 个单脉冲，观察输出状态的变化是否发生在 CP_U 的上升沿。

（4）减计数。

$R_D=0$，$\overline{LD}=CP_U=1$，CP_D 接单脉冲源输出插孔。参照（3）进行实验。

2. 用两片 74LS192 组成 2 位十进制加法计数器，输入 1 Hz 连续计数脉冲，进行 00～99 累加计数，记录实验结果。

3. 将 2 位十进制加法计数器改为 2 位十进制减法计数器，实现 99～00 递减计数，记录实验结果。

4. 设计一个数字钟移位六十进制加法计数器并进行实验。

五、实验报告要求

1. 填写 74LS192 功能表。
2. 画出实验内容 2、3、4 的电路图，记录、整理实验结果。
3. 将实验内容 4 变成六十进制减法计数器。

实验八 时序逻辑电路设计

一、实验目的

1. 掌握同步时序逻辑电路的设计方法。
2. 熟悉集成触发器的逻辑功能及使用。

二、实验器材

1. 数字电路实验箱，1 台；
2. 74LS74（双 D 触发器），2 片；
3. 74LS76（双 JK 触发器），2 片；
4. 74LS00（四 2 输入与非门），1 片。

三、实验原理

时序逻辑电路可分为同步时序逻辑电路和异步时序逻辑电路两种，这里只介绍同步时序逻辑电路的设计。

设计同步时序逻辑电路时,一般按照如下步骤进行:

1. 逻辑抽象:得出电路的状态转换图或状态转换表,把要求实现的时序逻辑功能表示为时序逻辑函数。

2. 状态化简:将等价状态合并,以求得到最简的状态转换图或状态转换表。

3. 状态分配:又称状态编码,首先需要确定触发器的数目 n。因为 n 个触发器共有 2^n 种状态组合,所以,要想得到 M 个状态,必须取 $2^{n-1} < M \leqslant 2^n$。其次,要给每个电路状态规定对应的触发器状态组合。

4. 选定触发器类型,求出电路的状态方程、驱动方程和输出方程。

5. 根据得到的方程式画出逻辑图。

6. 检查设计的电路能否自启动。

四、实验内容

1. 用 JK 触发器设计一个 8421 码同步七进制加法计数器。

CP 时钟脉冲由数字电路实验箱上的单脉冲源或 1 Hz 自动秒脉冲输出插孔提供,计数器输出状态用数字电路实验箱的 LED 电平显示输入插孔或七段数码显示器检测,记录实验结果。

2. 用 D 触发器设计一个同步四进制加减可逆计数器。

3. 用 D 触发器或 JK 触发器设计一个"110"串行序列信号检测器,当连续输入信号"110"时,该电路输出为"1",否则为"0"。设依次送入的信号为"001101110"。

五、实验报告要求

1. 写出设计过程,画出实验逻辑电路图。

2. 记录实验结果。

实验九　555 定时器及其应用

一、实验目的

1. 熟悉 555 定时器的工作原理。

2. 熟悉 555 定时器的功能及其使用方法。

3. 熟悉由 555 定时器组成的脉冲信号产生与变换电路及定时器件对振荡周期和脉冲宽度的影响。

二、实验器材

1. 数字电路实验箱,1 台;

2. NE555 单定时器,1 片;

3. 电位器 $10\ k\Omega$、$47\ k\Omega$、$100\ k\Omega$,各 1 只;

4. 电容 $4.7\ \mu F$、$10\ \mu F$、$22\ \mu F$,各 1 只。

三、实验原理

555 定时器是一种中规模集成器件,只要在外部配上几个适当的阻容元件,就可以方便地构成施密特触发器、单稳态触发器及多谐振荡器等脉冲发生与变换电路。它在工业自动控制、定时、仿声、电子乐器、防盗等方面有广泛的应用。

555 定时器内部电路框图如图 3.9.1 所示,含有两个比较器 A_1 和 A_2、一个基本 RS 触发器、一个放电三极管 TD 和输出反相器 G_4 等。

四、实验内容

(一) 555 定时器功能的测试

本实验所用的 555 时基电路芯片为 NE555。图 3.9.2 所示为 555 引脚排列图,主要引脚功能简述如下:

TH——高电平触发端。当 TH 端电平大于 $2V_{CC}/3$ 时,输出端 OUT 呈低电平,TD 导通。

$\overline{TR}$——低电平触发端。当 $\overline{TR}$ 端电平小于 $V_{CC}/3$ 时,OUT 端呈高电平,TD 关断。

$\overline{R}_D$——复位端。当 $\overline{R}_D=0$ 时,OUT 端输出低电平,TD 导通。

V_{CO}——控制电压端。V_{CO} 接不同的电压值可以改变 TH、$\overline{TR}$ 的触发电平值。

$DISC$——放电端。TD 导通或关断为 RC 回路提供了放电或充电的通路。

OUT——输出端。

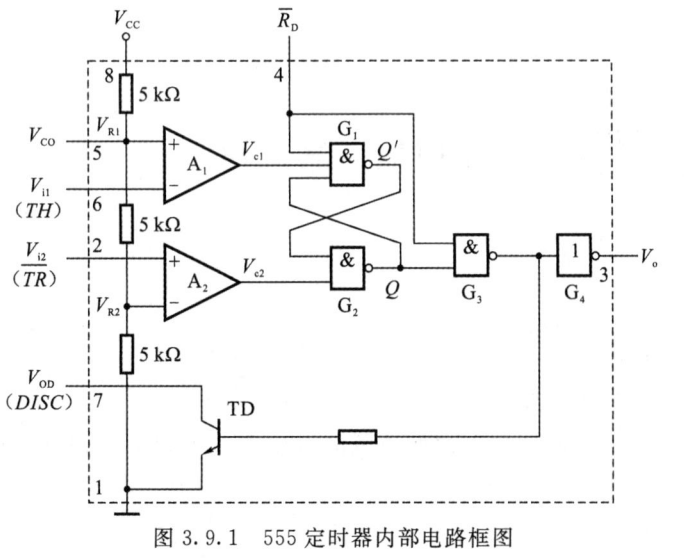

图 3.9.1 555 定时器内部电路框图

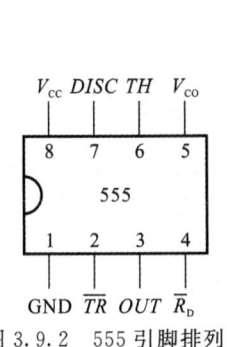

图 3.9.2 555 引脚排列图

功能测试图如图 3.9.3 所示,功能表如表 3.9.1 所示。

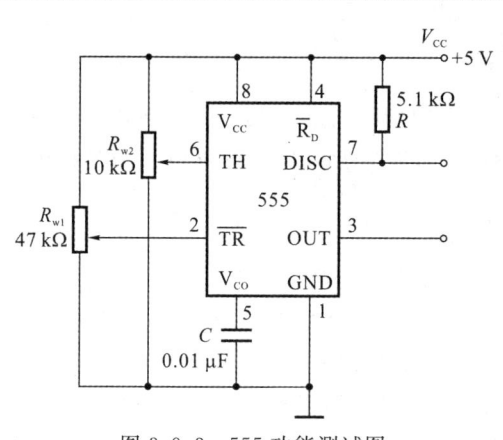

图 3.9.3　555 功能测试图

表 3.9.1　555 功能表

TH	$\overline{TR}$	$\overline{R}_D$	OUT	TD 状态
×	×	0	0	导　通
$>2V_{CC}/3$	$>V_{CC}/3$	1	0	导　通
$<2V_{CC}/3$	$>V_{CC}/3$	1	原状态	原状态
$<2V_{CC}/3$	$<V_{CC}/3$	1	1	关　断

（二）单稳态触发器

图 3.9.4 所示为 555 定时器和外接定时元件 R、C 构成的单稳态触发器。触发信号 V_i 低电平触发（注意：时间必须很短），稳态时电路处于低电平，内部放电开关导通，输出低电平。当有一个外部负脉冲触发信号加到 2 端，并使 2 端电位瞬时低于 $V_{CC}/3$ 时，低电平比较器动作，单稳态触发器即开始一个暂态过程，电容 C 开始充电，V_C 按指数规律增长。当 V_C 充电到 $2V_{CC}/3$ 时，高电平比较器动作，比较器 A_1 翻转，输出 V_o 从高电平返回低电平，放电开关重新导通，电容 C 上的电荷很快经放电开关放电，暂态结束，恢复稳态，为下一个触发脉冲的到来做好准备。

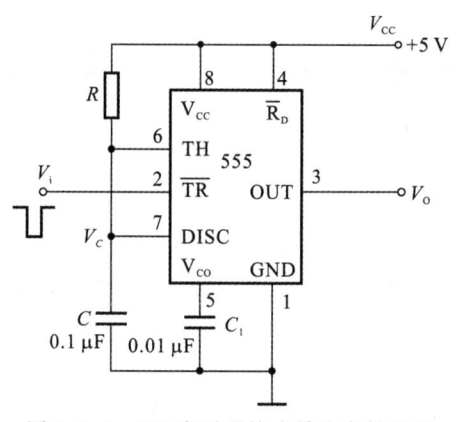

图 3.9.4　555 定时器构成单稳态触发器

暂稳态的持续时间 t_W（即为延时时间）取决于外接元件 R、C 的大小，其关系为

$$t_w = RC\ln\frac{V_{cc}-0}{V_{cc}-2V_{cc}/3} = RC\ln 3 \approx 1.1RC$$

通过改变 R、C 的大小,可使延时时间在几个微秒到几十分钟之间变化。当这种单稳态触发器作为计时器时,可直接驱动小型继电器,并可以使用复位端(4 脚)接地的方法来中止暂态,重新计时。

(三) 多谐振荡器

图 3.9.5 所示为由 555 定时器和外接元件 R_1、R_2、C 构成的多谐振荡器。脚 2 与脚 6 直接相连,电路没有稳态,仅存在两个暂稳态,电路亦不需要外加触发信号,利用电源通过电阻 R_1、R_2 向电容 C 充电,以及 C 通过 R_2 放电,使电路产生振荡。电容 C 在 $V_{cc}/3$ 和 $2V_{cc}/3$ 之间充电和放电。参数为

$$T = t_{w1} + t_{w2}, \quad t_{w1} = 0.7(R_1+R_2)C$$
$$t_{w2} = 0.7R_2C$$

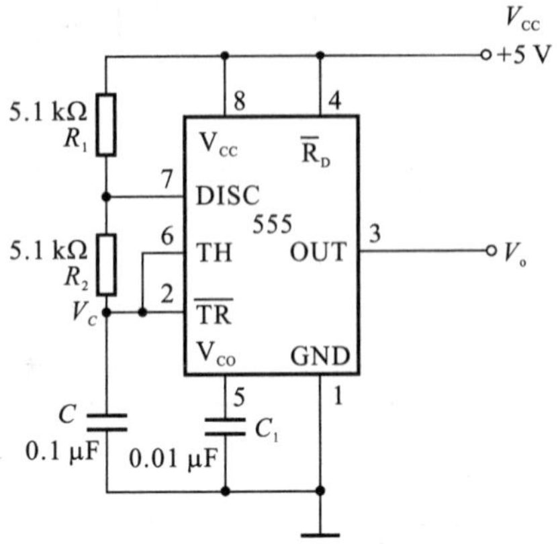

555 电路要求 R_1 与 R_2 均应大于或等于 1 kΩ,但 R_1+R_2 应小于或等于 3.3 MΩ。外部元件的稳定性决定了多谐振荡器的稳定性。555 定时器配以少量的元件即可获得较高精度的振荡频率和较强的功率输出能力,因此,这种形式的多谐振荡器应用很广。

图 3.9.5 555 定时器构成
多谐振荡器

五、实验报告要求

1. 整理并分析实验数据。

2. 多谐振荡器的频率由哪些参数决定?调整 V_{co} 端电压为什么会影响振荡频率?图 3.9.5 中如何调整输出脉冲的占空比?

3. 触发器的暂稳态时间取决于哪些参数?试计算暂稳态时间。

实验十 数/模(D/A)及模/数(A/D)转换

一、实验目的

1. 熟悉 A/D 和 D/A 转换器的基本工作原理。

2. 分析 A/D 和 D/A 转换器,掌握 A/D 和 D/A 集成芯片的性能及其使用方法。

二、实验器材

1. 数字电路实验箱,1 台;　　　　2. 示波器,1 台;

3. DAC0832(D/A 转换芯片),1 片;　4. ADC0809(A/D 转换芯片),1 片;

5. μA741(集成运放),1 只;　　　　6. 电容、电阻若干;

7. 数字万用表。

三、实验原理

（一）数／模转换器

数／模转换器又称 D/A 转换器或 DAC,是一种将输入的数字信号转换为模拟信号输出的电子器件,其输出电压 V_o 的表达式为

$$V_o = -\frac{V_{REF}}{2^n}(d_{n-1} \cdot 2^{n-1} + d_{n-2} \cdot 2^{n-2} + \cdots + d_1 \cdot 2^1 + d_0 \cdot 2^0)$$

其中,V_{REF} 为参考电压。

每一个数字量都是数字代码的按位组合,每一位数字代码都有一定的"权",对应一定大小的模拟量。为了将数字量转换为模拟量,应该将数字量的每一位都转换为相应的模拟量,然后求和即得与数字量成正比的模拟量。一般的数／模转换器都是按这一原理设计的。目前,集成 DAC 大多采用 R-$2R$ T 型 D/A 转换电路,其基本电路原理图如图 3.10.1 所示。

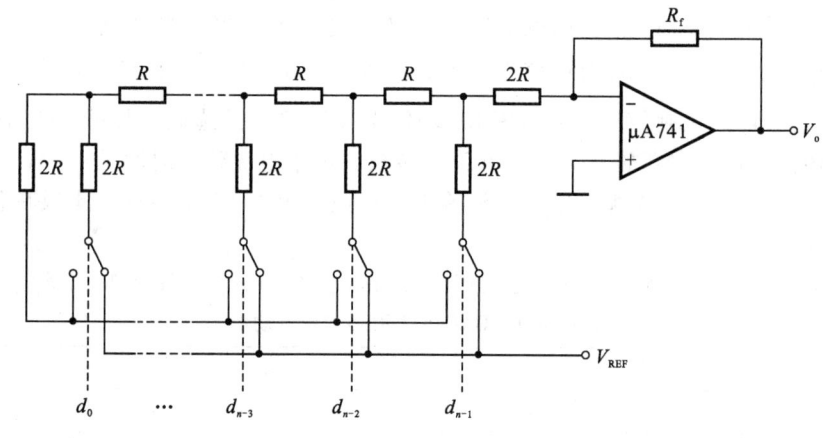

图 3.10.1　D/A 转换器基本电路原理图

该电路由 T 型电阻解码网络、模拟电子开关及求和放大器组成。模拟电子开关受数字量的数字代码控制:代码为 0 时,开关接地;代码为 1 时,开关接参考电压 V_{REF}。T 型电阻网络用来将数字量的每位代码转换为相应的模拟量。输出的模拟量与输入的数字量成正比,从而实现数／模转换。

1. DAC0832 芯片简介。

DAC0832 芯片是 CMOS 型 8 位单片 D/A 转换器。该芯片因价格低廉、接口简单、转换控制方便等优点而得到广泛应用。其引脚排列图和内部电路框图分别如图 3.10.2 与图 3.10.3 所示。

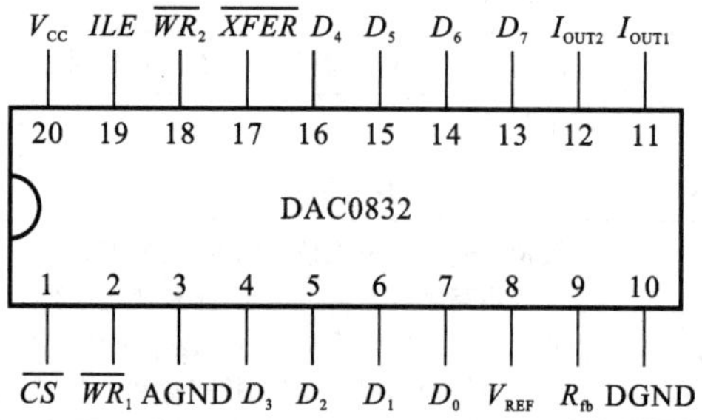

图 3.10.2　DAC0832 引脚排列图

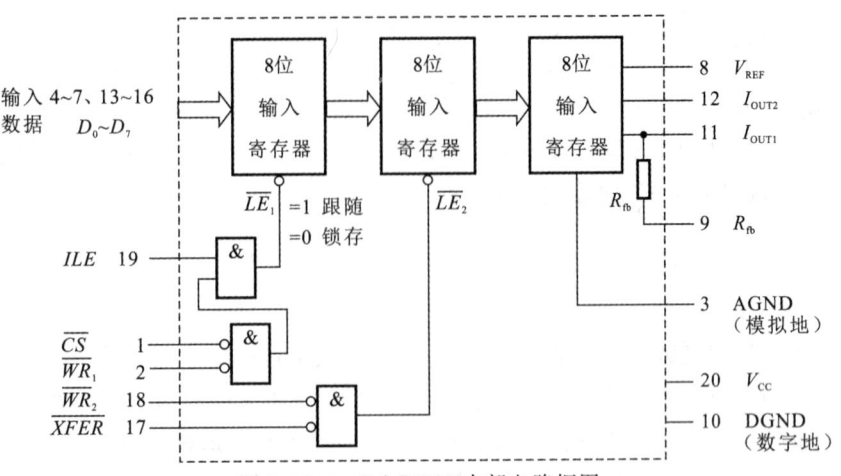

图 3.10.3　DAC0832 内部电路框图

输入寄存器用来锁存从数据输入端 $D_0 \sim D_7$ 送来的数据。当数据锁存允许信号端 ILE、输入寄存器选择信号端 $\overline{CS}$ 和"写"选通信号端 $\overline{WR_1}$ 同时有效时,数字量被锁存到输入寄存器。当数据转移控制信号端 $\overline{XFER}$ 和 DAC 寄存器的"写"选通信号端 $\overline{WR_2}$ 有效时,输入寄存器的内容锁入 DAC 寄存器,开始 D/A 转换。由于电流建立时间是 $1\ \mu s$,经 $1\ \mu s$ 后,在输出端 I_{OUT1} 和 I_{OUT2} 建立起稳定的电流输出。反馈电阻 R_{fb} 为 $15\ k\Omega$ 并集成在芯片内。

2. DAC0832 的引脚功能。

DAC0832 芯片为 20 脚双列直插式封装,各引脚名称和功能如表 3.10.1 所示。

表 3.10.1　DAC0832 引脚名称及功能

引　脚	符　号	功　　能
4~7、13~16	$D_0 \sim D_7$	数据输入端
19	ILE	数据锁存允许信号端,高电平有效
1	$\overline{CS}$	输入寄存器选择信号端,低电平有效
2	$\overline{WR_1}$	输入寄存器的"写"选通信号端,低电平有效。片内输入寄存器的锁存信号 $\overline{LE_1} = (CS+WR_1)ILE$ 为 1 时,输入寄存器的状态跟随数据输入状态变化;$\overline{LE_1} = 0$ 时,锁存输入数据
18	$\overline{WR_2}$	DAC 寄存器的"写"选通信号端,低电平有效。DAC 寄存器的锁存信号 $\overline{LE_2} = \overline{WR_2} + XFER$ 为 1 时,DAC 寄存器的状态随数据输入状态变化;$\overline{LE_2} = 0$ 时,锁存输入数据
17	$\overline{XFER}$	数据转移控制信号端,低电平有效
8	V_{REF}	基准电压
9	R_{fb}	反馈信号输入端,芯片内已有反馈电阻
20	V_{CC}	工作电源
10	DGND	数字公共端(数字地)
3	AGND	模拟信号地。模拟信号易受电源和数字信号等的干扰,故模拟信号部分必须采用高精度基准电源 V_{REF} 和独立地线。一般把数字地线和模拟地线分开。模拟地线是模拟信号及基准电压的参考地。其余信号的参考地,包括工作电源地,数据、地址、控制等数字逻辑地都是数字地

（二）模/数转换器

模/数转换器又称 A/D 转换器或 ADC,是一种把模拟信号转换为数字信号的电子器件。A/D 转换的方法有很多,本实验中用到的是逐次逼近式 A/D 转换,其原理图如图3.10.4 所示。

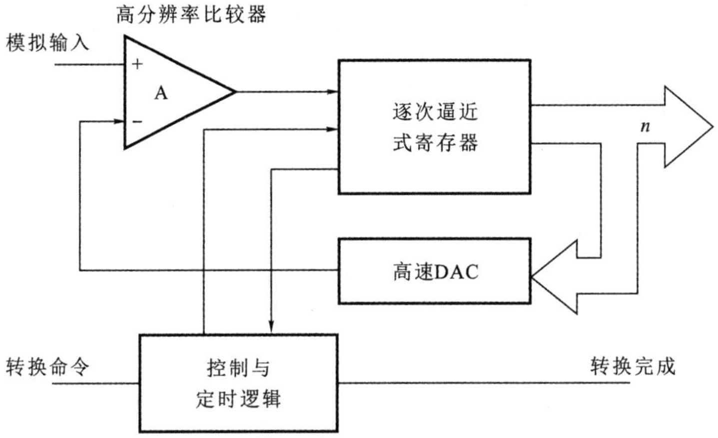

图 3.10.4　逐次逼近式 A/D 转换原理图

所谓逐次逼近式 A/D 转换,通常是指用一个比较器将输入信号与作为基准的 n 位DAC 输出进行比较,并执行 n 次一位转换。采用逐次逼近(移位)式寄存器(SAR),输入信号仅与最高位(MSB)比较,确定 DAC 的最高位(DAC 满量程的一半)的检测结果,然后检测结果("0"或"1")被封锁,同时加到 DAC 上,以决定 DAC 的输出(0 或 1/2)。当第二个时钟脉冲到来后,准备确定第二位,这时第一位的比较结果加上第二位的比较结果之和,例如,0＋1/4 或 1/2＋1/4,这一累加和与输入信号相比较,以确定最终的第二位检测结果。当第二位的检测结果("1"或"0")被封锁时,DAC 的输出可能是 0、1/4、1/2 或 3/4,接着确定第三位。这一过程依次连续进行,直至达到最低位(LSB)。DAC 的最小输出限于输入信号的LSB/2 范围内,而且全部 n 位对应状态都被锁存。

逐次逼近式 A/D 转换器的速度高达 1 MHz,分辨率达到 16 位以上,因此,这种器件应用广泛,其中典型的是 8 位 ADC0809。

1. ADC0809 芯片简介。

ADC0809 是 NS 公司生产的 CMOS 型 8 位 8 通道逐次逼近式 A/D 转换器,采用双列直插式 28 脚封装。

该芯片与 8 位微机兼容,其三态输出可以直接驱动数据总线。该集成电路可以通过内部的多路模拟开关进行 8 路模拟信号的 A/D 转换。8 路单极性的模拟电压由 $IN_0 \sim IN_7$ 输入,然后根据通道号地址输入端 C、B、A 提供的地址选通其中一路进行 A/D 转换。ALE 对三位地址信号进行锁存。

2. ADC0809 的引脚功能。

ADC0809 转换器引脚排列图如图 3.10.5 所示。

各引脚名称及功能如表 3.10.2 所示。

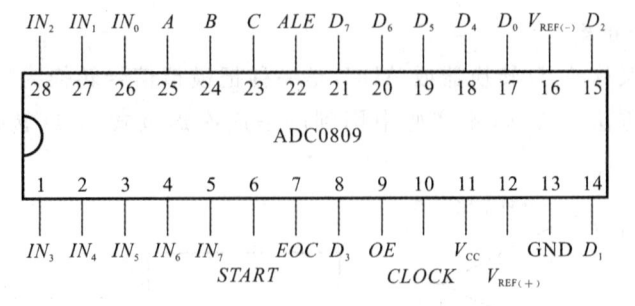

图 3.10.5　ADC0809 转换器引脚排列图

表 3.10.2　ADC0809 转换器引脚名称及功能

引　脚	符　号	功　能
1~5、26~28	$IN_0 \sim IN_7$	模拟量电压输入端
8、14、15、17~21	$D_0 \sim D_7$	数字量输出端
23~25	C、B、A	通道号地址输入端,CBA 为二进制数码,C 为最高位,A 为最低位,CBA 从"000"到"111"分别对应选中通道 $IN_0 \sim IN_7$
22	ALE	地址锁存允许端,正跳时锁存地址
6	$START$	启动信号,上升沿将所有内部寄存器清零,下降沿开始转换。通常 ALE 和 $START$ 连接在一起
7	EOC	转换结束端,高电平有效。在 $START$ 上升沿之后 0~8 个时钟周期内,EOC 变为低电平,当转换结束时,EOC 变为高电平。EOC 可以作为中断请求信号或查询方式的状态信号
9	OE	三态输出控制端
10	$CLOCK$	时钟输入端,典型时钟频率为 640 kHz,最高不超过 1.2 MHz
12、16	$V_{REF(+)}$、$V_{REF(-)}$	提供片内 DAC 的权电阻的标准参考电压。一般取 $V_{REF(+)} = +5$ V,$V_{REF(-)} = 0$ V
11	V_{CC}	工作电源,+5 V
13	GND	接地端

四、实验内容

(一) D/A 转换

实验电路图如图 3.10.6 所示。把 DAC0832 和 μA741 等插入数字电路实验箱,按图 3.10.6 接线。$D_7 \sim D_0$ 端接数字电路实验箱的数据开关(或计数器 74LS161),$\overline{CS}$、$\overline{XFER}$、$\overline{WR_1}$、$\overline{WR_2}$ 端相连接地,AGND 和 DGND 相连接地,ILE 端接 +5 V 电源,V_{REF} 端接 ±5 V 电源,集成运放 μA741 的电源为 ±15 V,调零电位器 R_W 为 10 kΩ。注意:$V_{REF} = 5$ V 时,取 $R_f = 1$ kΩ;$V_{REF} = -5$ V 时,取 $R_f = 100$ kΩ。

1. 接线检查无误后,置 $D_7 \sim D_0$ 为全"0",接通电源,调节集成运放的调零电位器,使输出电位 $V_0 = 0$。

2. 再置 $D_7 \sim D_0$ 为全"1",调整 R_f,改变 μA741 的放大倍数,使运放输出满量程。

3. 将 $D_7 \sim D_0$ 从最低位开始逐位置"1",并逐次测量模拟电压输出 V_0,填入表 3.10.3 中。

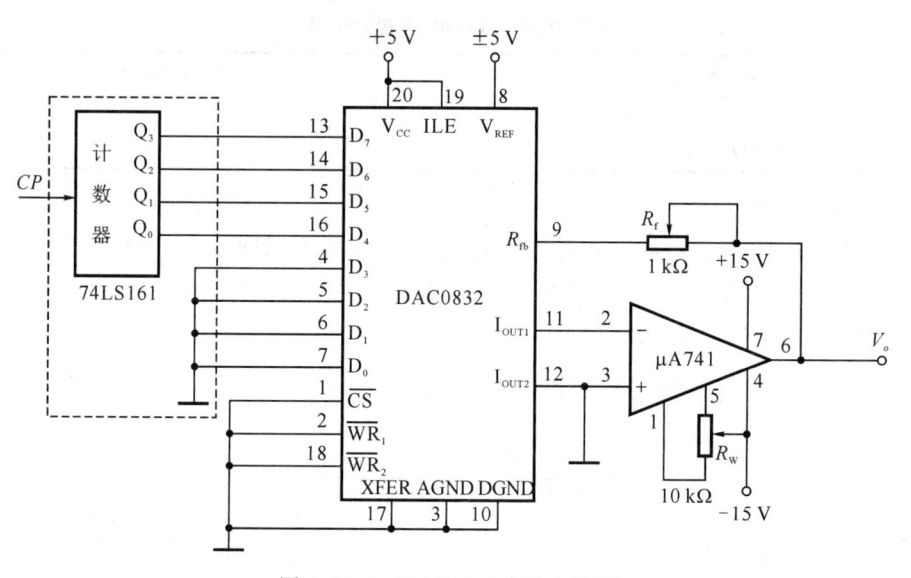

图 3.10.6 DAC0832 实验电路图

4. 将 74LS161 对应的 4 位输出端 Q_3、Q_2、Q_1、Q_0 分别接 DAC0832 的 D_7、D_6、D_5、D_4 端,低四位端接地(这时和数据开关相连的线全部断开)。

5. 输入 CP 脉冲,用示波器观察输出电压波形,填入表 3.10.4 中。

6. 将 74LS161 的输出改接到 DAC0832 的低四位端,高四位端接地,重复上述实验步骤,并记录输出电压波形到表 3.10.5 中。

表 3.10.3　DAC0832 实验记录 1

输入数字量								输出数字量	
D_7	D_6	D_5	D_4	D_3	D_2	D_1	D_0	实测值	理论值
0	0	0	0	0	0	0	0		
0	0	0	0	0	0	0	1		
0	0	0	0	0	0	1	1		
0	0	0	0	0	1	1	1		
0	0	0	0	1	1	1	1		
0	0	0	1	1	1	1	1		
0	0	1	1	1	1	1	1		
0	1	1	1	1	1	1	1		
1	1	1	1	1	1	1	1		

表 3.10.4　DAC0832 实验记录 2

输入数字量	输出波形
$D_7=Q_3$,$D_6=Q_2$,$D_5=Q_1$,$D_4=Q_0$, $D_3=0$,$D_2=0$,$D_1=0$,$D_0=0$	

表 3.10.5   DAC0832 实验记录 3

输入数字量	输出波形
$D_7=0, D_6=0, D_5=0, D_4=0$ $D_3=Q_3, D_2=Q_2, D_1=Q_1, D_0=Q_0$	

（二）A/D 转换

1. 按图 3.10.7 所示接线。在数字电路实验箱内插入 ADC0809 芯片，其中，$D_7 \sim D_0$ 分别接 8 只发光二极管 LED，CP 接数字电路实验箱的连续脉冲，通道号地址输入端 A、B、C 接数据开关，其余接线如图 3.10.7 所示。

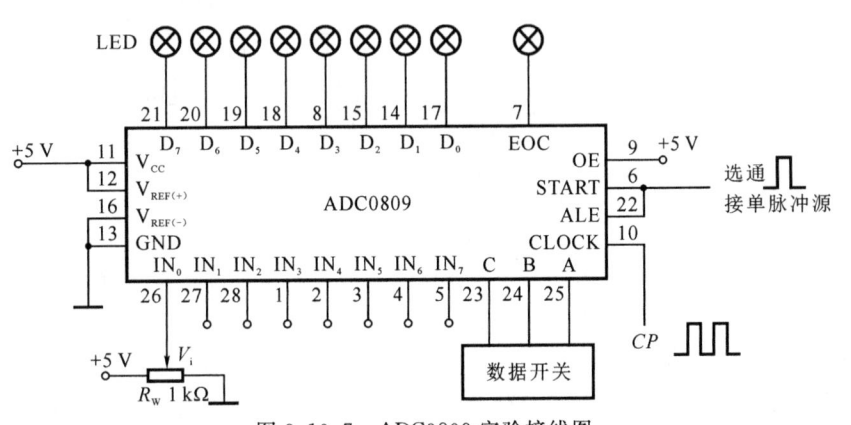

图 3.10.7   ADC0809 实验接线图

2. 接线完毕，检查无误后接通电源。调 CP 脉冲至最高频率（频率大于 1 kHz），再置数据开关为"000"，调节 R_w，并用数字万用表测得 $V_i=4$ V，再按一下单脉冲源的按钮（用正单脉冲接 $START$，平时处于低电平），观察 $D_7 \sim D_0$ 端发光二极管 LED 的显示，并记录到表 3.10.6中。

3. 再调 R_w，使 $V_i=3$ V，按一下单脉冲源的按钮，观察输出 $D_7 \sim D_0$ 的值，并记录到表 3.10.6中。

4. 按上述实验方法，分别调 V_i 为 2、1、0.5、0.2、0.1、0 V 进行实验，观察并记录每次 $D_7 \sim D_0$ 的状态到表 3.10.6中。

5. 调节 R_w，改变输入 V_i，使 $D_7 \sim D_0$ 全为"1"，测量这时的输入转换电压值。

6. 改变数据开关值为"001"，这时将 V_i 从 IN_0 端改接到 IN_1 端输入，再进行 2～5 的实验操作。

7. 改变数据开关值为"111"，这时将 V_i 从 IN_1 端改接到 IN_7 端输入，再进行 2～5 的实验操作。

表 3.10.6   ADC0809 逻辑功能测试

V_i/V	$D_7 \sim D_0$		
	从 IN_0 端输入	从 IN_1 端输入	从 IN_7 端输入
4			
3			
2			

续表

V_i/V	$D_7 \sim D_0$		
	从 IN_0 端输入	从 IN_1 端输入	从 IN_7 端输入
1			
0.5			
0.2			
0.1			
0			

五、实验报告要求

1. D/A 转换:整理所测实验数据,分析理论值和实测值的误差,计算该 D/A 转换器的转换精度。

2. A/D 转换:整理并分析所测实验数据,画出 8 位 A/D 转换器的实验原理图,求出该 A/D 转换器的转换精度。

实验十一　数字电路系统的设计性实验

设计性实验(一)　多功能数字钟

一、实验任务

设计一个多功能数字钟。

二、基本要求

1. 准确计时,以数字形式显示时、分、秒的时间。
2. 小时的计时要求为"12 翻 1",分和秒的时间要求为六十进制。
3. 有校正时间的电路。

三、扩展功能

定时控制、仿电台报时、整点报时、触摸报时。

四、设计说明

多功能数字钟电路的组成框图如图 3.11.1 所示,其主体电路的工作原理如下:由 555 定时器作为振荡器产生振荡信号,经由 74LS90 构成的几级分频器,输出 1 Hz 的时钟,为由 74LS192 构成的六十进制秒计数器提供时钟,秒计数器的高位再向由 74LS192 构成的六十

进制分计数器提供时钟,分计数器的高位再向由74LS192构成的十二进制时计数器提供时钟。秒、分和时计数器的输出分别接到各自的译码器的输入端,驱动LED数码管显示。同时,还可根据需要设计定时、报时等电路。

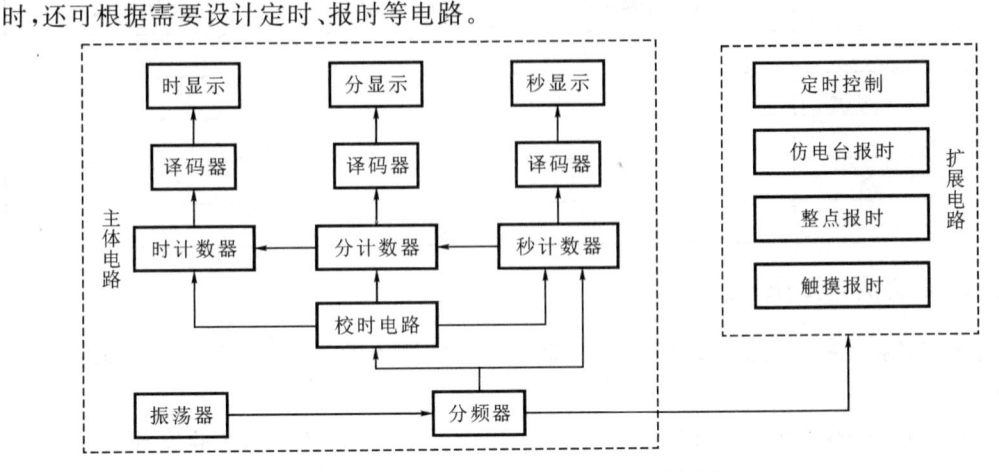

图 3.11.1 多功能数字钟的组成框图

五、可选元器件

1. 与非门:74LS00,4 片。

2. 译码器:74LS47,6 片。

3. LED 数码管,4 只。

4. 发光二极管,4 只。

5. 计数器:74LS90,5 片;74LS92,2 片;74LS191,2 片。

6. 555 定时器:NE555,2 片。

7. 触发器:74LS74,2 片。

8. 逻辑门:74LS03(OC),2 片;74LS04,2 片;74LS20,2 片。

设计性实验(二) 数字频率计

一、实验任务

设计一个数字频率计。

二、基本要求

1. 频率测量范围为 1 Hz~1 MHz,用 3 位十进制数字显示。

2. 测频量程分为 10 kHz、100 kHz、1 MHz 三挡,要求量程能自动转换。

3. 测量显示时间为 0.5~10 s 且连续可调。

4. 被测信号波形为正弦波或脉冲波,其幅度大于 1.5 V。

三、扩展功能

对设计电路进行适当修改,使其既能测频率又能测周期。

四、设计说明

数字频率计用于测量周期信号（如方波、正弦波）或其他脉冲信号的频率。它实际上是一个脉冲计数器，即在单位时间内统计输入脉冲的个数，并用十进制数字进行显示。它可根据测频量程的需要，选择合适的时基信号即闸门时间，对被测信号进行计数。

图 3.11.2 所示是数字频率计的组成框图。其中，输入信号预处理部分用于对被测信号进行放大和整形。基准时间 T_c 是测频的标准信号，它通过分频器产生一组时间基准信号供测频时选择。控制电路是整个频率计的中枢环节，也是设计的关键部分。

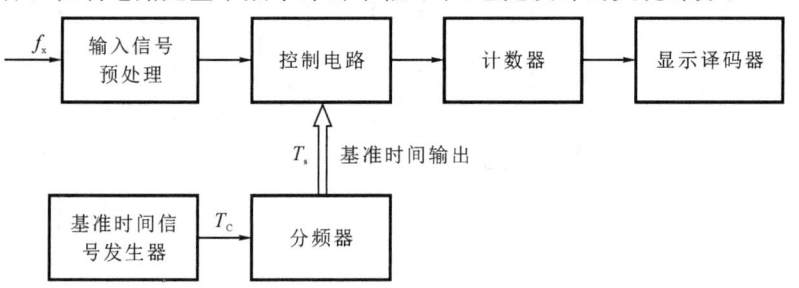

图 3.11.2　数字频率计的组成框图

五、设计方法

1. 用可编程逻辑器件对以上内容进行设计。

主要参考元器件：EPF8282、共阴极七段数码显示器、晶振、电阻、电容等。

2. 用中小规模集成电路对以上内容进行设计。

主要参考元器件：74LS90、74LS48、共阴极七段数码显示器、74LS74、集成门电路、晶振、电阻、电容等。

设计性实验（三）　光控计数器

一、实验任务

设计一个利用光线的通断来统计进入实验室人数的电路。

二、基本要求

1. 设计两路光控电路：一路放置在门外，另一路设置在门里。当有人通过门口时（无论是进入还是走出房间），都会先触发一个光控电路，再触发另一个光控电路。要求根据光控电路产生触发脉冲的先后顺序，判断人员是进入实验室还是离开实验室。有人进入实验室时，令计数器进行加计数，有人离开实验室时进行减计数。

2. 要求计数器的最大计数容量为 99，并用 LED 数码管显示数字。

三、扩展功能

1. 有手动复位（清零）功能。

2. 要求计数器每计一个数,发光二极管指示灯闪烁一次(或蜂鸣器响一次)。

四、设计说明

光控计数器的组成框图如图3.11.3所示。

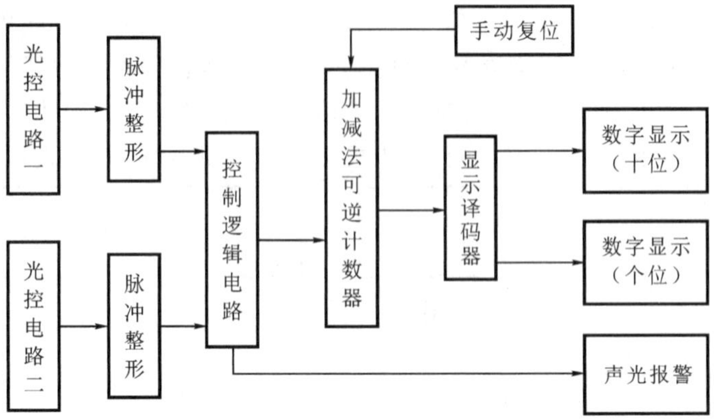

图3.11.3 光控计数器的组成框图

五、可选元器件

1. 红外发光二极管和光电三极管(对管2对);

2. 集成显示译码电路:74LS47或74LS48,2片;

3. LED数码管,2只;

4. 发光二极管,2只;

5. 555定时器,2片;

6. 可逆计数器74LS190或74LS192,2片。

说明:74LS190为单时钟加减控制型十进制可逆计数器,74LS192为双时钟十进制可逆计数器。

设计性实验(四) 十字路口交通管理系统

一、实验任务

设计一个十字路口交通管理系统。

二、基本要求

设计一个甲、乙两道十字路口交通管理系统,使得两个方向的车辆和行人能安全通行。

1. 甲道通行,乙道禁止通行,即甲道绿灯亮,乙道红灯亮,历时30 s。

2. 甲道停车,乙道仍禁止通行,以便让甲道上已过停车线的车辆顺利通过,即甲道黄灯亮,乙道红灯亮,历时10 s。

3. 甲道禁止通行,乙道通行,即甲道红灯亮,乙道绿灯亮,历时30 s。

4. 甲道禁止通行,乙道停车,以便让乙道上已过停车线的车辆顺利通过,即甲道红灯亮,乙道黄灯亮,历时 10 s。之后又返回开始重新循环。

三、扩展功能

若某条道路上有人要穿越马路或发生紧急情况,可通过按动特设开关来发出请求信号。管理系统应能响应上述请求,指挥有关道路上的红灯点亮,使行人安全穿越马路。

四、设计说明

在城市街道的十字路口,为保证交通秩序和行人安全,一般在每条道路上各设一组红、黄、绿交通信号灯。其中,红灯亮表示该条道路禁止通行;黄灯亮表示该条道路上未过停车线的车辆禁止通行,已过停车线的车辆继续通行;绿灯亮表示该条道路允许通行。交通管理系统的控制电路自动控制十字路口的两组红、黄、绿交通信号灯的状态转换,指挥各车辆和行人安全通行,实现十字路口交通管理的自动化。设甲、乙两道的红、黄、绿交通信号灯分别用 R、Y、G 和 r、y、g 表示,甲、乙两道的特设开关分别用 S_1 和 S_2 表示,十字路口交通管理系统示意图如图 3.11.4 所示。

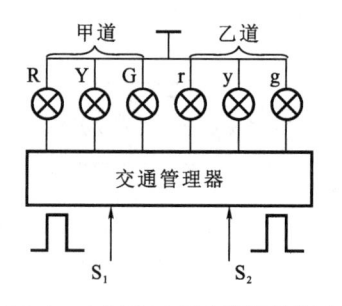

图 3.11.4　十字路口交通管理系统示意图

五、设计方法

1. 用可编程逻辑器件对以上内容进行设计。

主要参考元器件:EPF8282、发光二极管、开关、电阻、电容等。

2. 用中小规模集成电路对以上内容进行设计。

主要参考元器件:74LS90、74LS153、74LS74、集成门电路、发光二极管、开关、电阻、电容等。

设计性实验(五)　两人乒乓游戏机

一、实验任务

设计一个两人乒乓游戏机,该游戏机模拟乒乓球比赛的过程,并按比赛规则自动裁判和记分。

二、基本要求

1. 用 12 只发光二极管代表球台。发球方按动发球开关,送出一个单脉冲信号,靠近发球方的第一个发光二极管点亮,然后按一定速度向对方移动,要求移动时间为 0.1~0.5 s。

2. 当球到达最后一只发光二极管,即靠近接球方的第一只发光二极管点亮时,接球方才可按动击球开关,将球击回。提前击球或未接住球均判为失分。当未接住球时,发光二极管熄灭,表示乒乓球出台,对方得分,此时需按规则重新发球,继续比赛。

3. 一方击球后,双方可以较量多个回合,直到一方失误为止,此时,胜方记分牌自动加一分。比赛进行到一方得 11 分时,一局结束,记分牌全部清零。

三、设计说明

两人乒乓游戏机是用 8~16 只发光二极管代表乒乓球台,中间 2 只发光二极管兼做球网,使点亮的发光二极管按一定的方向移动来表示球的移动。在游戏机的两侧各设置两个开关,即发球开关 S_{1A}、S_{2A} 和击球开关 S_{1B}、S_{2B}。甲、乙二人按乒乓球的比赛规则来操作开关。当甲方按动发球开关 S_{1A} 时,靠近甲方的第一只发光二极管点亮,然后发光二极管由甲方向乙方依次点亮,代表球在移动。当球过网后,按设计者规定的球位允许乙方击球。若乙方提前击球或未接住球,则判乙方失误,甲方得分,然后重新发球,比赛继续进行。其示意图如图 3.11.5 所示。

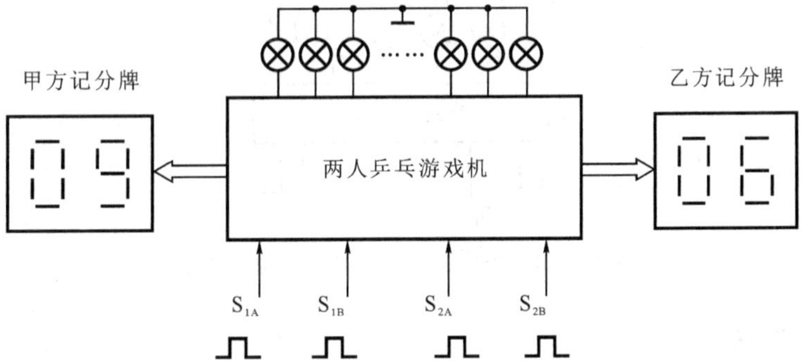

图 3.11.5　两人乒乓游戏机示意图

四、设计方法

1. 用可编程逻辑器件对以上内容进行设计。

主要参考元器件:EPF8282、共阴极七段数码显示器、发光二极管、开关、晶振、电阻、电容等。

2. 用中小规模集成电路对以上内容进行设计。

主要参考元器件:74LS194、74LS90、74LS48、LED 数码管、74LS151、集成门电路、发光二极管、开关、晶振、电阻、电容等。

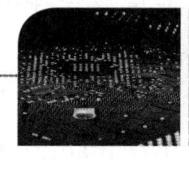

第四篇

现代电子设计技术

随着计算机技术的迅猛发展，电子技术也获得了飞速的发展，现代电子产品已渗透到了社会的各个领域。EDA（Electronic Design Automation，电子设计自动化）技术作为现代电子设计技术的核心，依靠功能强大的计算机，在 EDA 平台上，对所设计的电路自动完成逻辑编译、逻辑化简、逻辑分割、逻辑综合、布局布线以及电路功能和时序仿真测试，直至实现所要求的电子电路系统的功能。

多年的教学经验使我们深深体会到，大学阶段的电路分析、模拟电子技术、数字电子技术等课程的教学，在注重理论知识的基础上，应该强调课程的技术性和应用性，增强学生的实际电子电路设计能力以及了解和掌握最新现代电子技术设计工具的能力。为此，我们编写本篇内容，引导学生特别是电子信息类专业和通信工程类专业的学生提高电子电路的设计能力和应用能力。下面介绍一些在现代电子电路设计中常用的工具软件。

1. 电子电路设计与仿真工具。

电子电路设计与仿真工具主要包括 SPICE/PSPICE、Multisim、MATLAB、SystemView、LiveWire、Edison、Tina Pro Bright Spark 等，下面介绍其中的两个软件。

（1）SPICE 软件：SPICE 是由美国加州大学推出的电路分析仿真软件，是20 世纪 80 年代世界上应用最广的电路设计软件，1988 年被定为美国国家标准。1984 年，美国 MicroSim 公司推出了 SPICE 的微机版 PSPICE（Personal-SPICE）。在同类产品中，它是功能最为强大的模拟和数字电路混合仿真 EDA 软件，在国内被普遍使用。它可以进行各种各样的电路仿真、激励建立、温度与噪声分析、模拟控制、波形输出、数据输出,并在同一窗口内同时显示模拟与数字的仿真结果。无论对哪种器件、哪些电路进行仿真,都可以得到精确的仿真结果,并可以自行建立元器件及元器件库。

(2) Multisim 软件:Multisim 是美国国家仪器(NI)有限公司推出的以 Windows 为基础的仿真工具,适用于板级的模拟/数字电路的设计工作。它可以进行电路原理图的图形输入及电路硬件描述语言(HDL)输入,具有丰富的仿真分析能力。其版本 Multisim 9.0、Multisim 10.0、Multisim 11.0、Multisim 12.0 和 Multisim 13.0 目前都在使用,各高校教学中普遍使用的是 Multisim 10.0 和 Multisim 12.0,此外,还有针对 iPad 的 Multisim Touch 版本。

相对于其他 EDA 软件,Multisim 具有更加形象、直观的人机交互界面,特别是其仪器仪表库中的仪器仪表及操作与真实实验中的实际仪器仪表完全相同。另外,它对模数混合电路的仿真功能也毫不逊色,几乎能够 100% 仿真出真实电路的结果,并且它的仪器仪表库中还提供了万用表、函数发生器、瓦特计、示波器、波特测试仪(相当于实际实验中的扫频仪)、字发生器、逻辑分析仪、逻辑变换器、失真分析仪、光谱分析仪、网络分析仪等仪器仪表。同时,还提供了常用的各种电子元器件,比如,电阻、电容、电感、二极管、三极管、继电器、可控硅、数码管等。模拟集成电路方面有各种运算放大器和其他常用集成电路。数字电路方面有 74 系列集成电路、4000 系列集成电路等,并支持自制元器件。Multisim 还具有 IV 分析仪(相当于实际实验中的晶体管特性图示仪)和 Agilent(安捷伦)函数发生器、Agilent 万用表、Agilent 示波器和动态逻辑电平笔等。同时它还能进行硬件描述语言 VHDL 仿真和 Verilog HDL 仿真。

2. PCB(Printed Circuit Board,印制电路板)设计软件。

PCB 设计软件是电路布局布线、制板软件,它的种类很多,如 Protel、OrCAD、Viewlogic、PowerPCB、Cadence PSD、Expedition PCB、Zuken CADSTAR、Winboard、Windraft、Ivex-SPICE、PCB Studio、TANGO、PCB Wizard(与 LiveWire 配套的 PCB 制作软件包)、Ultiboard 7(与 Multisim 配套的 PCB 制作软件包)等。

目前在我国使用最多的是 Protel,Protel 是 Protel 公司(现为 Altium 公司)在 20 世纪 80 年代末推出的 CAD 工具,是 PCB 设计者的首选软件。它较早在国内使用,普及率最高,很多大中专院校的电路专业还专门开设 Protel 课程。早期的 Protel 主要作为印制电路板自动布线工具使用,其最新版本为 Protel DXP,现在普遍使用的是 Protel 99 SE。它是一个完整的全方位电子电路设计系统,功能包括原理图绘制、模拟电路与数字电路混合信号仿真、多层印制电路板设计(包含印制电路板自动布局布线)、可编程逻辑器件设计、图表生成、电路表格生成、宏操作等,并具有 Client/Server(客户/服务)体系结构,同时还兼容一些其他设计软件(如 OrCAD、PSPICE、Excel 等)的文件格式。使用多层印制电路板的自动布线,可实现高密度 PCB 的 100% 布通率。Protel 软件功能强大,界面友好,使用方便,并具有电路仿真功能和 PLD 开发功能。

3. IC(Integrated Circuit,集成电路)设计软件。

IC 设计涉及电子工程学学科和计算机工程学学科,其主要内容是运用专业的电路设计技术设计集成电路。IC 设计需运用硬件和软件两个方面的专业知识,硬件方面包括数字逻辑电路、模拟电路、高频电路的原理和应用等,软件方面包括基础的数字逻辑描述语言(如 VHDL)、微机汇编语言及 C 语言等。IC 设计工具的生产厂家很多,其中,按市场所占份额排行为 Cadence、Mentor Graphics 和 Synopsys。这三家都是 ASIC(专用集成电路)设计领域相当有名的软件供应商,其他公司的软件相对来说使用者较少。下面按用途对 IC 设计软件进行介绍。

(1) 设计输入工具。

设计输入是任何一种 EDA 软件必须具备的基本功能。比较有代表性的设计输入工具包括 Cadence 公司的 Composer、Viewlogic 公司的 Viewdraw。硬件描述语言 VHDL、Verilog HDL 是其主要设计语言,许多设计输入工具都支持 HDL。另外,如 Active-HDL 和其他的设计输入方法,包括原理和状态机输入方法,以及设计 FPGA(Field Programmable Gate Array,现场可编程门阵列)和 CPLD(Complex Programmable Logic Device,复杂可编程逻辑器件)的工具大都可作为 IC 设计的输入手段,如 Xilinx、Altera 等公司提供的开发工具 ModelSim 等。

(2) 设计仿真工具。

使用 EDA 工具的一个最大的好处是,可以验证设计是否正确。EDA 软件中都带有仿真工具。Verilog-XL、NC-Verilog 用于 Verilog 仿真,Leapfrog 用于 VHDL 仿真,Analog Artist 用于模拟电路仿真。Viewlogic 的仿真器有:Viewsim(门级电路仿真器)、SpeedWave(VHDL 仿真器)、VCS(Verilog 仿真器)。Mentor Graphics 公司的子公司 ModelTech 出品了 VHDL 和 Verilog 双仿真器 ModelSim。Cadence、Synopsys 公司用的是 VSS(VHDL 仿真器)。现在的趋势是,各大 EDA 公司都逐渐采用 HDL 仿真器作为电路验证的工具。

(3) 综合工具。

综合工具可以把 HDL 变成门级网表。在这方面,Synopsys 工具占有较大的优势,它的 Design Compiler 是一个综合的工业标准。另外,它还有产品 Behavior Compiler,可以提供更高级的综合功能。

随着 FPGA 设计的发展,各 EDA 公司又开发了用于 FPGA 设计的综合软件,比较有名的有 Synopsys 公司的 FPGA Express、Cadence 公司的 Synplity 和 Mentor Graphics 公司的 Leonardo Spectrum。这三家的 FPGA 综合软件占据

了市场的绝大部分。

（4）布局布线工具。

在 IC 设计的布局布线工具中，Cadence 软件是比较强的，它有很多产品，用于标准单元、门阵列，实现交互布线。最有名的是 Cadence Spectra，它原来是用于 PCB 布线的，后来用来实现 IC 的布线。其主要工具有：Silicon Ensemble（标准单元布线器）、Gate Ensemble（门阵列布线器）、Design Planner（布局工具）。其他各 EDA 软件开发公司也提供了各自的布局布线工具。

（5）物理验证工具。

物理验证工具包括板图设计工具、板图验证工具、板图提取工具等。在这方面，Cadence 软件也是很强的，其 Dracula、Virtuso、Vampire 等物理工具拥有很多的用户。

4. PLD(Programmable Logic Device，可编程逻辑器件)设计工具。

PLD 是一种由用户根据需要而自行构造逻辑功能的数字集成电路。目前主要有 CPLD 和 FPGA 两大类型。它们的基本设计方法是借助于 EDA 软件，用原理图、状态机、布尔表达式、硬件描述语言等，生成相应的目标文件，最后通过下载电缆或编程器，将目标文件下载到目标器件上，在目标器件上实现各种功能。生产 PLD 的厂家有很多，最有代表性的为 Altera、Xilinx 和 Lattice 公司。

PLD 是一种可以完全替代 74 系列集成电路及 GAL（通用陈列逻辑）、PLA（可编程逻辑陈列）器件的新型电路。只要有数字电路基础，会使用计算机，就可以进行 PLD 的开发。PLD 的在线编程功能和强大的开发软件，使工程师可以几天，甚至几分钟内就完成以往几周才能完成的工作，并可将数百万门的复杂设计集成在一个芯片内。PLD 技术在发达国家已成为电子工程师必备的技术。

PLD 的开发工具一般由器件生产厂家提供，但随着器件规模的不断增加，软件的复杂性也随之提高，目前由专门的软件公司与器件生产厂家合作，推出了功能强大的设计软件。下面介绍主要器件的生产厂家和开发工具。

（1）Altera。

自 20 年前发明世界上第一个可编程逻辑器件开始，Altera 公司秉承了创新的传统，是世界上"可编程芯片系统"（SOPC）解决方案的倡导者。Altera 结合带有软件工具的可编程逻辑技术、知识产权（IP）和技术服务，在世界范围内为 14 000 多个客户提供了高质量的可编程解决方案。Altera 公司的主流 FPGA 产品分为两大类：一种侧重低成本应用，容量中等，性能可以满足一般的逻辑设计要求，如 Cyclone、Cyclone Ⅱ；还有一种侧重于高性能应用，容量大，性能可以满足各类高端应用，如 Startix、Stratix Ⅱ 等。

Altera 的 FPGA 开发工具为 Maxplus Ⅱ 和 Quartus Ⅱ。Maxplus Ⅱ 作为 Altera 的上一代 PLD 设计软件,由于其出色的易用性而得到了广泛的应用。目前,Altera 已经停止了对 Maxplus Ⅱ 的更新支持,Quartus Ⅱ 与之相比,不仅改变了图形界面,而且有更加丰富的器件类型。

Quartus Ⅱ 中包含了许多诸如 SignalTap Ⅱ、Chip Editor 和 RTL Viewer 的设计辅助工具,集成了 SOPC 和 HardCopy 设计流程,并且继承了 Maxplus Ⅱ 友好的图形界面及简便的使用方法。Quartus Ⅱ 是 Altera 公司的综合性 PLD 开发软件,支持原理图、VHDL、Verilog HDL 以及 AHDL 等多种设计输入形式,内嵌综合器以及仿真器,可以完成从设计输入到硬件配置的完整 PLD 设计流程。

Quartus Ⅱ 具有运行速度快、界面统一、功能集中、易学易用等特点,完美支持 Windows、Linux 以及 Unix 等系统,其强大的设计能力和直观易用的接口,受到越来越多数字系统设计者的欢迎。

与以前的版本相比,Quartus Ⅱ 13.0 支持面向高端 28 nm Stratix Ⅴ FP-GA 和 SoC(System on Chip,片上系统)的设计,可将最难收敛的设计编译时间平均缩短 50%,提高了设计人员的效率。新版本全面支持面向 Stratix Ⅴ FP-GA 的设计,实现了业界所有 FPGA 中最快的系统最高运算速度,比起同类竞争产品有两个速率等级的优势。

Altera 的 Quartus Ⅱ 可编程逻辑软件属于第四代 PLD 开发平台。该平台支持一个工作组环境下的设计要求,其中包括支持基于 Internet 的协作设计。Quartus 平台与 Cadence、Exemplar Logic、Mentor Graphics、Synopsys 和 Synplicity 等 EDA 供应商的开发工具兼容。Altera 公司提供较多形式的设计输入手段,绑定第三方 VHDL 综合工具,如综合软件 Synplify Pro、FPGA Express、Leonardo Spectrum,以及仿真软件 ModelSim。

SOPC Builder:配合 Quartus Ⅱ,可以完成集成 CPU 的 FPGA 芯片的开发工作。

DSP Builder:Quartus Ⅱ 与 MATLAB 的接口,利用 IP 核在 MATLAB 中快速完成数字信号处理的仿真和最终的 FPGA 实现。

(2) Xilinx。

Xilinx 是 FPGA 的发明者,其产品种类很多,主要有 XC9500/4000、Cool-Runner(XPLA3)、Spartan、Vertex 等系列,其中最大的系列 Vertex-Ⅱ Pro 的器件已达到 800 万门,开发软件为 Foundation 和 ISE。通常来说,在欧洲用 Xilinx 产品的人较多,在亚太地区用 Altera 产品的人较多,在美国则是平分秋色。全球 PLD/FPGA 产品 60% 以上是由 Altera 和 Xilinx 提供的,可以说 Altera 和 Xilinx 共同决定了 PLD 技术的发展方向。

（3）Lattice。

Lattice 是 ISP（In-System Programmability，在线可编程）技术的发明者，ISP 技术极大地促进了 PLD 产品的发展。与 Altera 和 Xilinx 相比，Lattice 的开发工具比 Altera 和 Xilinx 略逊一筹。中小规模 PLD 比较有特色，大规模 PLD 的竞争力还不够强（Lattice 没有基于查找表技术的大规模 FPGA）。1999 年，Lattice 公司推出可编程模拟器件，1999 年收购 Vantis 公司（原 AMD 子公司），成为第三大可编程逻辑器件供应商，主要产品有 ispLSI 2000/5000/8000、MACH 4/5。

（4）Actel。

Actel 是反熔丝（一次性烧写）PLD 的领导者。由于反熔丝 PLD 抗辐射、耐高低温、功耗低、速度快，所以，在军品和宇航级市场上有较大优势。Altera 和 Xilinx 则一般不涉足军品和宇航级市场。

本篇主要介绍三种常用的电子设计工具软件——Multisim 12.0、Quartus Ⅱ 13.0 和 Altium Designer 2015。读者在前三篇中所做的实验项目都可以用这三种工具软件进行仿真实验，试比较实际硬件电路实验所测量的数据和仿真数据之间的异同。

第1章 Multisim 12.0 及其应用

Multisim 是加拿大 Interactive Image Technologies 公司推出的 Windows 环境下的电路仿真软件,是广泛应用的 EWB(Electronics Workbench,电子工作台)的升级版,不仅具备电路的瞬态分析和稳态分析、时域和频域分析、噪声分析和直流分析等基本功能,而且还提供了离散傅里叶分析、电路零极点分析、交直流灵敏度分析和电路容差分析等电路分析方法,并具有故障模拟和数据储存等功能。Multisim 12.0 提供了全面集成化的设计环境,可以完成从原理图设计输入、电路仿真分析到电路功能测试等工作。Multisim 12.0 的软件特点是:(1)用户可以根据自己的需求制造出真正属于自己的仪器;(2)所有的虚拟信号都可以通过计算机输出到实际的硬件电路中;(3)所有硬件电路产生的结果都可以输回到计算机中进行处理和分析。

Multisim 12.0 的安装:购买或从网上下载 Multisim 12.0 压缩包,然后解压到计算机的一个磁盘里,形成文件夹,打开文件夹,找到里面的下载地址,并双击下载地址,出现"另存为"对话框,选择一个存放路径,单击"保存"按钮,开始下载,通常是 568 MB。双击下载好的程序,开始安装,按照安装提示进行,直至安装完成。

1.1　Multisim 12.0 基本操作

1.1.1　Multisim 12.0 基本界面

启动 Multisim 12.0 后,将出现图 4.1.1 所示的主窗口界面。界面由多个部分构成:菜单栏、工具栏、元器件栏、仪器仪表栏、电路输入窗口、状态栏等。通过对各部分的操作可以实现电路图的输入、编辑,并可根据需要对电路进行相应的观测和分析。用户可以通过菜单或工具栏改变主窗口的视图内容。

1.1.2　Multisim 12.0 菜单栏

菜单栏位于界面的上方,如图 4.1.1 所示,菜单栏包括了该软件的所有操作命令,从左至右为"文件""编辑""视图""绘制""MCU""仿真""转移""工具""报告""选项""窗口"和"帮助"。下面介绍几个主要菜单:

(1)"文件"菜单。"文件"菜单中包含了对文件和项目的基本操作以及打印等命令,如图 4.1.2 所示。

(2)"编辑"菜单。"编辑"菜单提供了类似于图形编辑软件的基本编辑功能,用于对电路图进行编辑,如图 4.1.3 所示。

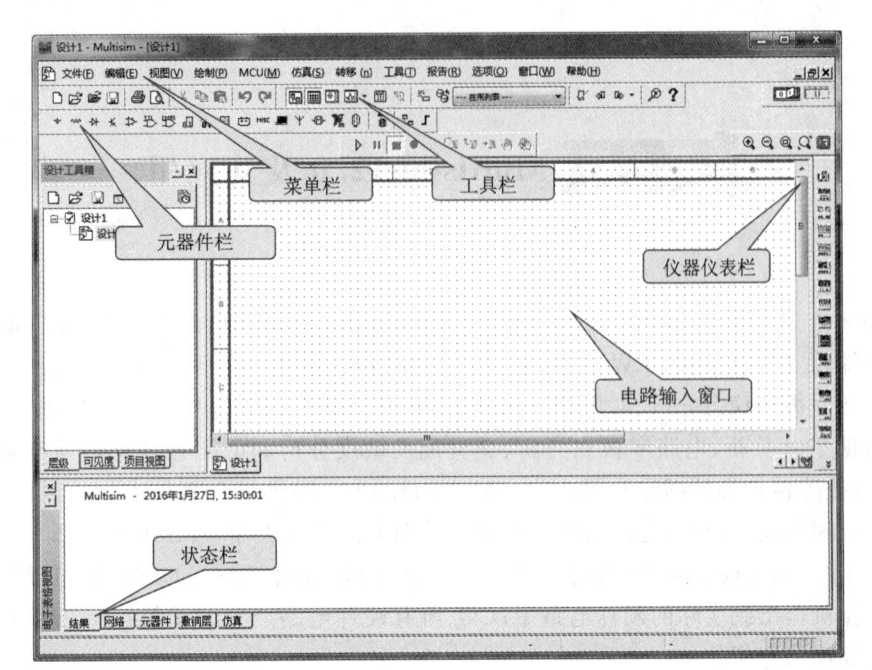

图 4.1.1　Multisim 12.0 主窗口界面

（3）"视图"菜单。通过"视图"菜单可以决定使用软件时的视图，对一些工具栏和窗口进行控制，如图 4.1.4 所示。

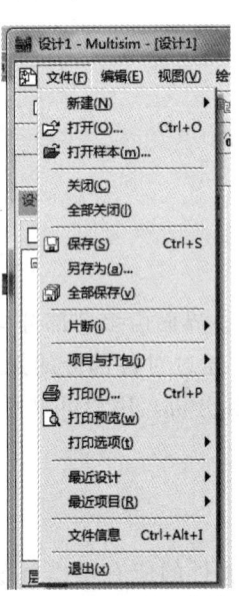

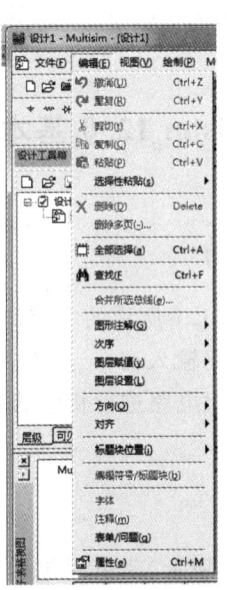

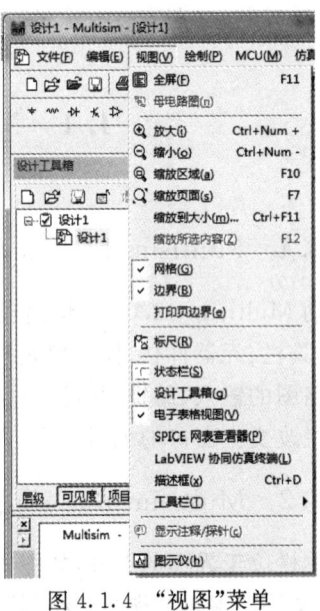

图 4.1.2　"文件"菜单　　　图 4.1.3　"编辑"菜单　　　图 4.1.4　"视图"菜单

（4）"绘制"菜单。通过"绘制"菜单中的命令可以输入电路图，如图 4.1.5 所示。

（5）"MCU"菜单。通过"MCU"菜单可以与单片机进行协同仿真，如图 4.1.6 所示。

（6）"仿真"菜单。通过"仿真"菜单可以执行仿真分析命令，如图 4.1.7 所示。

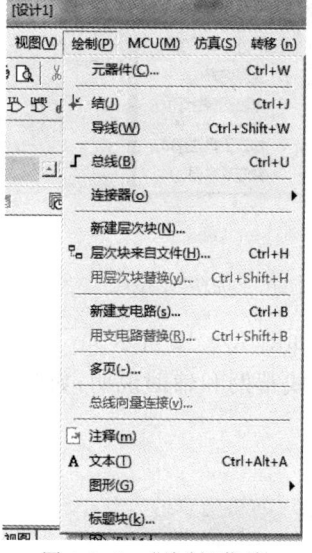

图 4.1.5 "绘制"菜单

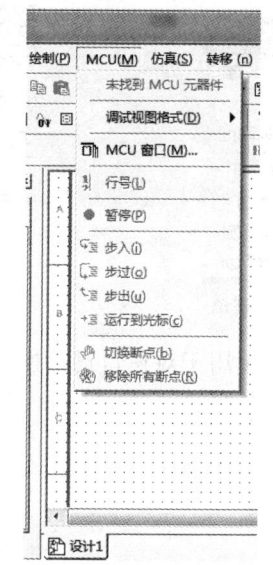

图 4.1.6 "MCU"菜单

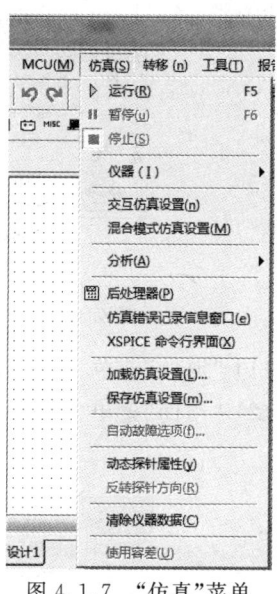

图 4.1.7 "仿真"菜单

（7）"转移"菜单。"转移"菜单提供的命令可以完成 Multisim 转移到其他 EDA 软件需要的文件格式的输出，如图 4.1.8 所示。

（8）"工具"菜单。"工具"菜单中主要包括元器件的编辑与管理命令，如图 4.1.9 所示。

图 4.1.8 "转移"菜单

图 4.1.9 "工具"菜单

（9）"报告"菜单。"报告"菜单用于生产各种报告，如图 4.1.10 所示。

（10）"选项"菜单。通过"选项"菜单可以对软件的运行环境进行定制和设置，如图 4.1.11 所示。

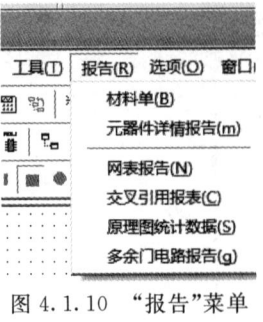

图 4.1.10 "报告"菜单

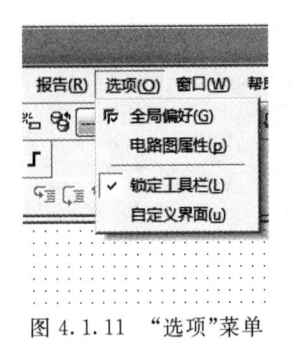

图 4.1.11 "选项"菜单

（11）"窗口"菜单。"窗口"菜单用于对窗口进行操作，如图 4.1.12 所示。

（12）"帮助"菜单。"帮助"菜单提供了 Multisim 的在线帮助和辅助说明，如图 4.1.13 所示。

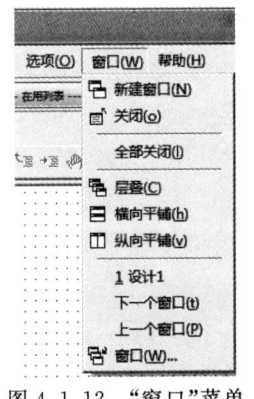

图 4.1.12 "窗口"菜单

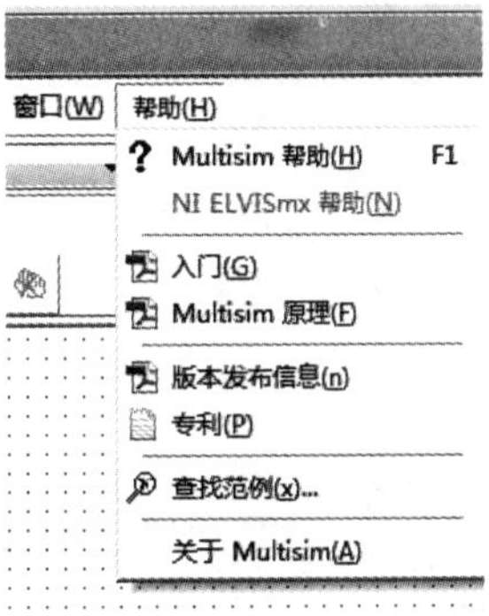

图 4.1.13 "帮助"菜单

1.1.3 Multisim 12.0 元器件栏

Multisim 12.0 提供了丰富的元器件库，工具栏的下面为常用的元器件栏，将鼠标放置在任一图标上，即可显示出对应元器件库的名称。元器件栏如图 4.1.14 所示，从左到右依次是电源、基本元器件、二极管、晶体管、模拟器件、TTL 集成电路、CMOS 集成电路、其他数字器件、混合器件、指示器件、功率元器件、其他器件库、高级外设库、射频器件库、电机类器件库、NI 元器件、连接器、MCU、插入块、总线等。

图 4.1.14 元器件栏

也可以在菜单栏中单击"绘制"→"元器件"选择，则出现图 4.1.15 所示的元器件数据库窗口，从中可以选择需要的元器件。

1.1.4 Multisim 12.0 仪器仪表栏

Multisim 12.0 的仪器仪表栏提供了 22 个常用仪器仪表，如图 4.1.16 所示，依次为万用表、函数发生器、瓦特计、示波器、4 通道示波器、波特测试仪、频率计数器、字发生器、逻辑变换器、逻辑分析仪、IV 分析仪、失真分析仪、光谱分析仪、网络分析仪、Agilent 函数发生器、Agilent 万用表、Agilent(泰克)示波器、Tektronix 示波器、测量探针、LabVIEW 仪器、NI 仪器以及电流探针。

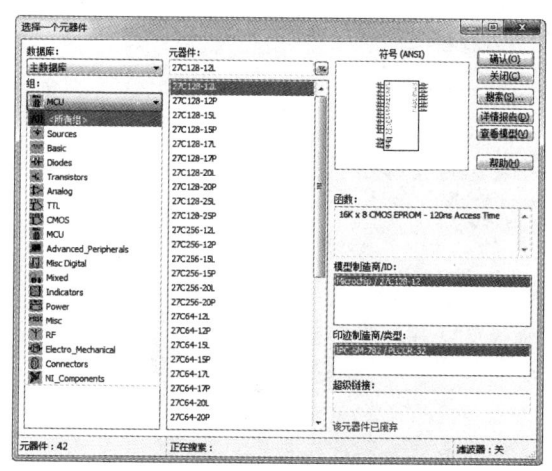

图 4.1.15　元器件数据库窗口

图 4.1.16　仪器仪表栏

1.2　Multisim 12.0 仪器仪表的使用

1.2.1　仪器仪表的基本操作

1.2.1.1　仪器仪表的选用与连接

(1) 仪器仪表的选用。

从仪器仪表栏中用鼠标将所选用的仪器仪表图标拖放到电路输入窗口中即可,类似元器件的拖放。

(2) 仪器仪表的连接。

将仪器仪表图标上的连接端(接线柱)与相应电路的连接点相连,连线过程类似元器件的连线。

1.2.1.2　仪器仪表参数的设置

双击仪器仪表图标,打开仪器仪表面板,可以用鼠标操作仪器仪表面板上的相应按钮或在参数设置对话框中设置数据。

在测量或观察过程中,可以根据测量或观察结果来改变仪器仪表参数的设置,如示波器、逻辑分析仪等。

1.2.2 万用表(XMM1)

Multisim 12.0 提供的万用表外观和操作与实际的万用表相似,可以测交直流电流、交直流电压、电阻和电路中两点之间的分贝损耗。万用表有正极和负极两个连接端。用鼠标双击万用表图标,可以放大万用表面板。用鼠标单击万用表面板上的"设置"按钮,则弹出"万用表设置"对话框,可以设置万用表的电流表(安培计)电阻、电压表(伏特计)电阻、欧姆表(欧姆计)电流及测量范围等参数,如图 4.1.17 所示。

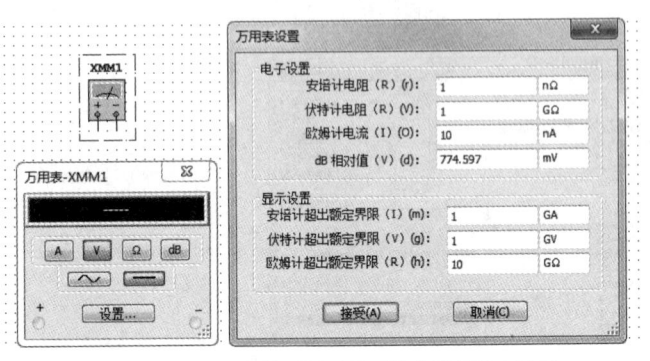

图 4.1.17 万用表面板及"万用表设置"对话框

1.2.3 函数发生器(XFG1)

Multisim 12.0 的函数发生器提供产生正弦波、三角波和矩形波三种不同波形信号的电压信号源。用鼠标双击函数发生器图标,可以放大函数发生器面板,如图 4.1.18 所示。函数发生器的输出波形、工作频率、占空比、振幅和直流偏置的设置,可用鼠标单击波形选择按钮和在各参数设置框中设置相应的参数来实现。频率设置范围为 1 fHz~1 000 THz,占空比调整范围为 1%~99%,振幅(峰值)设置范围为 1 fV~1 000 TV,偏置设置范围为 -999 fV~1 000 TV。

1.2.4 瓦特计(XWM1)

Multisim 12.0 提供的瓦特计用来测量电路的交流或者直流功率,用鼠标双击瓦特计的图标可以放大瓦特计面板,如图 4.1.19 所示。电压输入端与测量电路并联连接,电流输入端与测量电路串联连接。

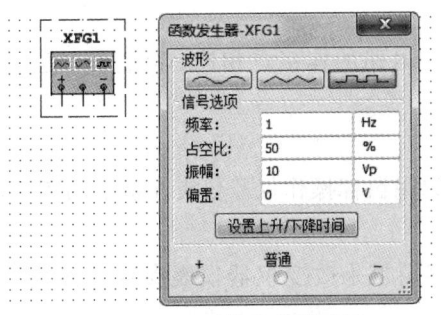

图 4.1.18 函数发生器面板

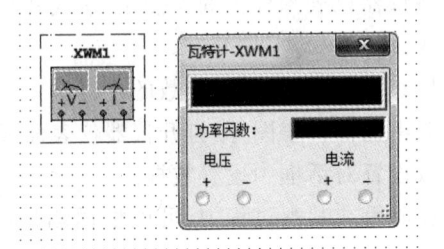

图 4.1.19 瓦特计面板

1.2.5　示波器(XSC1)

示波器是用来显示电信号波形的形状、大小、频率等参数的仪器。Multisim 12.0 提供的示波器与实际的示波器外观和基本操作基本相同,可以观察一路或两路信号波形的形状,分析被测周期信号的幅度和频率。用鼠标双击示波器图标,可以放大示波器面板,如图4.1.20 所示,示波器面板中各按键的作用、调整方法及参数设置与实际的示波器类似。示波器上有 A 通道输入、B 通道输入、外触发端三个连接端。

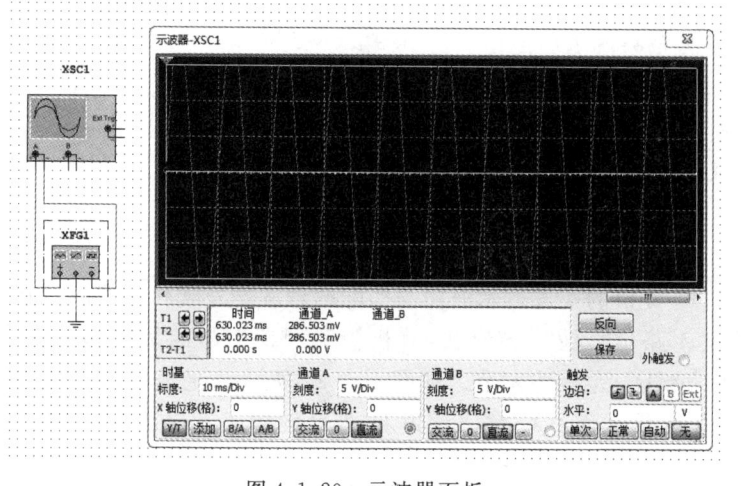

图 4.1.20　示波器面板

示波器的控制面板可以进行以下设置。

(1) 时间基准控制部分的调整。

① 时间基准设置。

"标度"项:设置 X 轴刻度显示的示波器的时间基准,其基准范围为 1 fs/Div～1 000 Ts/Div。

② X 轴位置控制。

"X 轴位移(格)"项:控制 X 轴的起始点。当"X 轴位移(格)"值调到 0 时,信号从显示器的左边缘开始,正值使起始点右移,负值使起始点左移,调节范围为−5.00～+5.00。

③ 显示方式设置。

"Y/T"按钮设置 X 轴显示时间,Y 轴显示电压值;"添加"按钮设置 X 轴显示时间,Y 轴显示 A 通道和 B 通道电压之和;"B/A"或"A/B"按钮设置 X 轴和 Y 轴都显示电压值。

(2) 通道 A 的设置。

① Y 轴刻度设置。

"刻度"项:Y 轴电压刻度,范围为 1 fV/Div～1 000 TV/Div,可以根据输入信号大小来选择 Y 轴刻度值的大小,使信号波形在示波器显示屏上显示出合适的幅度。

② Y 轴位置控制。

"Y 轴位移(格)"项:控制 Y 轴的起始点。当"Y 轴位移(格)"值调到 0 时,Y 轴的起始点与 X 轴重合,如果将该值增加到 1.00,Y 轴原点位置从 X 轴向上移一格,若将该值减小到−1.00,Y 轴原点位置从 X 轴向下移一格,调节范围为−3.00～+3.00。改变 A、B 通道的 Y 轴位置有助于比较或分辨两个通道的波形。

③ 触发耦合方式设置。

触发耦合方式有交流耦合、0 耦合、直流耦合。"交流"按钮设置只显示交流分量,"直流"按钮设置显示直流和交流之和,"0"按钮设置在 Y 轴原点处显示一条直线。

(3) 通道 B 的设置。

通道 B 的 Y 轴刻度、起始点、耦合方式等项内容的设置与通道 A 相同。

(4) 触发方式的调整。

"边沿"项:设置被测信号开始的边沿,包括上升沿、下降沿、通道 A 触发信号、通道 B 触发信号、Ext 外触发信号等类型按钮。

"水平"项:设置触发信号的电平,使触发信号在某一电平时启动扫描。

触发信号选择:"单次"按钮设置单次脉冲触发,"正常"按钮设置正常脉冲触发,"自动"按钮设置自动脉冲触发,"无"按钮设置无触发信号。

1.2.6　4 通道示波器(XSC1)

Multisim 12.0 提供的 4 通道示波器与实际的示波器外观和基本操作基本相同,该示波器可以同时观察 4 路信号波形的形状,分析被测周期信号的幅度和频率,时间基准可在 1 fs/Div～1 000 Ts/Div 范围内调节。如图 4.1.21 所示,4 通道示波器有 6 个连接点:输入通道 A、输入通道 B、输入通道 C、输入通道 D、外触发端 T 和接地端 G。使用方法与双通道示波器类似。

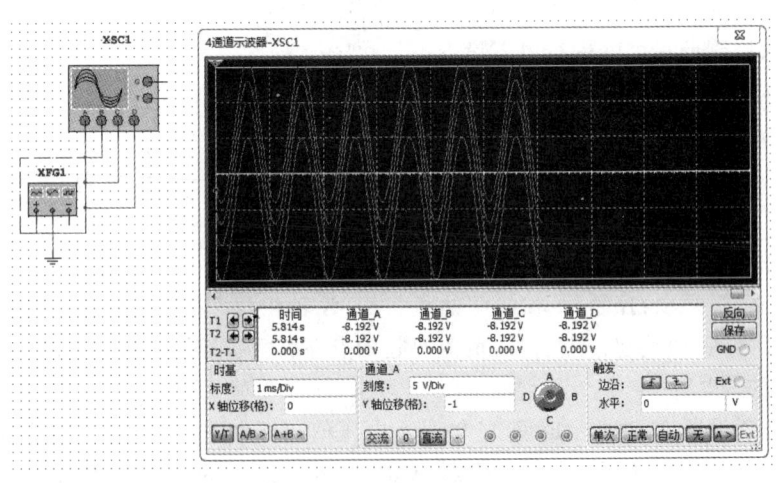

图 4.1.21　4 通道示波器面板

1.2.7　波特测试仪(XBP1)

利用波特测试仪可以方便地测量和显示电路的频率响应,波特测试仪适合于分析滤波电路的频率特性,特别适合于观察截止频率。需要连接两路信号,IN 端连接电路的输入端,OUT 端连接电路的输出端,需要在电路的输入端接交流信号。

如图 4.1.22 所示,波特测试仪面板中可以进行幅值或相位的选择、水平方向设置、垂直方向设置、显示方式设置("对数"或"线性"),面板中的"F"指的是终值,"I"指的是初值。在波特测试仪的面板上,可以直接设置水平和垂直方向的坐标及其参数。

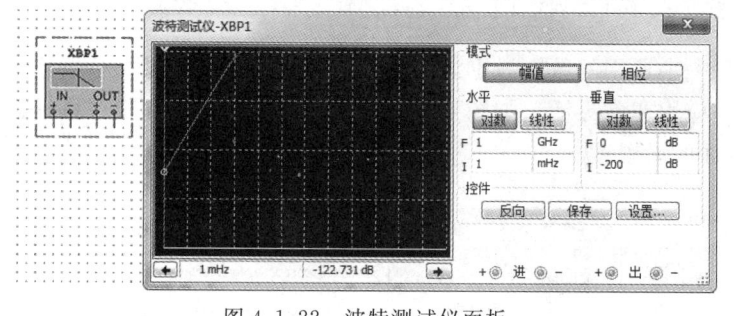

图 4.1.22　波特测试仪面板

打开仿真开关,选择"幅值"模式,在波特图观察窗口中可以看到幅频特性曲线,如图 4.1.22 所示,可以调整水平幅值初值 I 和终值 F;选择"相位"模式,可以在波特图观察窗口中显示相频特性曲线,如图 4.1.23 所示,同理可调整相频特性纵轴相位范围的初值 I 和终值 F。

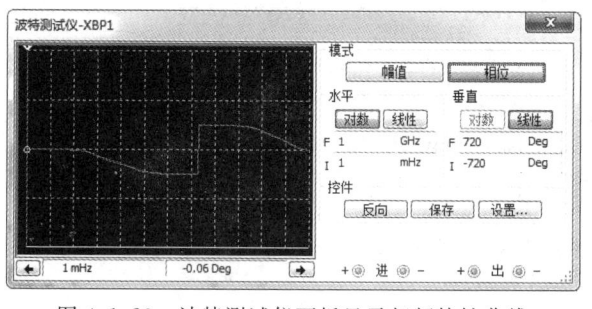

图 4.1.23　波特测试仪面板显示相频特性曲线

1.2.8　频率计数器(XFC1)

频率计数器主要用来测量信号的频率、周期、相位,脉冲信号的上升沿和下降沿。频率计数器面板以及参数设置如图 4.1.24 所示。使用过程中应注意根据输入信号的幅度调整频率计数器的灵敏度和触发电平。

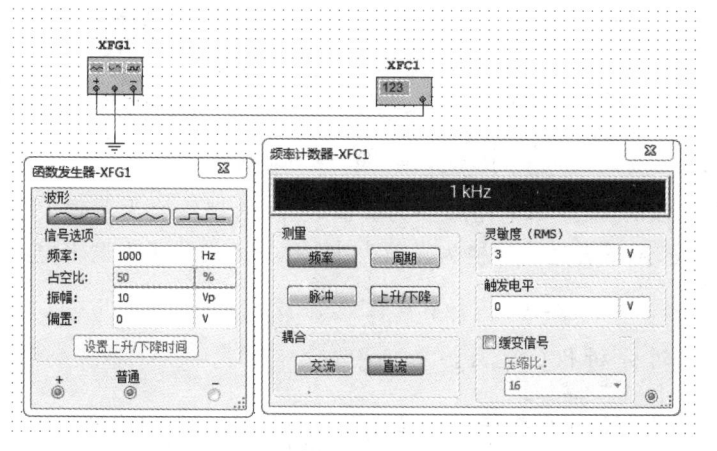

图 4.1.24　频率计数器面板及参数设置

1.2.9　字发生器(XWG1)

字发生器是一个通用的数字激励源编辑器,可以以多种方式产生 32 位的字符串,在数字电路的测试中应用非常灵活。如图 4.1.25 所示,信号发生器面板中可进行控件、显示、触发、频率四个方面的设置。

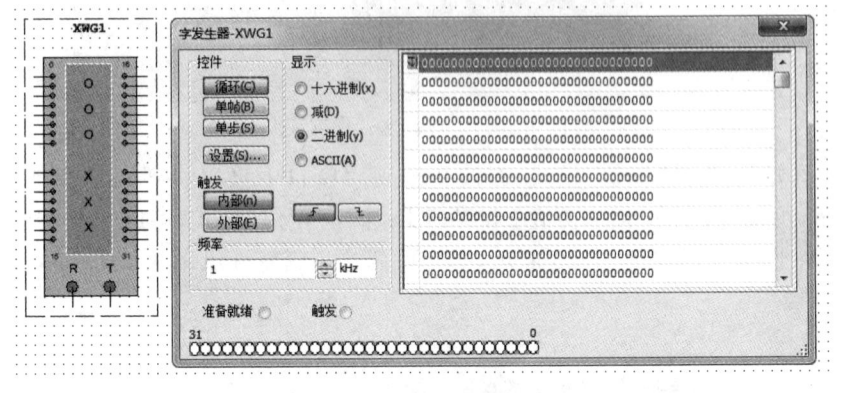

图 4.1.25　字发生器面板

1.2.10　逻辑变换器(XLC1)

Multisim 12.0 提供了一种虚拟仪器——逻辑变换器。实际实验中没有这种仪器,逻辑变换器可以在逻辑电路、真值表和逻辑表达式之间进行转换,有 8 路信号输入端、1 路信号输出端,如图 4.1.26 所示。

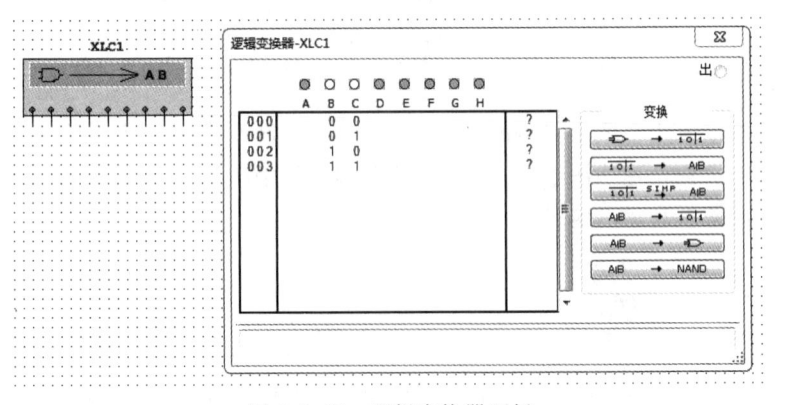

图 4.1.26　逻辑变换器面板

6 种转换功能依次是:逻辑电路转换为真值表、真值表转换为逻辑表达式、真值表转换为最简逻辑表达式、逻辑表达式转换为真值表、逻辑表达式转换为逻辑电路、逻辑表达式转换为与非门电路。

1.2.11　逻辑分析仪(XLA1)

逻辑分析仪用于对数字逻辑信号的高速采集和时序分析,可以同步记录和显示 16 路数字信号。逻辑分析仪面板如图 4.1.27 所示。逻辑分析仪的连接端有:16 路信号输入端、外接时钟端 C、时钟限制端 Q 以及触发限制端 T。

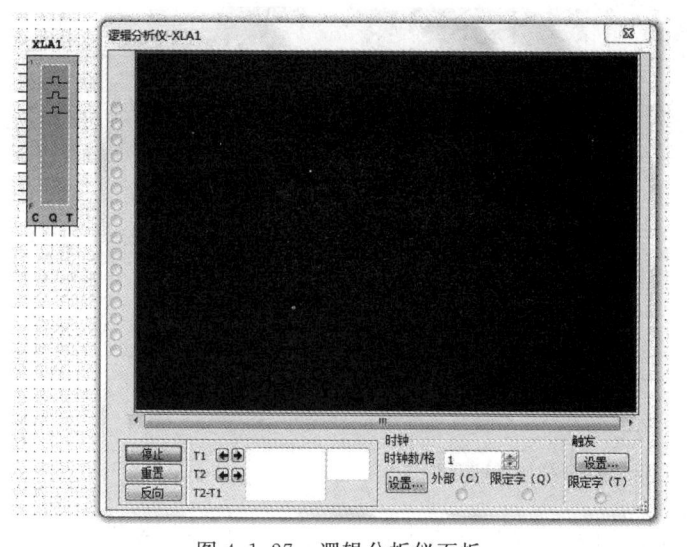

图 4.1.27 逻辑分析仪面板

逻辑分析仪面板分上、下两个部分,上半部分是显示区域,下半部分是逻辑分析仪的控制区域,控制信号有:"停止""重置""反向""时钟"和"触发"设置。

单击图 4.1.27 中"时钟"选项组的"设置"按钮,弹出"时钟设置"对话框,如图 4.1.28(a)所示,在"时钟源"选项组中可以选择类型为"外部"或"内部",时钟频率范围为 1 Hz～100 MHz,采样设置包括预触发样本、后触发样本和阈值电压设置。

单击图 4.1.27 中"触发"选项组中的"设置"按钮,打开"触发设置"对话框,如图 4.1.28(b)所示。触发器时钟脉冲边沿包括"正""负""两者"三个选项。触发模式包括"模式 A""模式 B""模式 C"和"触发组合",在"触发组合"下拉列表中有 21 种触发组合可以选择。

(a)   (b)

图 4.1.28 逻辑分析仪时钟与触发设置

1.2.12 IV 分析仪(XIV1)

IV 分析仪用来分析二极管、PNP 和 NPN 晶体管、PMOS 和 CMOSFET 的电流和电压特性。注意:IV 分析仪只能够测量未连接到电路中的元器件。IV 分析仪面板如图 4.1.29所示。

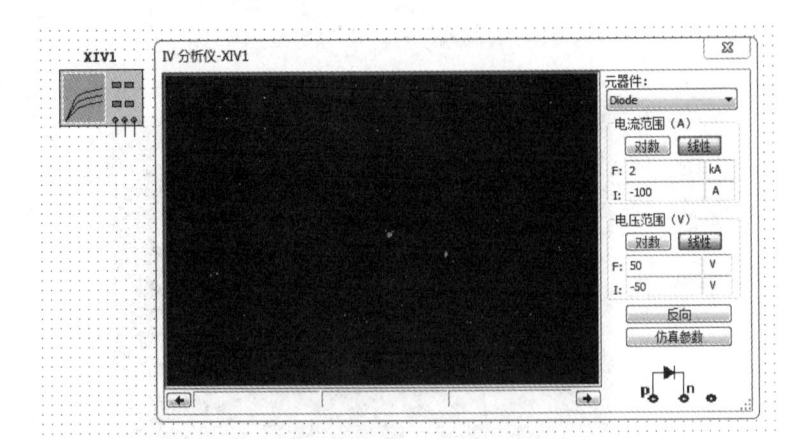

图 4.1.29　IV 分析仪面板

1.2.13　失真分析仪(XDA1)

失真分析仪专门用来测量电路的信号失真度,失真分析仪提供的频率范围为 1 Hz～4 GHz。失真分析仪面板最上方给出测量失真度的提示信息和测量值,在"控件"选项组中,"THD"按钮设置总谐波失真分析,"SINAD"按钮设置信噪比分析,"设置"按钮设置分析参数。单击"设置"按钮可弹出相应的"设置"对话框,如图 4.1.30 所示。

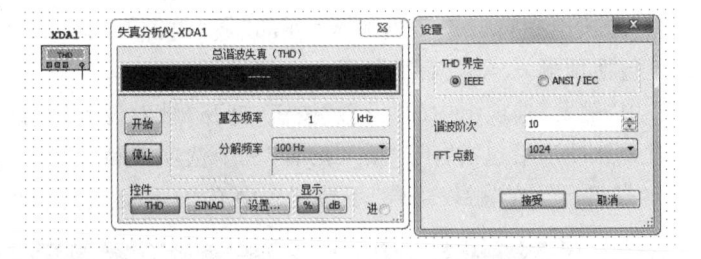

图 4.1.30　失真分析仪面板及设置

1.2.14　光谱分析仪(XSA1)

光谱分析仪(即频谱分析仪)用来分析信号的频域特性,Multisim 12.0 提供的频率范围上限为 4 GHz。光谱分析仪面板如图 4.1.31 所示。

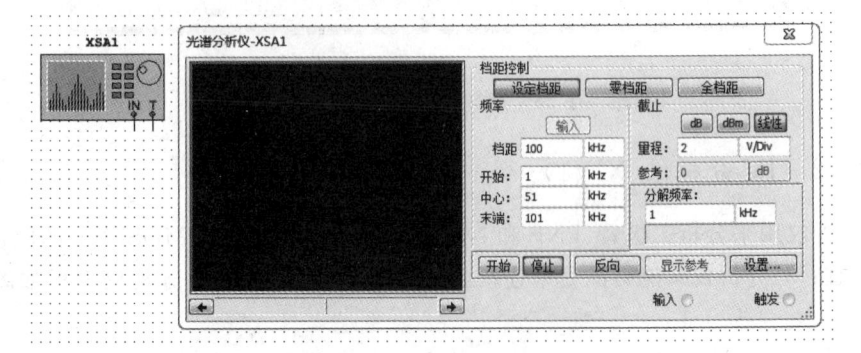

图 4.1.31　光谱分析仪面板

光谱分析仪面板分以下几部分：

(1)"档距控制"选项组：当选择"设定档距"时，频率范围由频率区域设定；当选择"零档距"时，频率范围仅由"频率"选项组的"中心"栏中设定的中心频率确定；当选择"全档距"时，频率范围设定为 0～4 GHz。

(2)"频率"选项组："档距"栏设定频率范围，"开始"栏设定起始频率，"中心"栏设定中心频率，"末端"栏设定终止频率。

(3)"截止"选项组：当选择"dB"时，纵坐标刻度单位为 dB；当选择"dBm"时，纵坐标刻度单位为 dBm；当选择"线性"时，纵轴以线性刻度来显示。

(4)"分解频率"选项组：可以设定频率分辨率，即能够分辨的最小谱线间隔。

(5)控制区：当选择"开始"时，启动分析；当选择"停止"时，停止分析；当选择"设置"时，选择触发源是内部触发还是外部触发，以及触发模式是连续触发还是单次触发。

(6)频谱图区：频谱图显示在光谱分析仪面板左侧区域，利用游标可以读取其每点的数据并显示在面板右侧下部的数字显示区域中。

1.2.15 网络分析仪(XNA1)

网络分析仪是一种用来分析双端口网络的仪器，它可以测量衰减器、放大器、混频器、功率分配器等电子电路及元器件的特性。Multisim 12.0 提供的网络分析仪可以测量电路的 S 参数并计算出 H、Y、Z 参数。网络分析仪面板如图 4.1.32 所示。

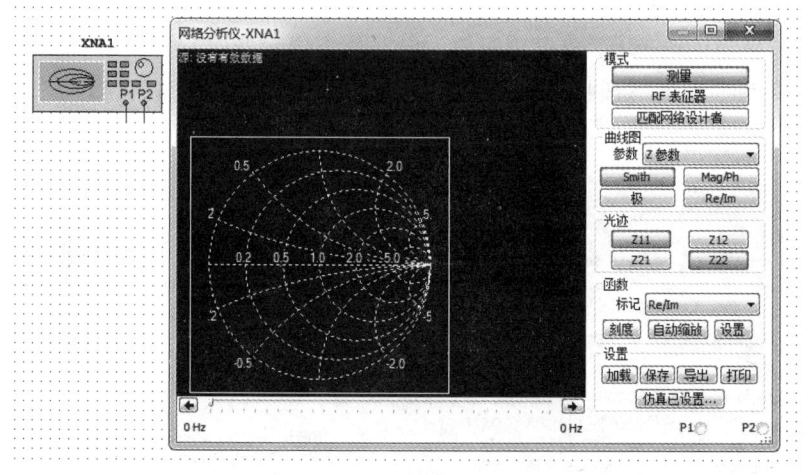

图 4.1.32 网络分析仪面板

另外还有 Agilent 函数发生器、Agilent 万用表、Agilent 示波器以及 Tektronix 示波器，其使用方法与上面介绍的类似仪器相似。

1.2.16 测量探针和电流探针

Multisim 12.0 提供测量探针和电流探针。在电路仿真时，将测量探针和电流探针连接到电路中的测量点，测量探针可测量出该点的电压和频率值，电流探针可测量出该点的电流值。

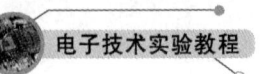

1.3 Multisim 12.0 应用实例——单级放大电路的仿真

Multisim 12.0 为用户提供了数量众多的元器件,被分门别类地存放在多个元器件库中。在绘制电路图时,只需打开元器件库,再用鼠标左键选中要用的元器件,并拖放到电路输入窗口即可。当光标移动到元器件的管脚时,会自动产生一个带十字的黑点,表示进入连线状态,单击鼠标左键确认后,移动鼠标到另一个元器件的管脚上,再次单击鼠标左键即实现了元器件管脚之间的连线。连接电路原理图既方便又快捷,就像在计算机上进行实验一样。

Multisim 12.0 还为用户提供了多种分析方法,包括直流工作点分析(DC Operating Point Analysis)、交流分析(AC Analysis)、瞬态分析(Transient Analysis)、傅里叶分析(Fourier Analysis)、失真分析(Distortion Analysis)、噪声分析(Noise Analysis)、直流扫描分析(DC Sweep Analysis)、参数扫描分析(Parameter Sweep Analysis)等。

通过单级放大电路的仿真实例,熟悉 Multisim 12.0 软件的使用方法,掌握放大电路静态工作点的仿真方法及其对放大电路性能的影响,并学习放大电路静态工作点、电压放大倍数、输入电阻、输出电阻的仿真方法,以及交流放大电路的特性。

仿真实验步骤如下:

(1) 启动 Multisim 12.0,放置单级放大电路所需的元器件。

① 单击菜单栏上的"绘制"→"元器件",弹出图 4.1.33 所示的"选择一个元器件"对话框。

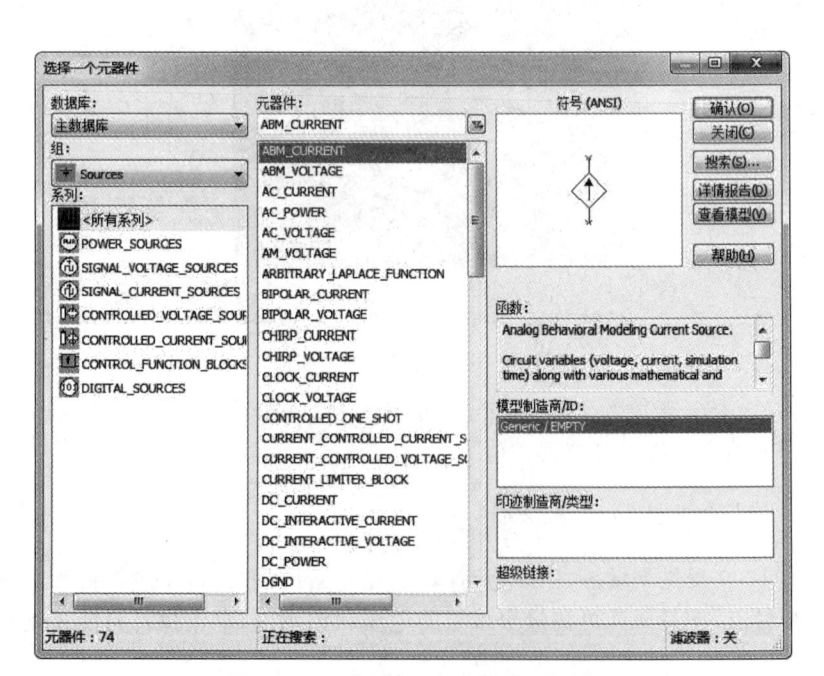

图 4.1.33 "选择一个元器件"对话框

② 在对话框的"组"下拉列表中选择"Basic",如图 4.1.34 所示。

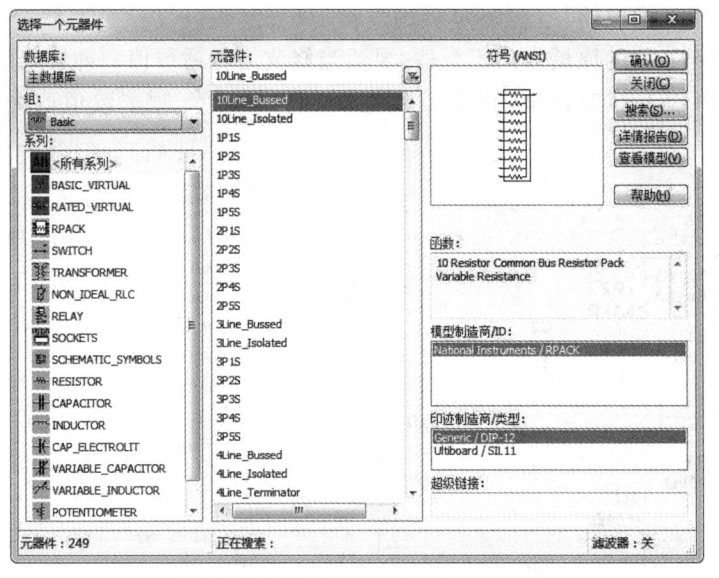

图 4.1.34　选择"Basic"组元器件库

③ 选中对话框"系列"列表框中的"RESISTOR"(电阻元件库),在右边列表中选中"51 kΩ"电阻,单击"确认"按钮。此时该电阻随鼠标一起移动,在电路输入窗口的适当位置处单击鼠标左键,放置这个电阻元件。同理,把 5.1 kΩ、20 kΩ、1.8 kΩ、1.5 kΩ 的电阻放入电路输入窗口,如图 4.1.35 所示。

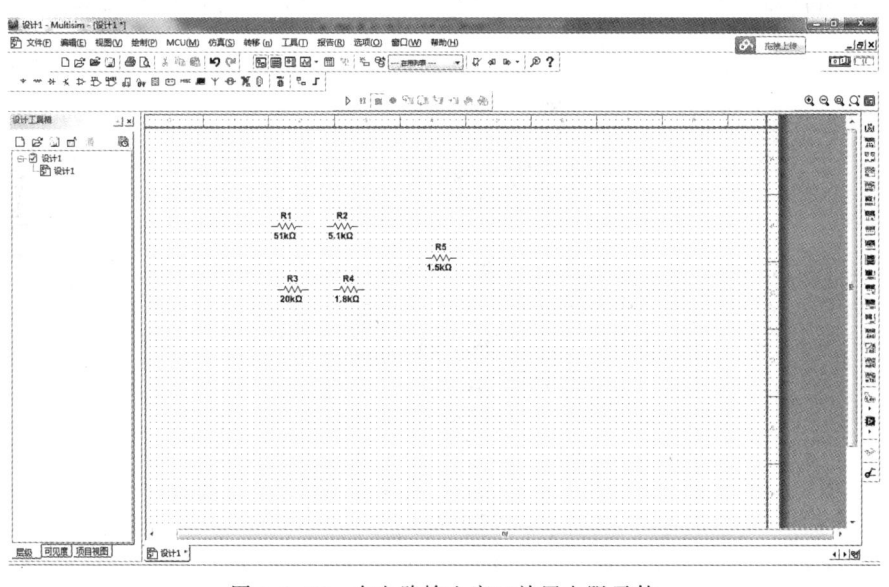

图 4.1.35　在电路输入窗口放置电阻元件

④ 再选取 10 μF 电容"CAPACITOR"两个、47 μF 电容一个、滑动变阻器"POTENTI-OMETER"(型号 200K)一个、100 Ω 电阻一个、三极管"BJT_NPN"(型号 2N2222A)一个、信号源"POWER_SOURCES"(型号 AC_POWER)一个、直流电源"POWER_SOURCES"(型号 DC_POWER)一个、选取地"POWER_SOURCES"(型号 GROUND)一个。

（2）将选取的上述元器件放在电路输入窗口的适当位置并进行连接，把所有元器件连接成图4.1.36所示的电路。

注意：有些元器件的原始数值不合适，要适当修改为合适数值。如修改信号源V1，右击V1，出现"AC_POWER"对话框，把电压数值改为"10 mV"，频率数值改为"1 kHz"，如图4.1.37所示。

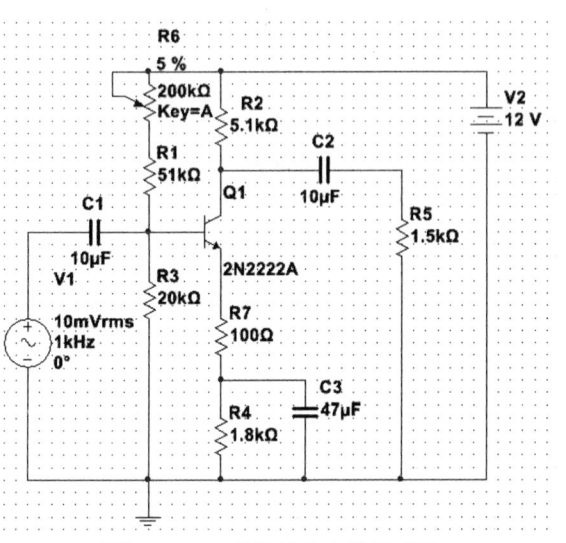

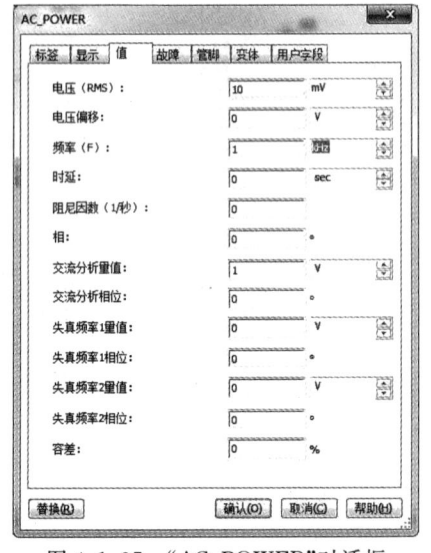

图4.1.36　单级放大电路原理图　　　　　图4.1.37　"AC_POWER"对话框

（3）单击仪器仪表栏中的第一个图标（即万用表），放在适当位置并连线，如图4.1.38所示。

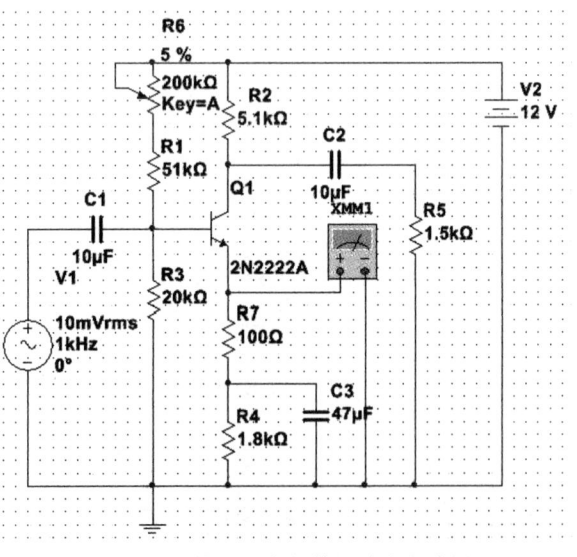

图4.1.38　连接万用表的单级放大电路原理图

（4）单击工具栏中的"运行"按钮 ▶ 进行数据仿真。双击万用表图标，可以观察三极管发射极对地的直流电压，如图4.1.39（a）所示。单击滑动变阻器，会出现一个虚框，如图

4.1.39(b)所示,之后按键盘上的 A 键,就可以增加滑动变阻器的阻值,按 Shift＋A 组合键便可以降低其阻值,此时,万用表上的数值随之发生变化:增加滑动变阻器的电阻值,发射极电压减小,反之电压增大。

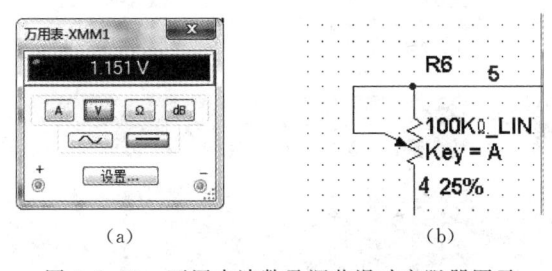

（a）　　　　　　　　（b）

图 4.1.39　万用表读数及调节滑动变阻器图示

（5）静态仿真。

① 调节滑动变阻器的阻值,使万用表的数据为 2.2 V 左右。

② 执行菜单栏中的"仿真"→"分析"→"直流工作点分析",打开"直流工作点分析"对话框。

③ 选择与三极管的管脚对应的连线,即"I(Q1[IB])"为电路中三极管基极上的变量,"I(Q1[IC])""I(Q1[IE])"分别是集电极和发射极上的变量,如图 4.1.40 所示。

图 4.1.40　"直流工作点分析"对话框

④ 单击对话框中的"仿真"按钮,显示结果如图 4.1.41 所示。

（6）动态仿真一。

① 单击仪器仪表栏中的示波器,按 A 通道输入、B 通道输出连接电路,如图 4.1.42 所示。

注意:示波器分为 A、B 两个通道,每个通道有"＋"和"－",连接时只需用"＋"即可,示波器默认的地已经连接。观察波形图时会出现不知道哪个波形是哪个通道的情况,解决方法是更改连接通道的导线颜色,即:右键单击导线,弹出对话框,单击"区段颜色",可以更改导线颜色,同时示波器中的波形颜色也随之改变。

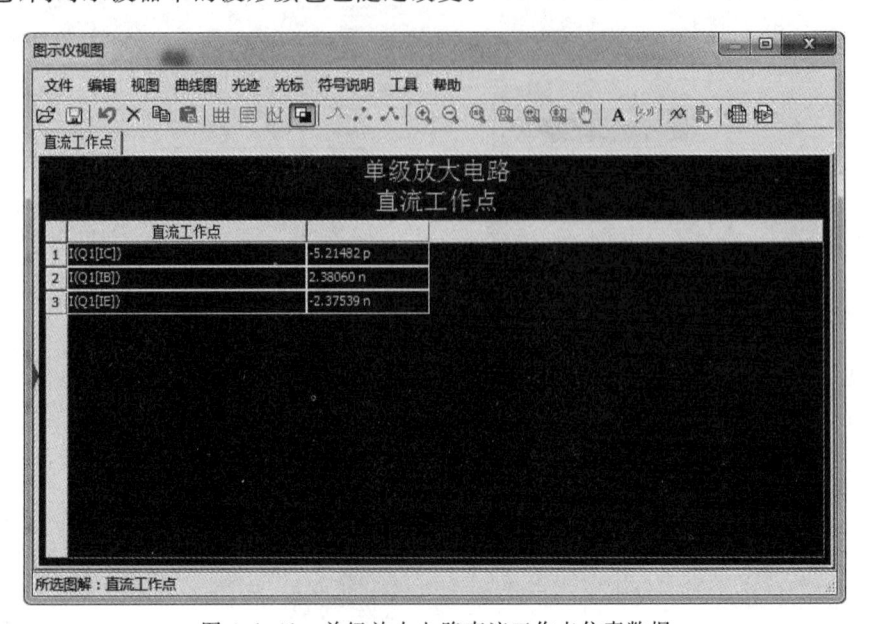

图 4.1.41　单级放大电路直流工作点仿真数据

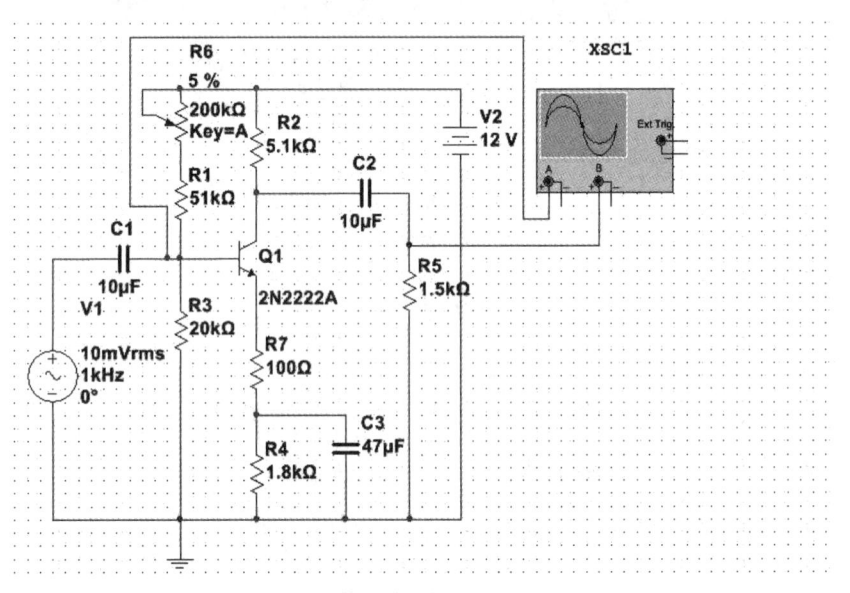

图 4.1.42　连接双通道示波器的单级放大电路

② 单击工具栏中的"运行"按钮,进行电路仿真。

③ 双击示波器图标,调整时基的标度为"2 ms/Div",通道 A 和通道 B 的刻度为"100 mV/Div",设置通道 A 的"Y 轴位移(格)"为"2",通道 B 的"Y 轴位移(格)"为"-1.4",使 A、B 两个通道的波形错开,得到图 4.1.43 所示的波形。

图 4.1.43 中上面的红色正弦波为输入,下面的紫色正弦波为输出,从图中可读出输入电压数值,并计算出放大电路的放大倍数。

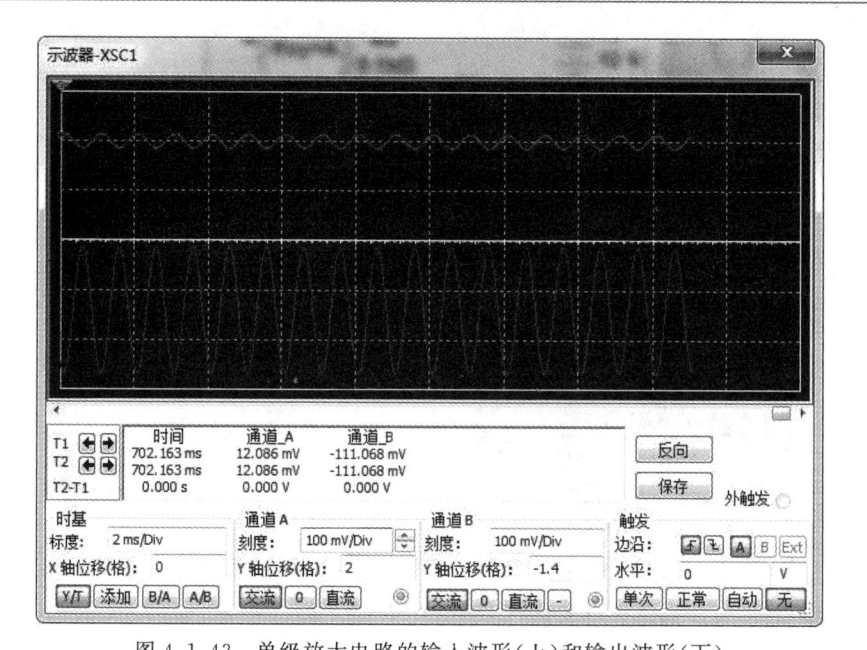

图 4.1.43　单级放大电路的输入波形(上)和输出波形(下)

(7) 动态仿真二。

① 删除负载电阻"R5",重新连接示波器,如图 4.1.44 所示。

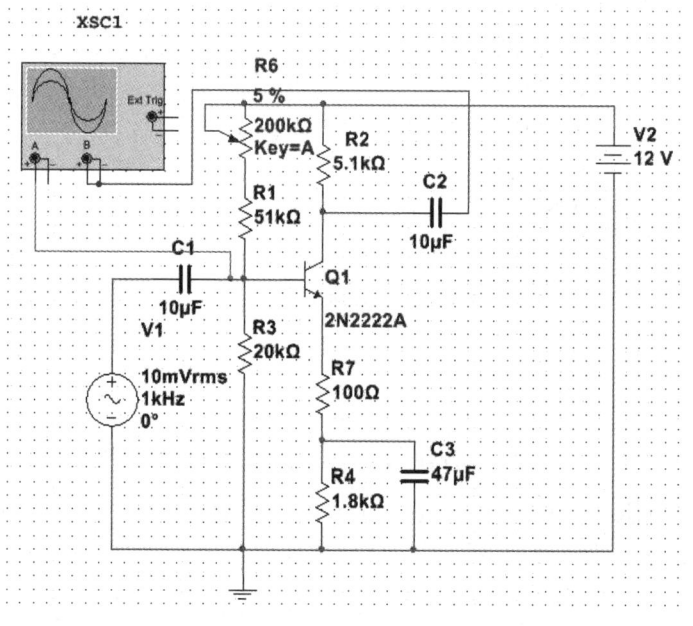

图 4.1.44　删除负载电阻后的单级放大电路原理图

② 重新启动仿真,波形如图 4.1.45 所示。

③ 其他元器件不变,分别加上 5.1 kΩ 和 330 Ω 的负载电阻,如图 4.1.46 所示,观察波形的变化并计算电路的放大倍数。

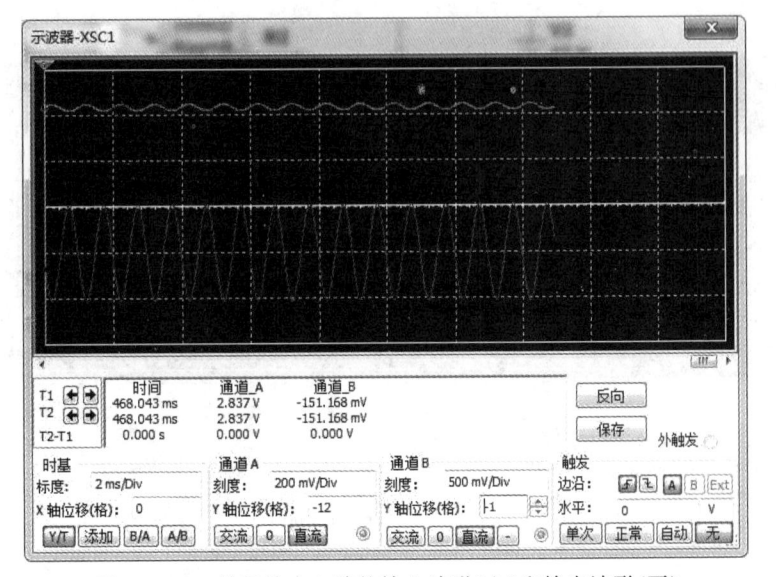

图 4.1.45　单级放大电路的输入波形(上)和输出波形(下)

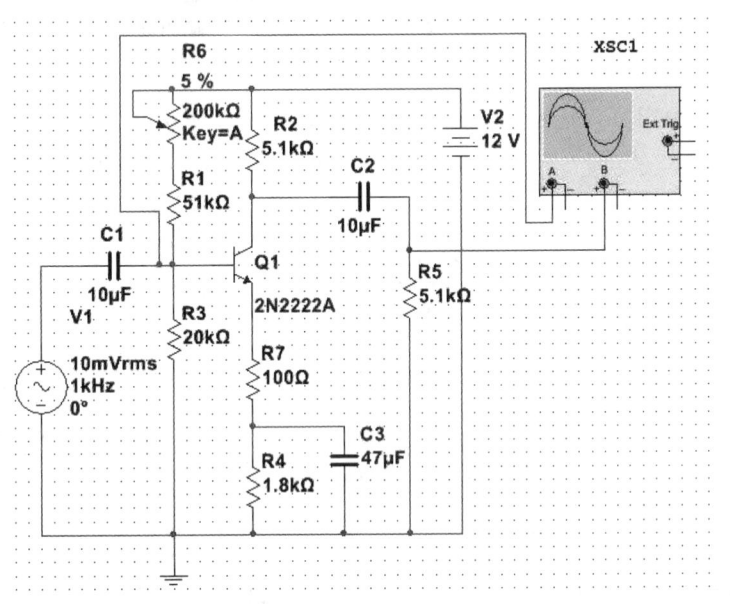

图 4.1.46　增加负载电阻后的单级放大电路原理图

④ 测量输入电阻 R_i:在输入端串联一个 $R=5.1$ kΩ 的电阻"R8",在输入端并联一个万用表(交流电压挡),分别连接"R8"的左端和右端,如图 4.1.47 所示。启动仿真,分别记录"R8"左端电压 $V_s=10$ mV,右端电压 $V_i=6.1$ mV,由公式 $R_i=\dfrac{V_i}{V_s-V_i}R$ 计算输入电阻 R_i 的数值为 7.98 kΩ。

⑤ 测量输出电阻 R_o:测量电路如图 4.1.48 所示。启动仿真,用万用表的交流电压挡分别测量无负载时的输出电压 V_o 和有负载 R_L 时的输出电压 V_L,由公式 $R_o=\left(\dfrac{V_o}{V_L}-1\right)R_L$ 计算输出电阻 R_o 的数值。

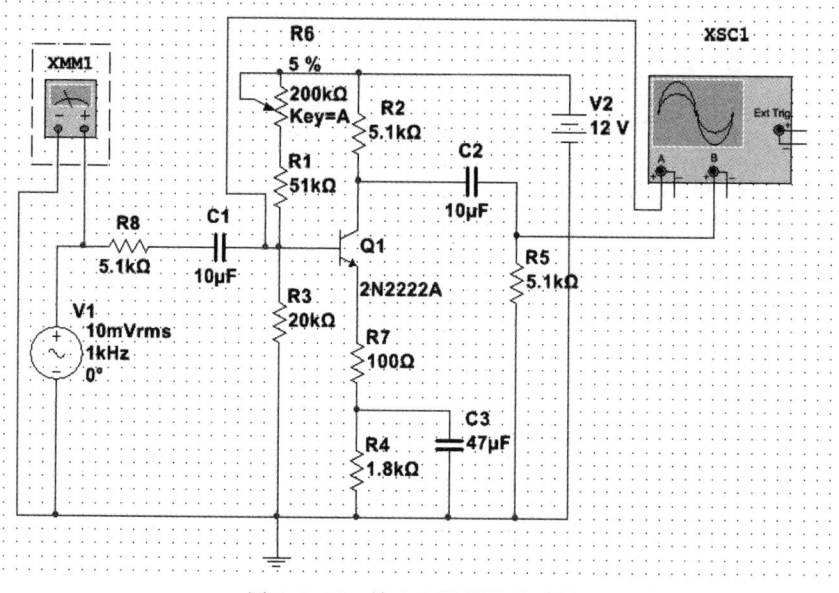

图 4.1.47 输入电阻测量电路图

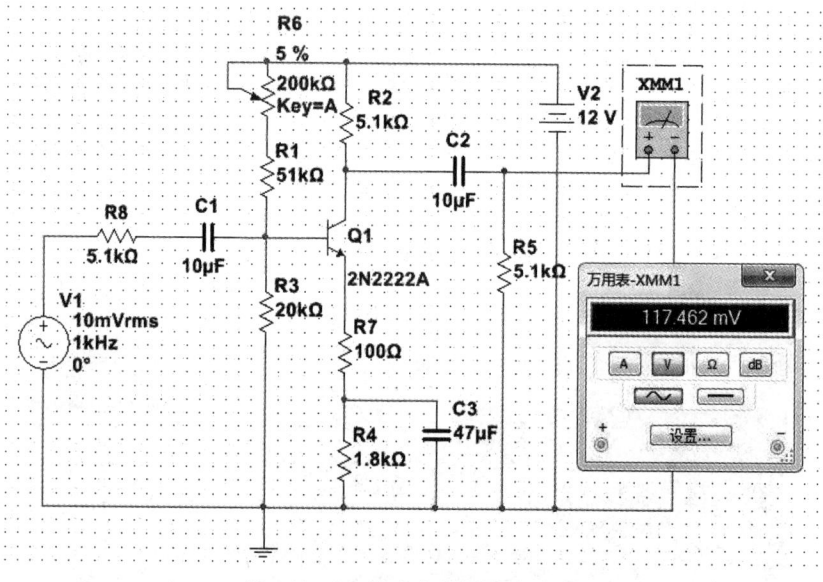

图 4.1.48 输出电阻测量电路图

（8）交流分析。

交流分析是在正弦小信号工作条件下的一种频域分析，它计算电路的幅频特性和相频特性，是一种线性分析方法。Multisim 12.0 在进行交流频率分析时，首先分析电路的直流工作点，并在直流工作点处对各个非线性元器件进行线性化处理，得到线性化的交流小信号等效电路，并用交流小信号等效电路计算电路输出交流信号的变化。

① 启动交流分析工具：执行菜单命令"仿真"→"分析"，在列出的分析类型中选择"交流分析"，则出现"交流分析"对话框，如图 4.1.49 所示。

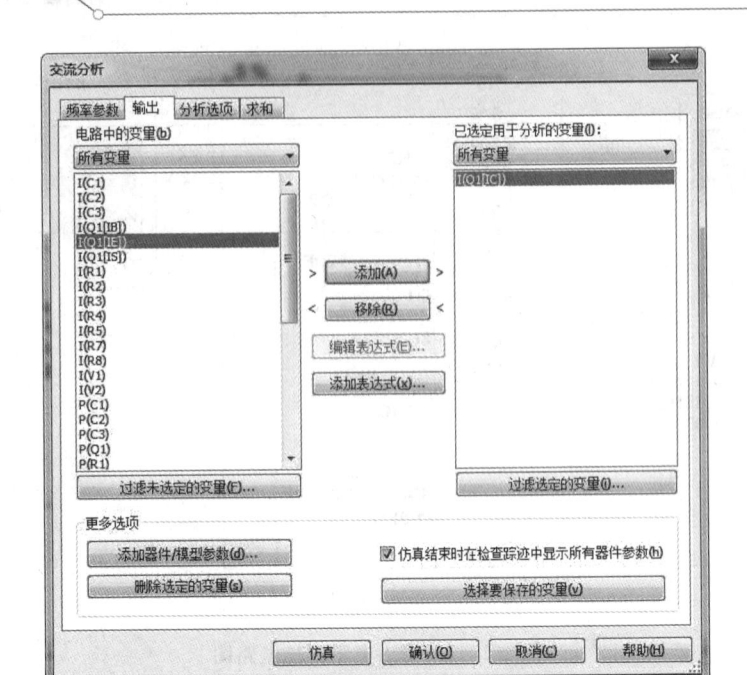

图 4.1.49 "交流分析"对话框

② 测试结果：电路的交流分析测试曲线如图 4.1.50 所示。测试结果给出了电路的幅频特性曲线和相频特性曲线。幅频特性曲线显示了三极管集电极（电路输出端）的电压随频率变化的曲线，相频特性曲线显示了相位随频率变化的曲线。由交流分析测试曲线可知，该电路大约在 1 Hz～10 MHz 内放大信号，放大倍数基本稳定，且相位基本稳定，若超出此范围，输出电压将会衰减，相位将会改变。

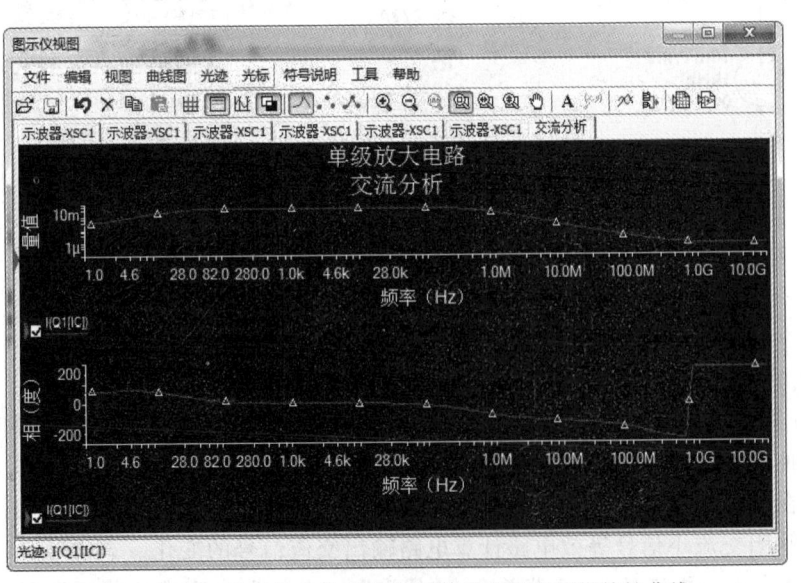

图 4.1.50 单级放大电路的幅频特性曲线和相频特性曲线

第 2 章 Quartus Ⅱ 13.0 及其应用

2.1 Quartus Ⅱ 简介

Quartus Ⅱ是 21 世纪初由美国 Altera 公司推出的 CPLD/FPGA 结构化 ASIC 开发设计软件,其界面友好,使用便捷,具有完全集成且与电路结构无关的 PLD 开发平台。它集编程环境、逻辑综合工具、电路功能仿真与时序逻辑仿真工具于一身,能进行时序分析与延时分析等多种工作,还可利用第三方仿真工具 ModelSim 进行仿真,利用综合工具 Synplify 进行综合,完成数字电路系统的设计。其内部嵌有 SignalTap Ⅱ逻辑分析工具,可用来进行系统的逻辑测试和分析等。Quartus Ⅱ可进行中小规模的数字电路的设计,还可以进行数字 ASIC 芯片的设计与验证,是当今数字系统设计中先进的 EDA 集成设计软件之一。

Quartus Ⅱ提供了单芯片编程系统设计的多平台、综合设计环境,能满足各种特定设计需要。Quartus Ⅱ不仅支持电子电路原理图的输入,其内部还嵌有 VHDL、Verilog 综合器,支持 VHDL、Verilog HDL 等硬件描述语言。Quartus Ⅱ中有模块化的编译器,编译器中的模块有分析/综合器(Analysis/Synthesis)、适配器(Fitter)、装配器(Assembler)、时序分析器(Timing Analyzer)、设计辅助模块(Design Assistant)、EDA 网表文件生成器(EDA Netlist Writer)、编辑数据接口(Compiler Database Interface)等。此外,Quartus Ⅱ还包含很多十分有用的宏功能模块(Library of Parameterized Module,LPM),它们是复杂或高级系统构建的重要组成部分。在许多实际情况中,必须利用宏功能模块才可以实现一些 Altera 特定器件的硬件功能。例如,各类芯片上的存储器、DSP 模块、LVDS 驱动器、锁相环 PLL 以及 SERDES 和 DDIO 电路模块等。

Quartus Ⅱ设计流程:原理图或 HDL 语言输入→分析与综合→适配、布局布线→验证、仿真编程下载→电路功能测试,如图 4.2.1 所示。如果电路测试结果不符合设计要求,则修改原理图或 HDL 语言,再重复上述过程,直至满足要求。

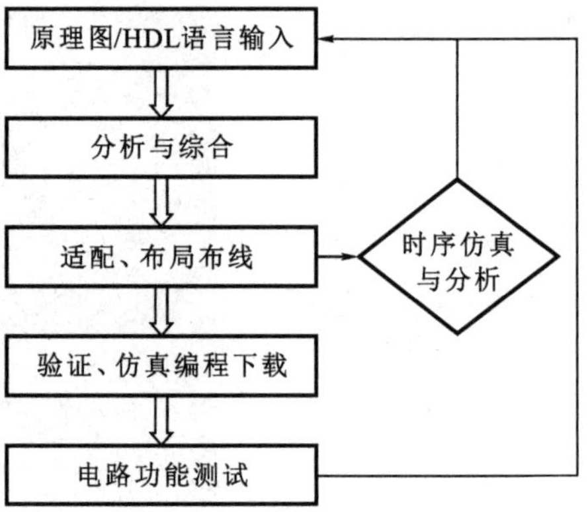

图 4.2.1 Quartus Ⅱ设计流程

2.2 Quartus Ⅱ 13.0 的设计应用实例

本节使用电子电路原理图输入的设计方式,通过实例——半加器组合电路、十进制计数器的设计,详细介绍 Quartus Ⅱ 的使用方法和数字系统的完整设计流程,使读者能够迅速掌握使用 Quartus Ⅱ完成数字系统自动化设计的基本方法。

Quartus Ⅱ的详细设计步骤如下：

(1) 创建工程项目；

(2) 电路设计输入；

(3) 综合、适配设置；

(4) 全程编译；

(5) 时序仿真与验证；

(6) 锁定管脚；

(7) 编程下载。

2.2.1 创建工程项目

在进行设计输入之前，首先需要建立工作库文件夹，以便存储工程项目中的所有文件。任何一项设计都是一项工程(Project)，都必须首先为此工程建立一个放置与此工程有关的所有设计文件的文件夹，此文件夹将被 Quartus Ⅱ默认为工作库(Work Library)。一般来说，不同的设计项目最好放在不同的文件夹中，而同一项目工程的所有文件都必须放在同一个文件夹中。

(1) 新建一个文件夹：利用 Windows 资源管理器新建一个文件夹。本工程项目的文件夹放在 D 盘，路径为 d:\different\FPGA。

(2) 启动 Quartus Ⅱ 13.0 软件，出现图 4.2.2 所示的画面。

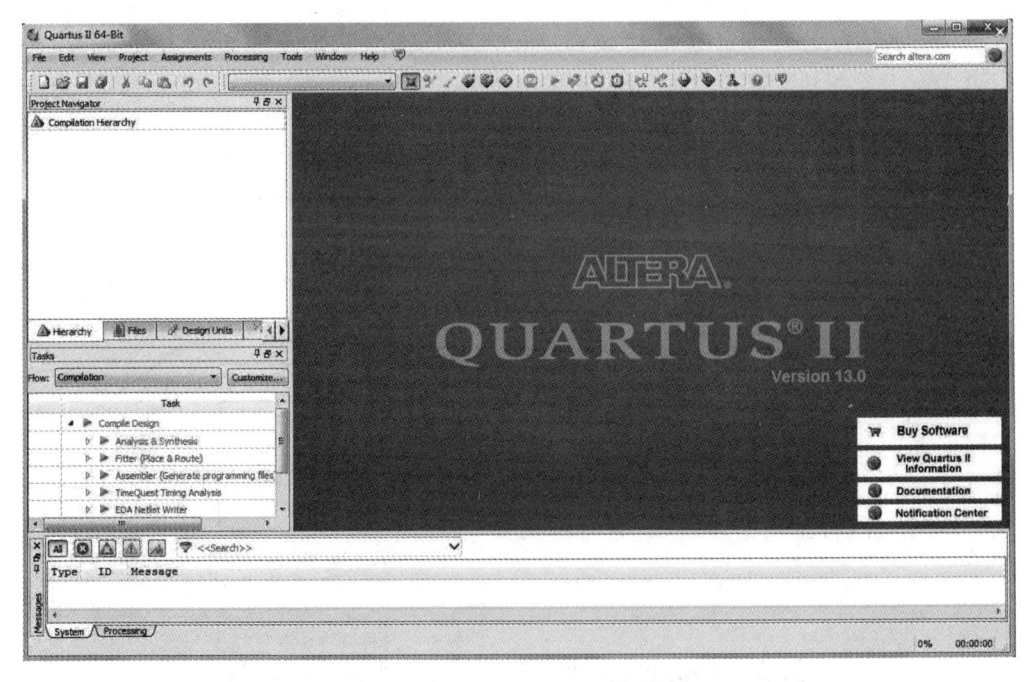

图 4.2.2　Quartus Ⅱ 13.0 界面

(3) 创建一个新的工程项目：选择"File"→"New Project Wizard"，弹出工程向导对话框，如图 4.2.3 所示。

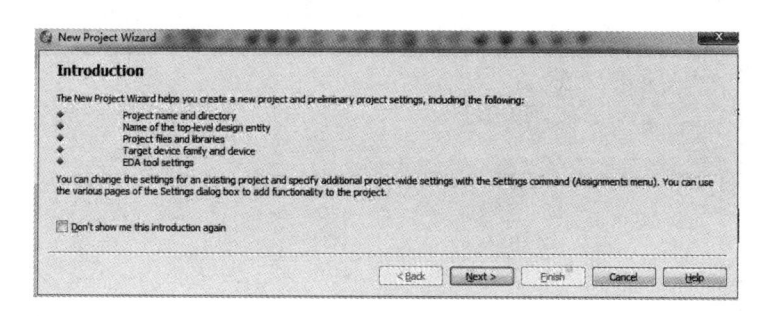

图 4.2.3　工程向导对话框

（4）单击图 4.2.3 下方的"Next"按钮，弹出工程设置对话框，如图 4.2.4 所示。单击此对话框最上面一栏右侧的"…"按钮，找到文件夹"d:\different\FPGA"，在第二栏中输入工程名"h_adder"，第三栏会跟着一起变化为当前工程顶层文件的实体名（对 HDL 输入而言）或者设计名（对原理图输入而言）。

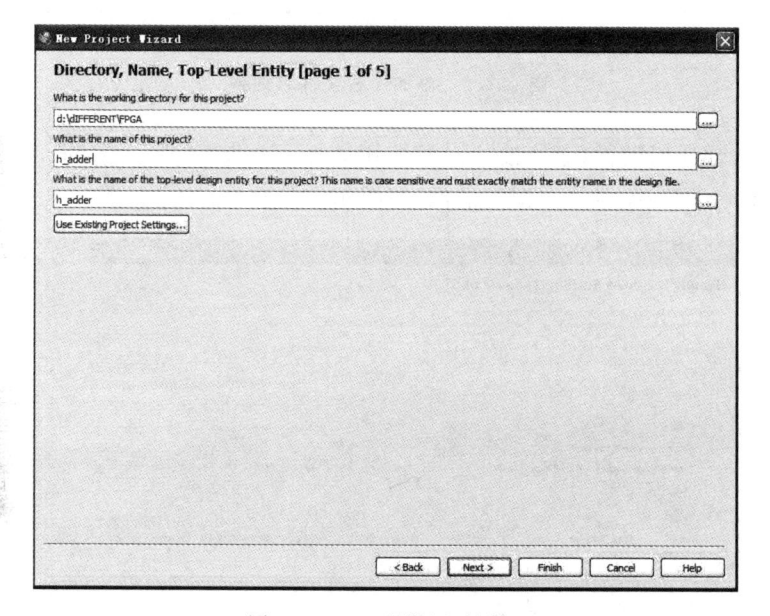

图 4.2.4　工程设置对话框

（5）将设计工程文件加入工程中：单击图 4.2.4 下方的"Next"按钮，弹出文件路径核实对话框，如图 4.2.5 所示，直接单击"Yes"按钮（若已建好文件夹，则不会出现此对话框）。

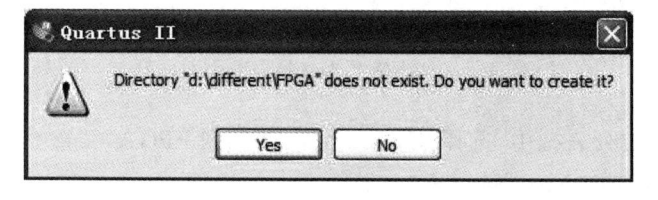

图 4.2.5　文件路径核实对话框

（6）出现添加工程文件对话框，如图 4.2.6 所示。

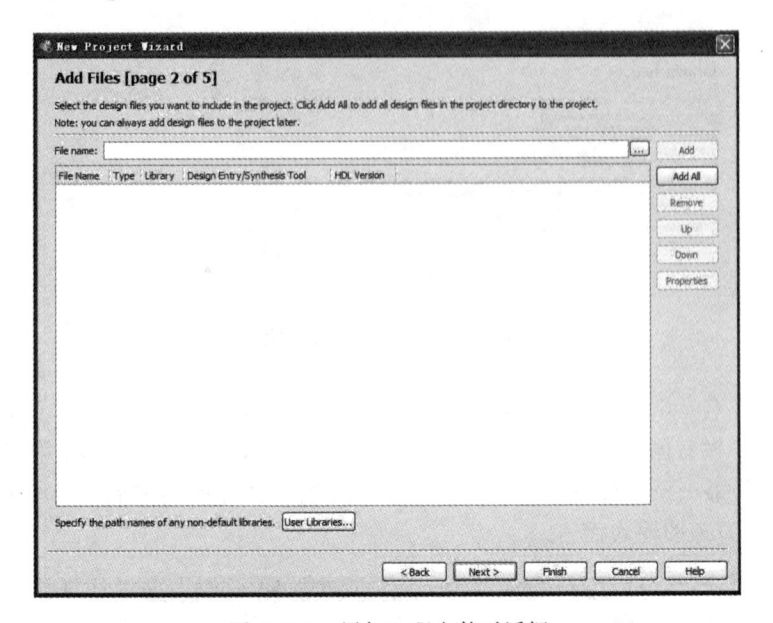

图 4.2.6　添加工程文件对话框

这里先不进行任何设置,直接按"Next"按钮进行下一步。

(7) 进入选择 FPGA 器件类型对话框,如图 4.2.7 所示。

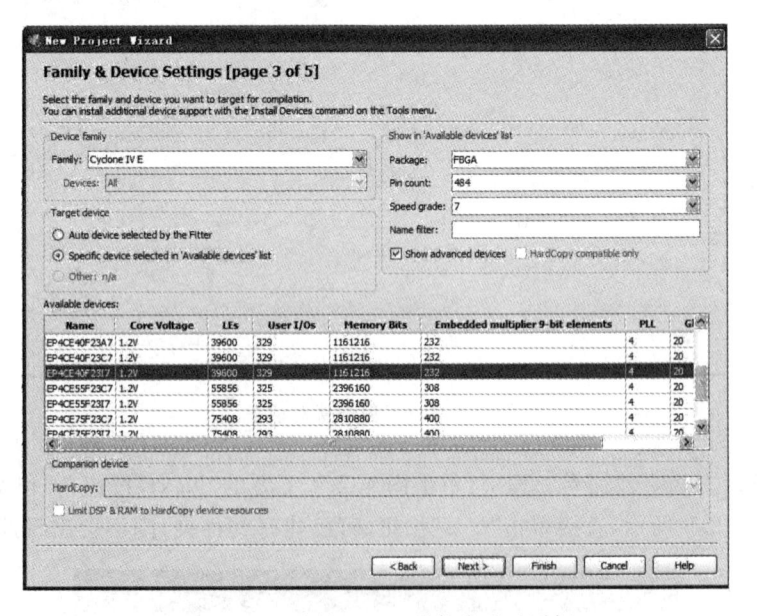

图 4.2.7　选择 FPGA 器件类型对话框

在"Family"下拉列表框中,选择"Cyclone IV E"系列 FPGA,并选择此系列的具体芯片"EP4CE40F23I7",单击"Next"按钮。

(8) 出现设置其他 EDA 工具对话框,如图 4.2.8 所示,一般情况下不需要设置。

(9) 单击图 4.2.8 中的"Next"按钮后,弹出工程设置统计对话框,如图 4.2.9 所示,其中列出了与此项工程相关的设置情况。

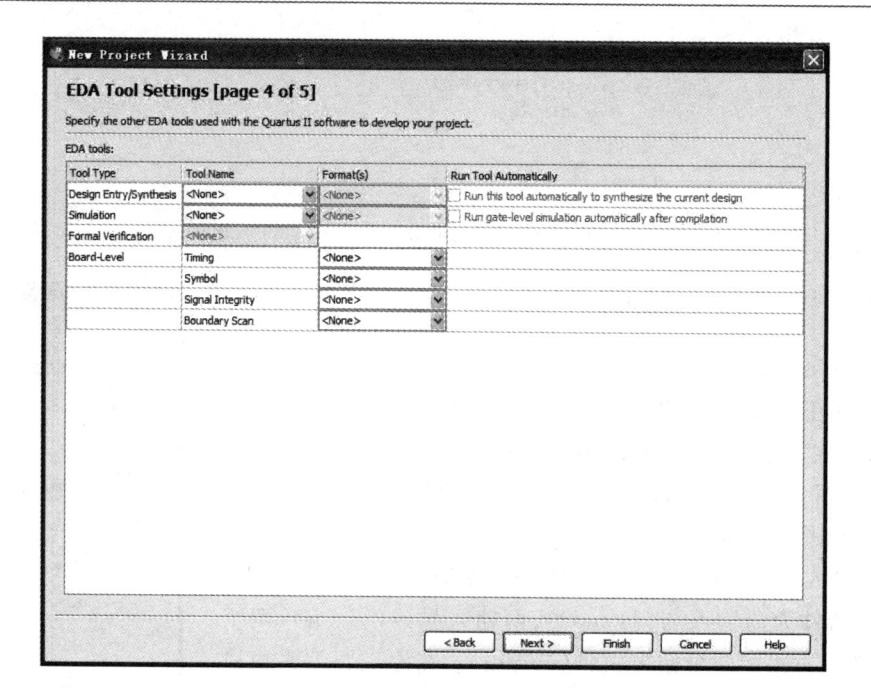

图 4.2.8 设置其他 EDA 工具对话框

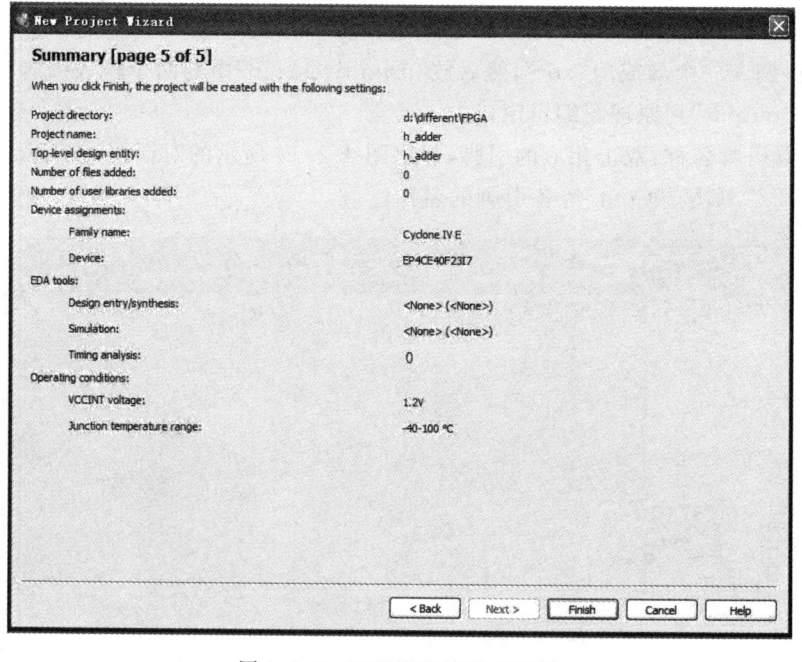

图 4.2.9 工程设置统计对话框

（10）单击图 4.2.9 中的"Finish"按钮，即完成此工程的设定，并出现"h_adder"的工程管理窗，主要显示本工程项目的层次结构，如图 4.2.10 所示。

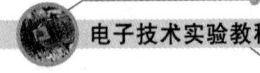
Entity
⚠ Cyclone IV E: EP4CE40F23I7
➡ h_adder ⚙

图 4.2.10　工程项目层次结构

至此,工程建立完毕,工程名为"h_adder",FPGA 器件型号为"EP4CE40F23I7"。

2.2.2　电路设计输入

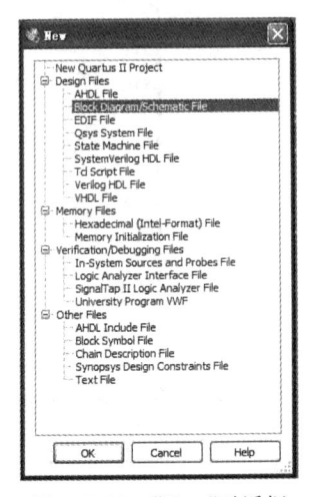

图 4.2.11　"New"对话框

以原理图输入方式为例,设计一个半加器组合电路。

(1)打开原理图编辑窗口:选择菜单"File"→"New",在"New"对话框中选择"Block Diagram/Schematic File"原理图文件类型,如图 4.2.11 所示,然后单击"OK"按钮,显示图 4.2.12所示的原理图编辑窗口。

(2)输入电路中所需元器件:本例是实现一位半加器,需要用到的元器件为两输入与门(and2)、两输入异或门(xor)、两个输入引脚(input)和两个输出引脚(output)。在原理图编辑窗口空白处的任意位置双击鼠标左键,会弹出一个元器件库及元器件符号对话框,如图 4.2.13 所示,选择库名"primitives\logic"中的元器件名"and2",调入该元件符号到原理图编辑窗口的适当位置,同理再调入一个异或门"xor",然后放"primitives\pin"中的两个输入引脚"input"和两个输出引脚"output"到原理图编辑窗口内。

(3)设置引脚名称:双击相应的引脚,弹出图 4.2.14 所示的对话框,在"Pin name"中分别键入"A""B""SUM""Cout"等各引脚的名称。

图 4.2.12　原理图编辑窗口

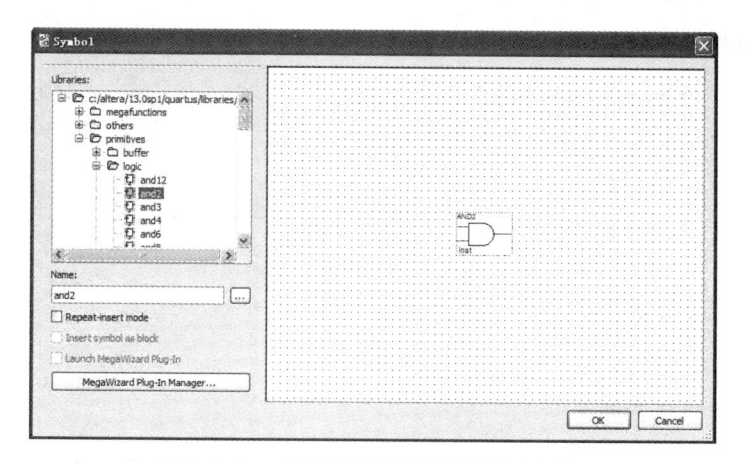

图 4.2.13 元器件库及元器件符号对话框

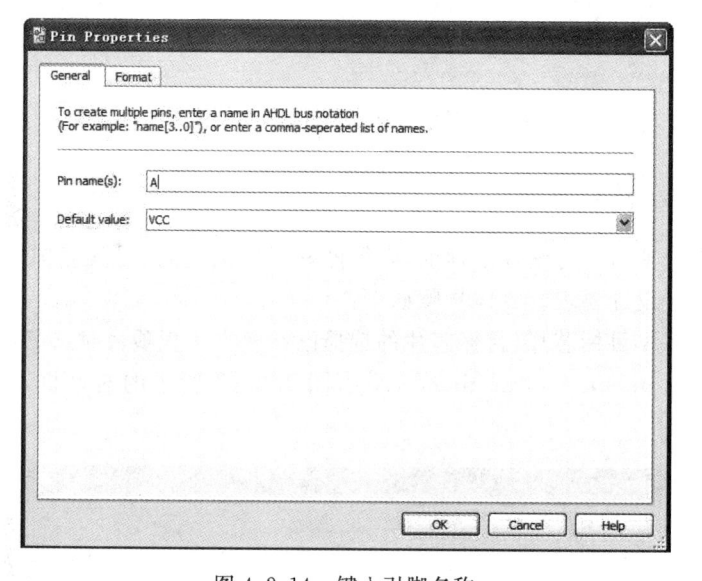

图 4.2.14 键入引脚名称

（4）按照所设计的电路原理图直接用鼠标将各元器件连接起来,连线完成之后的电路如图 4.2.15 所示。

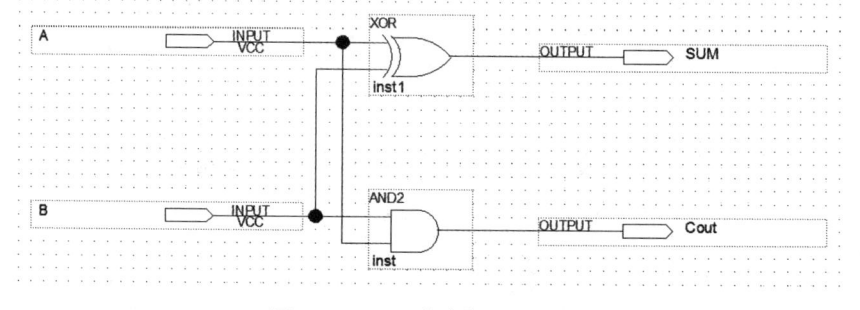

图 4.2.15 一位半加器电路图

（5）文件存盘:选择"File"→"Save As"命令,找到已建立的文件夹路径"d:\different\FPGA",存盘文件名为"h_adder. bdf"。

至此，原理图输入设计完成，如图 4.2.16 所示。

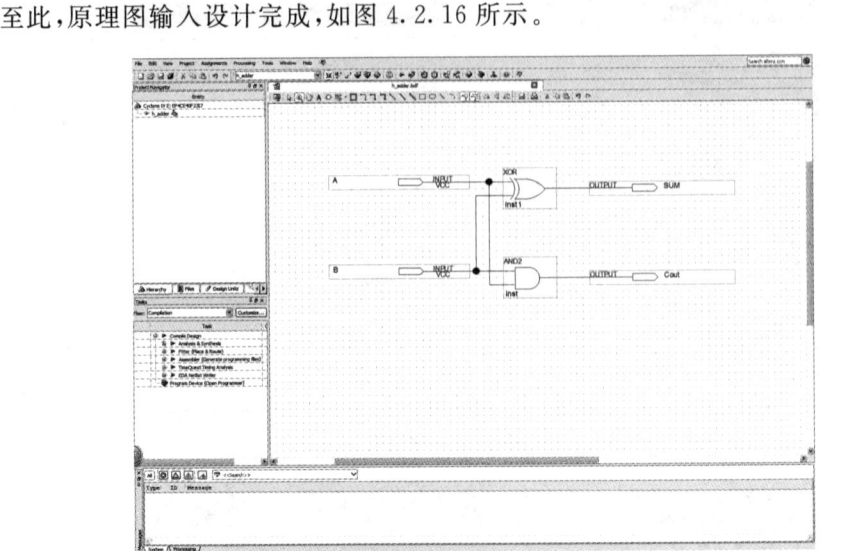

图 4.2.16　原理图输入设计完成界面

2.2.3　综合、适配设置

在对当前工程项目进行编译处理前，必须做好必要的设置，对编译加入一些约束，使编译结果更好地满足设计要求。具体步骤如下：

（1）选择 FPGA 目标芯片（目标芯片的选择已在建立工程项目时选定，此步可跳过）：选择菜单命令"Assignments"→"Settings"，弹出图 4.2.17 所示的对话框，选择目标芯片为"EP4CE40F23I7"。

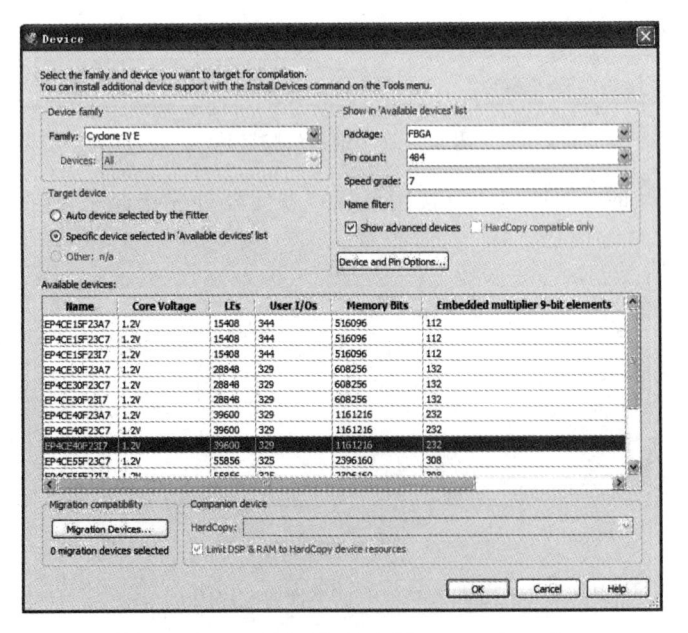

图 4.2.17　选择目标芯片"EP4CE40F23I7"

（2）选择配置器件的工作方式：单击图 4.2.17 中的"Device and Pin Options"按钮，进入"Device and Pin Options"对话框，在此首先选择"General"，在"Options"选项组内选中"Auto-restart configuration after error"，如图 4.2.18 所示，使对 FPGA 的配置失败后能自动重新配置。

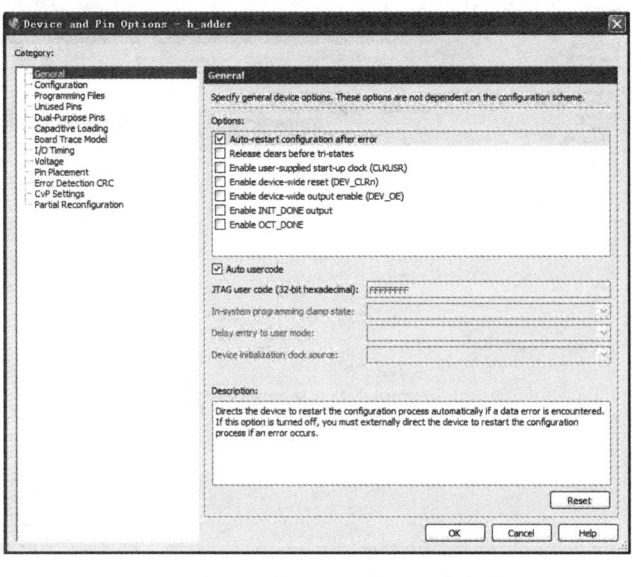

图 4.2.18　选择配置器件的工作方式

（3）选择配置器件和编程方式：如果希望编程配置文件能在压缩后下载到配置器件中（Cyclone 器件能识别压缩过的配置文件，并能对其进行实时解压），可在编译前做好设置，即选中图 4.2.18 中的"Configuration"，出现图 4.2.19 所示的对话框，在"Configuration scheme"下拉列表框中选择"Active Serial(can use Configuration Device)"，在下方的"Generate compressed bitstreams"处打钩，产生用于 EPCS 的 pof 压缩配置文件。

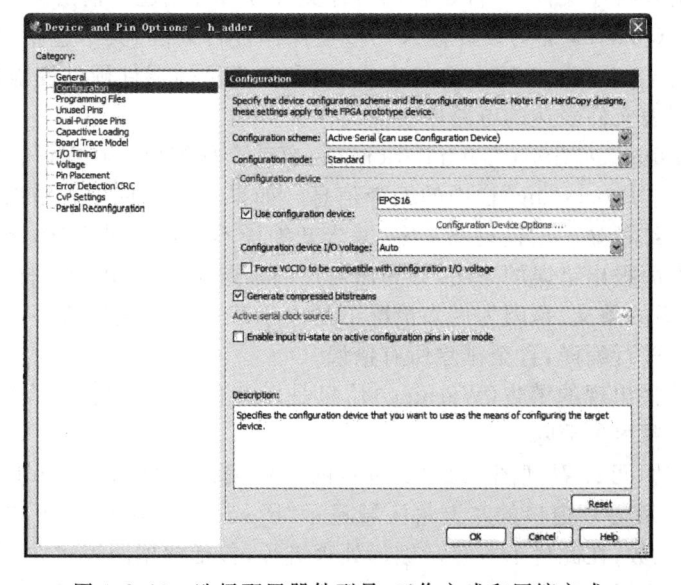

图 4.2.19　选择配置器件型号、工作方式和压缩方式

（4）选择目标器件闲置引脚的状态：选择图4.2.20所示对话框中的"Unused Pins"，可根据实际需要选择目标器件闲置引脚的状态，可选择输入状态呈高阻态，输出状态呈低电平，或输出不定状态，或不做任何选择。

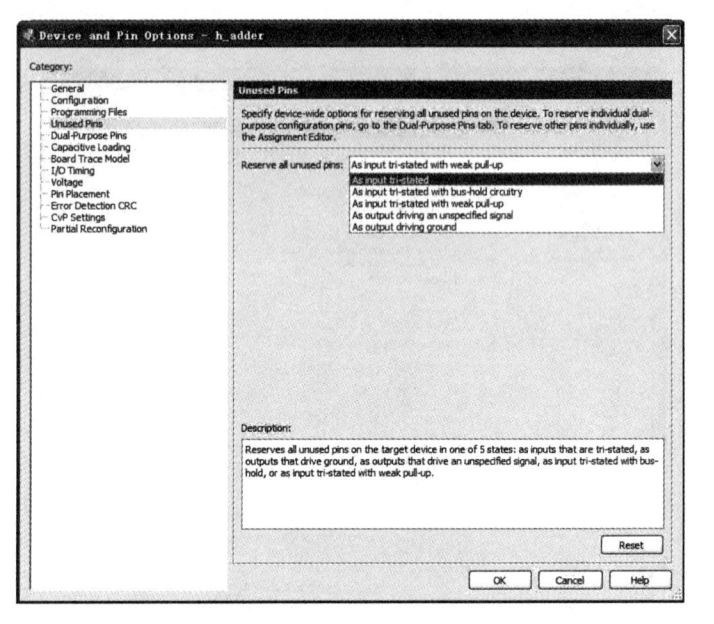

图 4.2.20　Unused Pins 设置界面

其他各选项的功能可参考对话框下方的说明进行选择。

2.2.4　全程编译

Quartus Ⅱ编译器是由一系列处理模块构成的，这些模块负责对设计项目进行检错、逻辑综合、适配、输出结果编辑配置以及时序分析等，从而把设计项目适配到FPGA目标器件中，同时产生功能和时序文件、器件编程的目标文件等多种用途的输出文件。

编译开始后，Quartus Ⅱ对设计输入的多项操作进行处理，其中包括排错、数据网表文件的提取、逻辑综合、适配、装配文件的生成，以及基于目标器件硬件性能的工程时序分析等，然后产生用网表文件表达的电路原理图文件。

选择"Processing"→"Start Compilation"项，启动全程编译。在编译过程中要及时注意工程管理窗口下方"Processing"栏中的编译信息。如果工程文件中有错误，在下方的"Processing"栏中会以红色显示出错说明文字，并告知编译不成功。对于"Processing"栏的出错说明，可双击最上面报出错误的条文，即弹出对应的顶层文件，并用深色标记指出错误所在。之所以选择最上面的条文，是因为许多情况下是由于某一种错误导致多条错误信息。设计者改错后，可再次进行编译，直至排除所有错误。

"Processing"栏出现的警告（Warning）信息是以蓝色文字出现的，也要充分注意，查看是何原因造成的，并尽量消除。

如果编译成功，可以看到图4.2.21所示的工程编译成功信息"Full Compilation was successful"。在工程管理窗口的左上角区域显示"h_adder"工程的层次结构和结构模块中耗用的逻辑宏单元数；在此栏下方显示编译处理流程，包括数据网表建立、逻辑分析与综合、适配、装配和时序分析等；中间栏是编译报告（Compilation Report）项目选择菜单，单击其中的各项可以详细了解编译与分析结果;最右边一栏显示所设计的电路占用芯片资源的统计信息(Flow Summary);最下面一栏是编译处理信息栏。

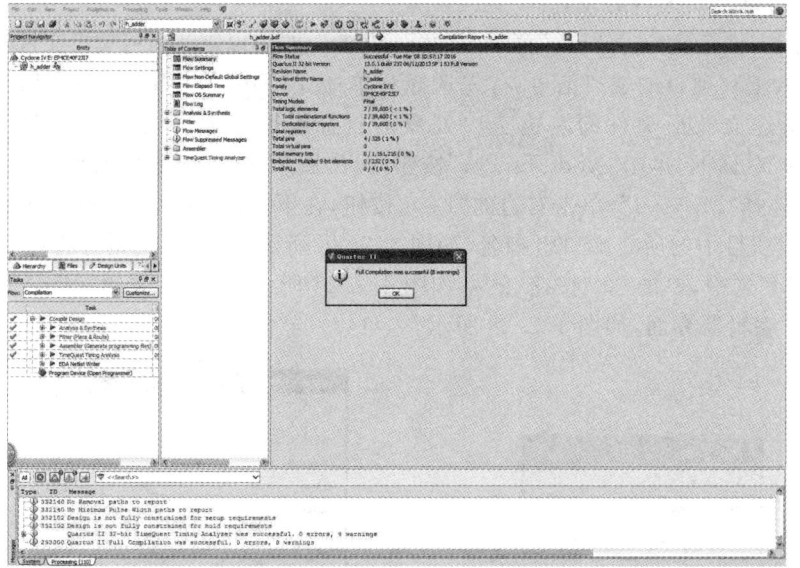

图 4.2.21　全程编译成功后的信息

2.2.5　时序仿真与验证

2.2.5.1　时序仿真与验证步骤

工程编译通过后,由于门电路的传输有延迟,所以必须对电路功能和时序性质进行测试,以便了解电路的设计结果是否满足设计要求。时序仿真与验证步骤如下:

(1)打开波形编辑器:选择菜单"File"中的"New"项,在弹出的"New"对话框中选择"University Program VWF",如图 4.2.22 所示,单击"OK"按钮,即出现空白的波形编辑器,如图 4.2.23 所示。

图 4.2.22　"New"对话框

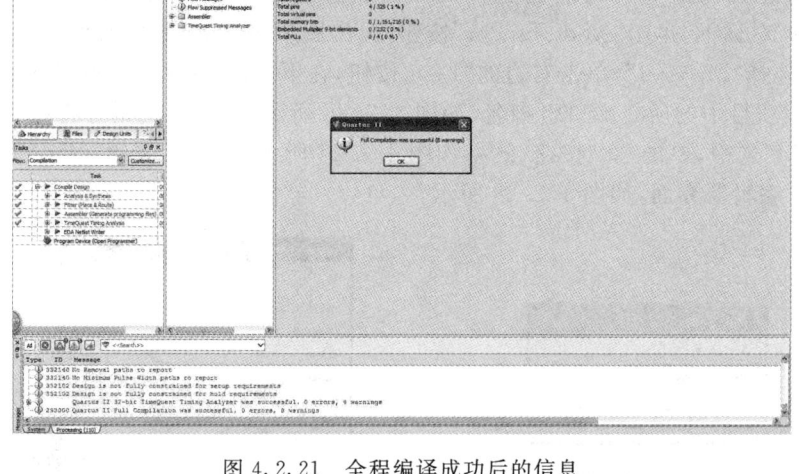

图 4.2.23　波形编辑器界面

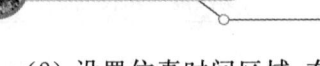

（2）设置仿真时间区域：在"Edit"菜单中选择"End Time"项，弹出图 4.2.24 所示的对话框，在"End Time"栏处输入"50"，单位选择"μs"，整个仿真域的时间即设定为 50 μs，单击"OK"按钮，结束时间区域的设置。

（3）波形文件存盘：选择"File"菜单中的"Save As"项，将以默认名将波形文件存入文件夹。

（4）调入工程项目的端口信号：首先选择菜单命令"Edit"→"Insert"→"Insert Node or Bus"（或在所建立波形文件的左边空白处双击鼠标左键），弹出图 4.2.25 所示的"Insert Node or Bus"对话框，单击"Node Finder"按钮，弹出图 4.2.26 所示的对话框，在"Filter"下拉列表框中选择"Pins：all"，单击右边的"List"按钮，在下方的"Nodes Found"区域中将出现 h_adder 工程项目中的所有端口引脚名，如图 4.2.26 所示。最后，用鼠标将端口名"A""B""Cout""SUM"选中，单击"＞"按钮，效果如图 4.2.27 所示，结束后关闭"Node Finder"对话框，返回波形编辑器界面，如图 4.2.28 所示。

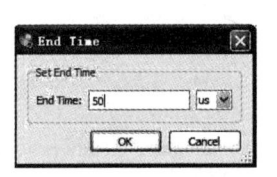

图 4.2.24　设置仿真时间长度

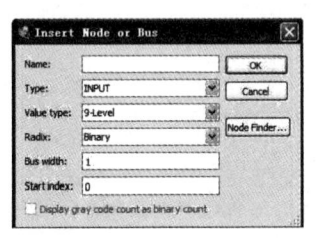

图 4.2.25　"Insert Node or Bus"对话框

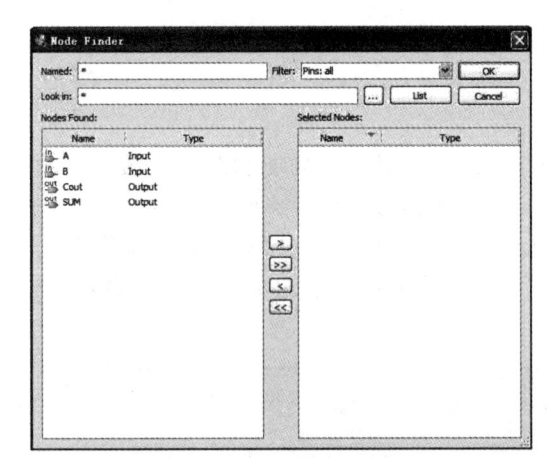

图 4.2.26　"Node Finder"
对话框（单击"List"按钮之后）

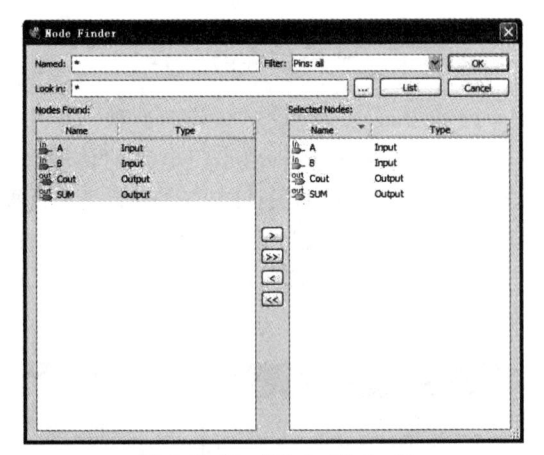

图 4.2.27　"Node Finder"
对话框（单击"＞"按钮之后）

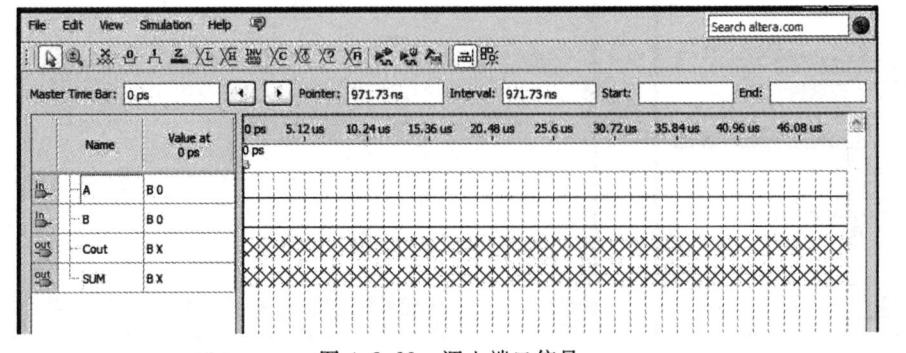

图 4.2.28　调入端口信号

（5）输入激励信号：输入周期信号和随机信号。首先，用鼠标选中端口信号 A，单击工具栏中的图标 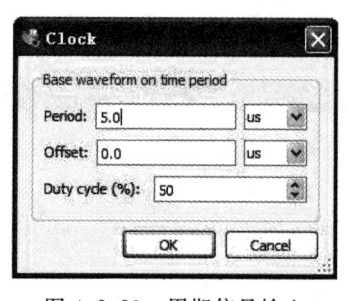（图标），弹出对话框，如图 4.2.29 所示，输入波形 A 的周期。然后用鼠标选中端口信号 B 中的一段（变为蓝色），如图 4.2.30 所示，单击工具栏中的图标（图标），该段值设为高电平，按同样的方法输入波形 B 的其他区段。

图 4.2.29 周期信号输入

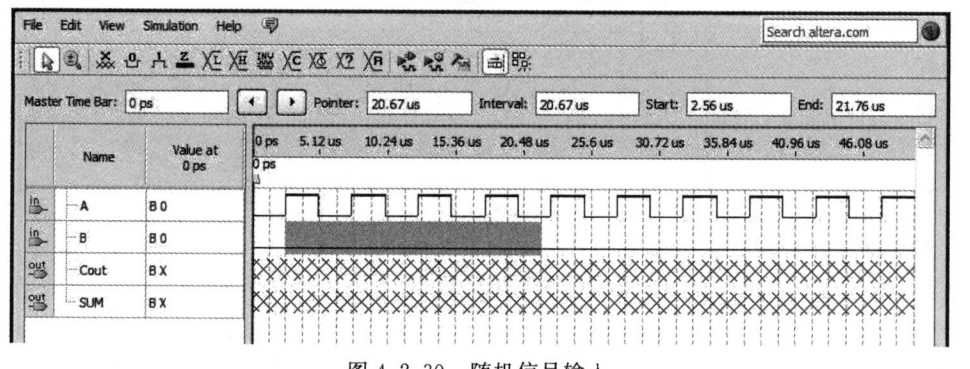

图 4.2.30 随机信号输入

波形 A、B 的最终效果如图 4.2.31 所示。

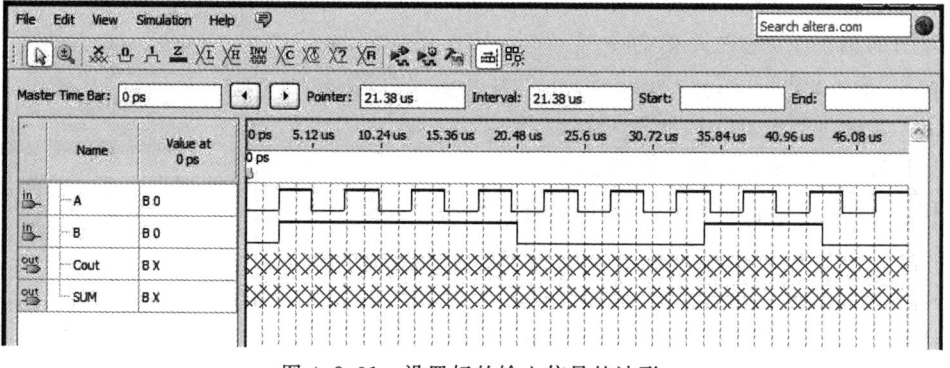

图 4.2.31 设置好的输入信号的波形

（6）选择仿真工具：在"Simulation"菜单下选择"Option"，弹出对话框，如图 4.2.32 所示，选择"Quartus Ⅱ Simulator"项。

（7）开始仿真：在"Simulation"菜单下单击"Run Functional Simulation"，开始仿真。

（8）观察图 4.2.33 所示的仿真波形，由图中的输入、输出波形可知，电路功能符合设计要求。

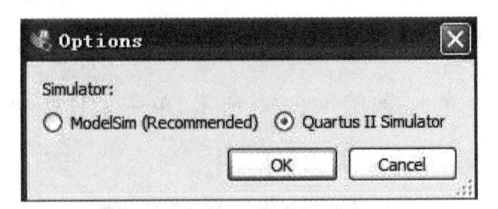

图 4.2.32 仿真工具选择

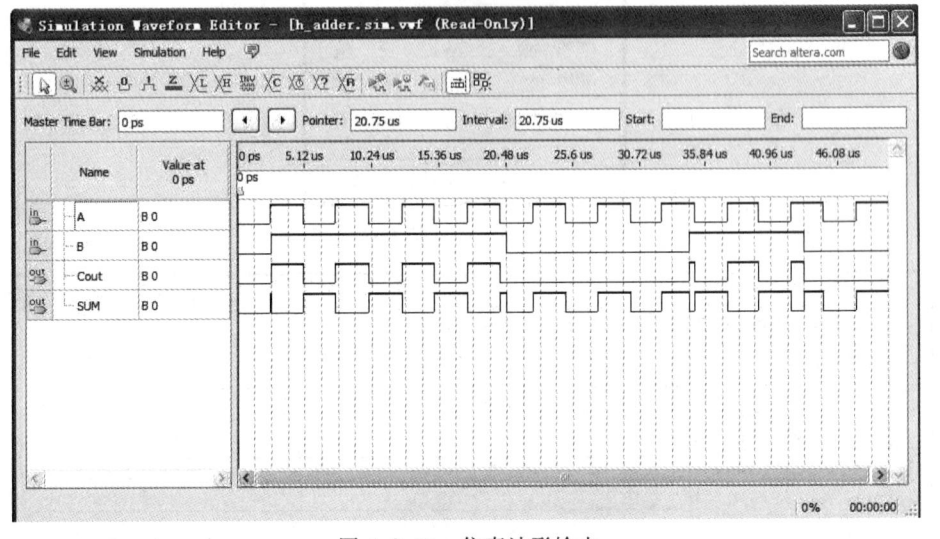

图 4.2.33 仿真波形输出

单击工具栏中的"放大"按钮,在波形区域连续按左键,放大仿真时间区域,可以直观地了解输入、输出信号的延时情况。

至此,我们所设计的一位半加器电路已符合功能要求。为了下一步能在更高层次的电路设计中使用(如在设计一位全加器时使用),可以将该一位半加器的电路原理图设置成可调用的元器件。方法是在打开原理图的情况下,选择菜单命令"File"→"Create/Update"→"Create Symbol File for Current File",将当前文件"h_adder.bdf"变成一个元器件模块符号存盘。

2.2.5.2 二进制加法计数器的设计

利用 VHDL 语言设计一个 4 位二进制加法计数器。

(1) 建立一个工程名为"cunt10"的工程,选择 FPGA 器件型号"EP4CE40F23I7"。

(2) 打开原理图编辑窗口:选择菜单"File"→"New",在"New"对话框中选择"VHDL File"文件类型,如图 4.2.34 所示,然后单击"OK"按钮。

(3) 将 源 程 序 输 入 编 辑 窗 口 中,保 存 文 件 为"cout10.vhd",显示图 4.2.35 所示界面。

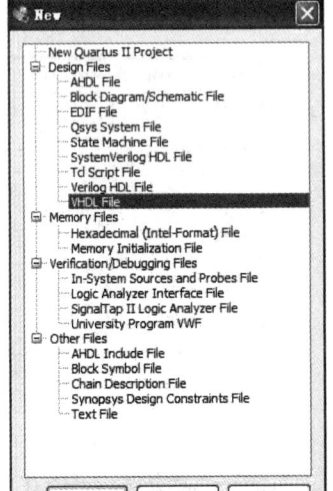

图 4.2.34 文件类型选择对话框

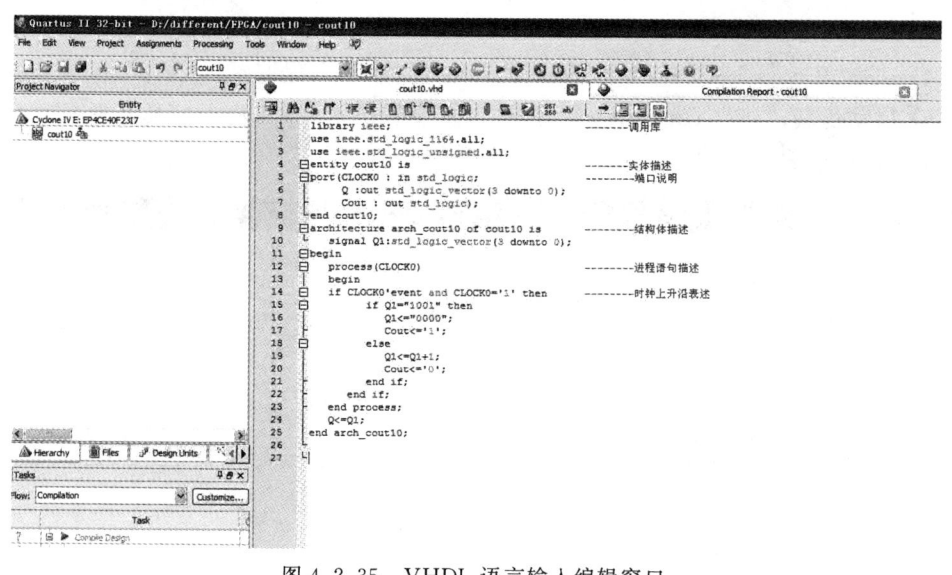

图 4.2.35 VHDL 语言输入编辑窗口

源程序如下：

library ieee;   −−−−−−−调用库

use ieee.std_logic_1164.all;

use ieee.std_logic_unsigned.all;

entity cout10 is   −−−−−−−实体描述

port(CLOCK0:in std_logic;   −−−−−−−端口说明

    Q:out std_logic_vector(3 downto 0);

    Cout:out std_logic);

end cout10;

architecture arch_cout10 of cout10 is   −−−−−−−结构体描述

    signal Q1:std_logic_vector(3 downto 0);

begin

    process(CLOCK0)   −−−−−−−进程语句描述

    begin

    if CLOCK0'event and CLOCK0＝'1' then −−−−−−−时钟上升沿表述

      if Q1＝"1001" then

        Q1＜＝"0000";

        Cout＜＝'1';

      else

        Q1＜＝Q1＋1;

        Cout＜＝'0';

      end if;

    end if;

    end process;

    Q＜＝Q1;

end arch_cout10;

(4) 选择"Processing"→"Start Compilation"项,启动全程编译。

(5) 启动仿真,"建立 cunt10.swf"仿真文件,设置仿真时间,输入仿真波形,进行仿真,结果如图 4.2.36 所示。

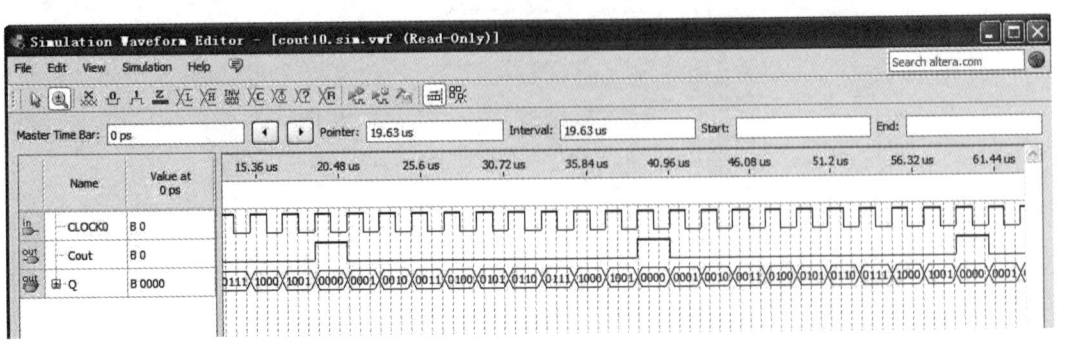

图 4.2.36　仿真波形

由图 4.2.36 得知,4 位二进制数设计正确。

2.2.6　锁定管脚

以上利用 Quartus Ⅱ进行的电子电路设计,尽管实现了精确的时序分析,但仍然只是基于计算机平台的(如果仅仅是电路仿真,到此为止就可以了),没有涉及具体的芯片——硬件环境。为此,应将电路的输入/输出信号锁定在指定芯片(EP4CE40F23I7)的管脚上,编译后将设计文件下载到此芯片中,以便对电路设计进行硬件测试,最终确定设计是否满足要求。下面以"count10"工程为例,说明管脚的锁定和下载编程过程。

(1) 在此我们选择 SOPC/EDA 实验系统,根据实验系统的结构和实验要求确定十进制计数器电路的引脚安排。将输入端 CLK 锁定在 A11 管脚 CLOCK0 上,选择 1 Hz 或4 Hz;Q[0]、Q[1]、Q[2]、Q[3]分别锁定于 A13、A14、A15、A16 管脚上;进位输出端 Cout 锁定在A17 管脚的发光二极管上,当有进位输出时,发光二极管就被点亮。确定了管脚编号后就可以完成管脚的锁定。

(2) 打开"count10"工程,选择"Assignments"菜单中的"Pin Planner"项,即进入"Pin Planner"编辑窗口。

(3) 双击各管脚的"Location"栏,在出现的下拉列表中选择对应端口信号名的器件管脚号,或直接键入管脚编号,如图 4.2.37 所示。

(4) 存储这些管脚锁定的信息,再全程编译一次,即单击"Processing"→"Start Compil-ation",才能将管脚锁定信息编译进编程下载文件中。此后就可以将编译好的 sof 文件下载到实验系统的 FPGA 中。

2.2.7　编程下载

下载是指将生成的配置文件通过 EDA 软件输入到具体的可编程逻辑器件中的过程。对于 CPLD 来说,是下载 jed 文件;对于 FPGA 来说,是下载位流数据文件。在 Quartus Ⅱ软件中,下载是通过"Programmer"窗口来完成的。

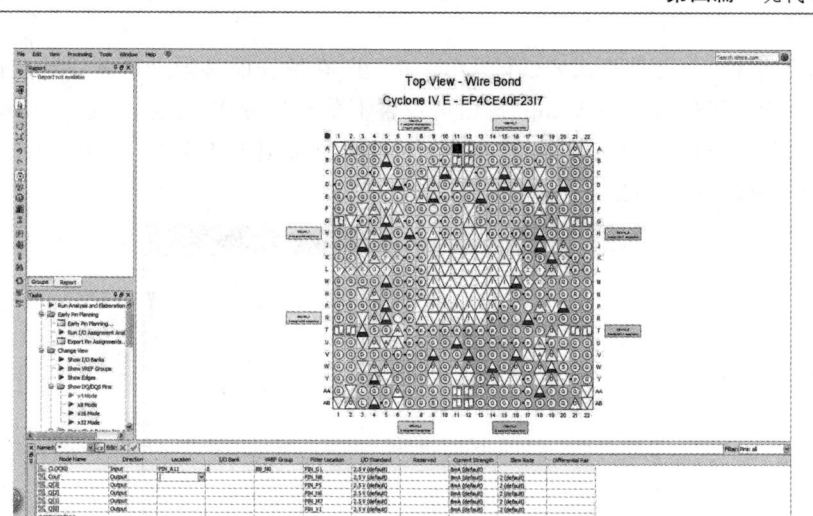

图 4.2.37 十进制计数器 count10 管脚锁定对话框

引脚锁定并编译完成后，Quartus Ⅱ将生成多种形式的针对所选目标 FPGA 的编程文件，其中最主要的是 sof 文件。sof 文件是静态 SRAM 目标文件，用于对 FPGA 直接配置，在系统测试中使用。这里首先将 sof 格式配置文件通过 JTAG 口载入 FPGA 中进行硬件测试。步骤如下：

（1）打开编程窗口和配置文件：首先将 SOPC/EDA 实验系统和 USB-Blaster 编程器接口连接好，打开 SOPC/EDA 实验系统的电源。在 Quartus Ⅱ的菜单"Tool"中选择"Programmer"，于是弹出图 4.2.38 所示的编程下载窗口，在"Mode"下拉列表框中有 4 种编程模式可以选择，为了能够直接对 FPGA 进行配置，在此选择默认的"JTAG"。

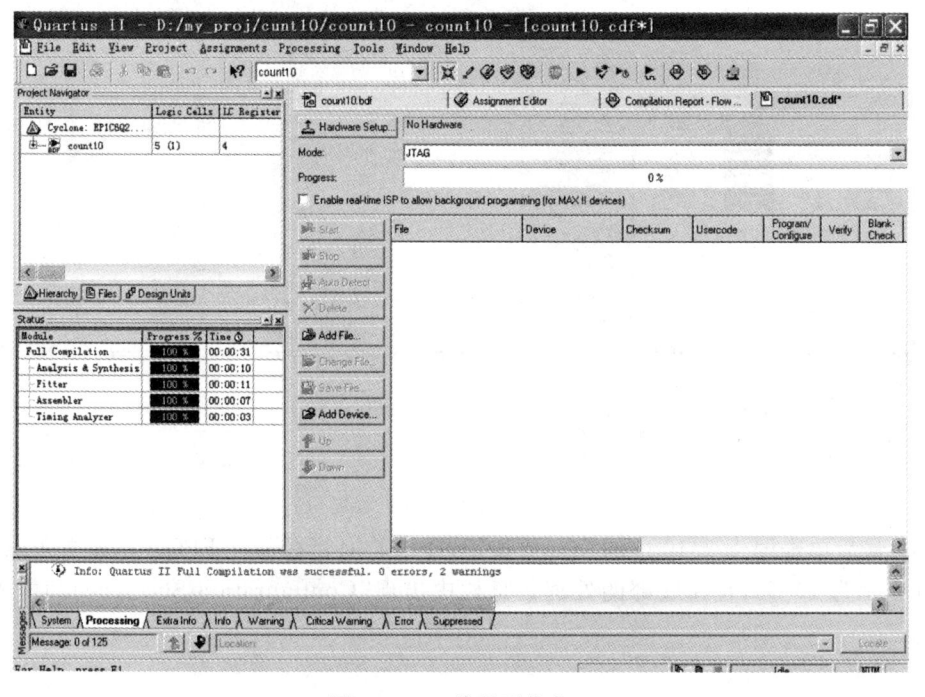

图 4.2.38 编程下载窗口

（2）设置编程器：若是初次安装的 Quartus Ⅱ，在编程前必须进行编程器选择操作。单击图 4.2.38 中的"Hardware Setup"按钮可设置下载接口方式，在弹出的"Hardware Setup"对话框中选择"Hardware Settings"选项卡，再双击此选项卡中的"USB-Blaster"选项，如图 4.2.39 所示，最后，单击"Close"按钮，关闭对话框即可。

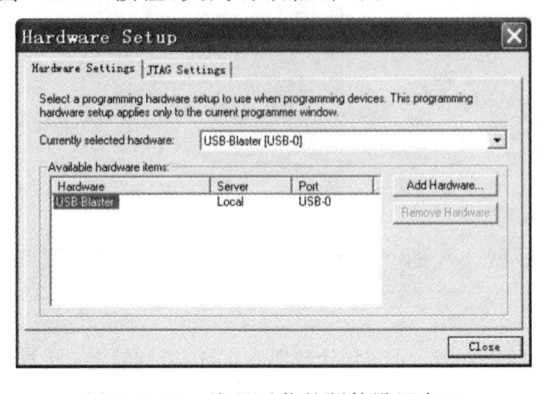

图 4.2.39　编程下载的硬件设置窗口

（3）在图 4.2.38 所示的编程下载窗口中单击"Add File"按钮，装载配置文件"count10.sof"，并在下载文件右侧的第一个小方框中打钩，如图 4.2.40 所示。

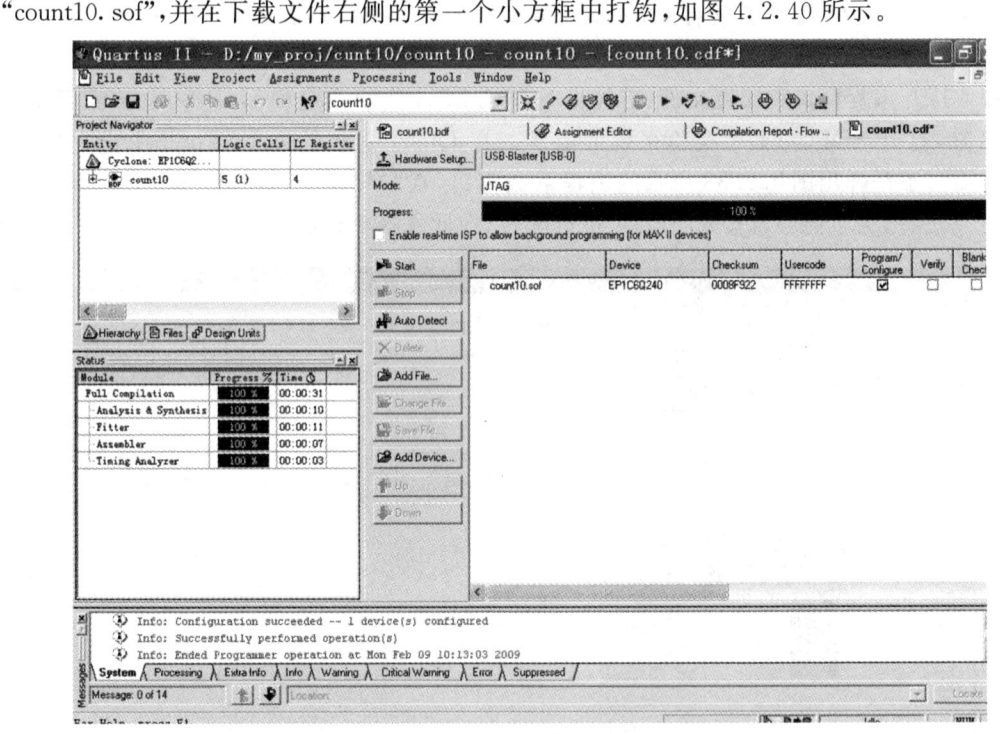

图 4.2.40　编程下载进程窗口

（4）最后单击图 4.2.40 中的"Start"按钮，即开始对目标器件 FPGA 的配置下载操作。当进度显示为 100％，且在底部的处理信息栏中出现"Configuration Succeeded"时，表示下载成功。

第 3 章 Altium Designer 2015 及其应用

3.1 Altium Designer 简介

Altium 有限公司的前身为 Protel 国际有限公司,由 Nick Martin 于 1985 年创建于澳大利亚。Protel 国际有限公司致力于开发基于 PC 的电路设计软件,为印制电路板提供辅助设计,并于 2000 年和 2001 年收购了 Accel Technologies 公司、Metamor 公司、Innovative CAD Software 公司和 TASKING 公司。2001 年,Protel 国际有限公司正式更名为 Altium 有限公司。

Altium 有限公司的核心产品是 Altium Designer,其前身名称为 Protel。Protel 是 EDA 平台中使用最方便、操作最快捷、人性化界面最好的辅助工具,是国内用户量最大的 EDA 工具。Protel 采用的是分离式设计,由若干个独立的子软件构成,通过数据的导入与导出实现子软件间的关联设计。2002 年的 Protel 将子软件和收购的技术进行深度整合,完成了软件的集成化设计,并更名为 Protel DXP,成为 Altium 的第一个集成设计平台。

2006 年,Protel DXP 正式更名为 Altium Designer,并增加了 PCB 的 3D 设计功能。到目前为止最新版本是 Altium Designer 2016,于 2015 年 10 月发布。

Altium Designer 在板级设计、软件设计、数据管理等方面都得到了极大的增强,成为易用的电子一体化设计的首选软件。

Altium Designer 的集成化设计环境包括原理图编辑、PCB 设计、FPGA 设计等,提供了混合电路仿真功能,并提供了虚拟逻辑分析仪、虚拟频率发生器、频率计数器、I/O 模块、ROM 仿真器等,支持 C 语言编程,具有全面验证机械设计(如外壳与电子组件)与电气特性关系的能力,此外,还具备全三维 PCB 设计环境和 32 层板的设计能力。

PCB 设计流程一般需要包括电路需求调研。电路功能划分及框图设计、设计电路原理图、形成网表信息、导入 PCB 制图中、PCB 布线、输出加工文件等几个环节,如图 4.3.1 所示。其中细节上还有元器件设计、封装设计、电路仿真、三维模拟、机械仿真等。

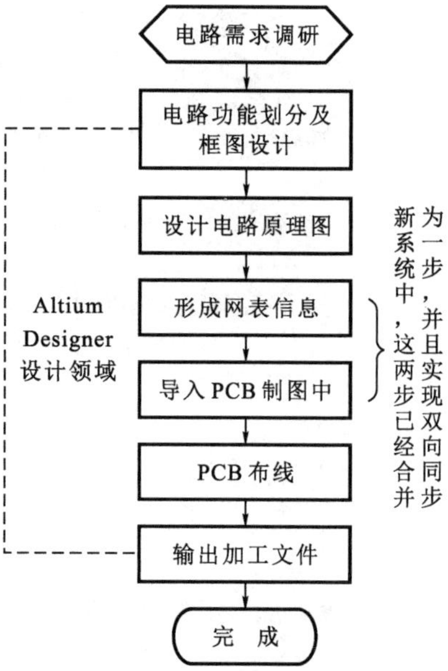

图 4.3.1 设计流程

在本部分,我们使用 Altium Designer 2015 版本来学习电路图的设计和 PCB 板图的设计,即电路原理图绘制、PCB 布线、元器件设计、封装设计等内容。

3.2 Altium Designer 2015 软件简介

Altium Designer 2015 软件的启动界面如图 4.3.2 所示,显示软件当前进行的工作及版本信息。

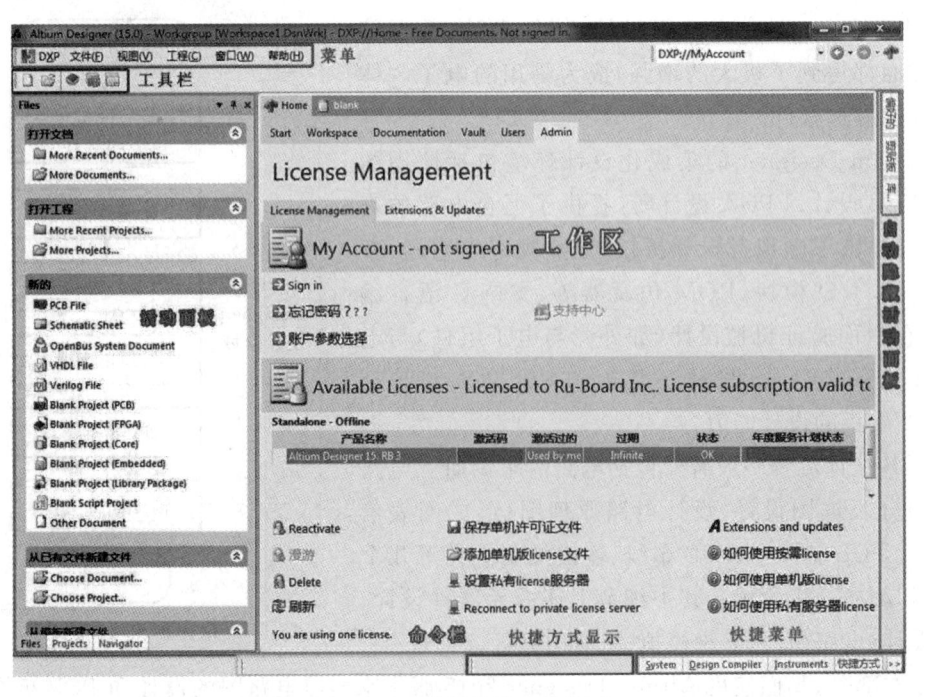

图 4.3.2　软件的启动界面

Altium Designer 2015 默认的工作界面如图 4.3.3 所示。菜单栏包括"DXP""文件""视图""工程""窗口""帮助"等菜单。对于不同的设计目标,软件自动转换出相应的应用菜单,图 4.3.4 是原理图编辑界面,图 4.3.5 是 PCB 板图编辑界面,它们都有各自的应用菜单。

集成化的设计,简化了各系统间的数据交换过程,SCH 和 PCB 设计的双向数据关联,使对电路的修改变得极为简单。

图 4.3.3　软件默认工作界面

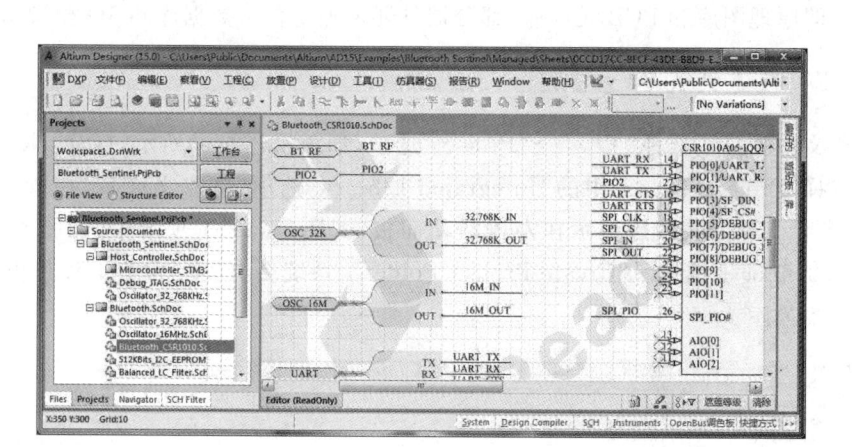

图 4.3.4　原理图编辑界面

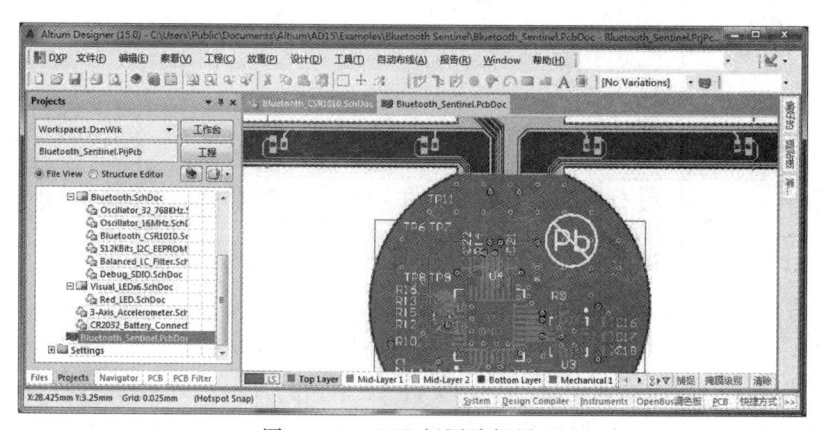

图 4.3.5　PCB 板图编辑界面

自 DXP 版本以来，Altium Designer 软件增加了本地化设置功能，可以通过本地化设置选项，简单地将环境语言转换为与当前操作系统一致的语言。

PCB 设计的步骤涉及三个基本操作：电路原理图的设计、PCB 设计、元器件的符号和封装设计。尽管在 Altium Designer 2015 中已经内置了很多元器件符号和封装，但是仍有部分元器件需要自己设计，以满足电路设计的需求。以下我们按照元器件库设计、原理图设计、PCB 设计的次序，学习 Altium Designer 2015 的基本操作。学习中的设计实例为模拟电源。

3.3　元器件库设计

电子元器件包括电子元件和电子器件两种，它们都是在电路中工作的部件。其中，电子元件是指电阻、电容、电感等无源部件，电子器件是指晶体管、真空管、集成电路等有源部件。在设计电路时，我们需要确定元器件的名称、型号、原理图符号以及 PCB 封装等信息。在元器件库中，这些信息也是构成元器件的基本信息。

在 Altium Designer 2015 中，元器件库是以集成库的形式进行管理的，一个集成库下包含两种库,即原理图库和 PCB 元件库,部分器件还增加了仿真数据库和 3D 模型库。

3.3.1　新建集成库

单击"文件"菜单,选择"New"→"Project"选项,如图 4.3.6(a)所示,打开"New Project"对话框,选择"Project Types"中的"Integrated Library"选项,修改文件名为"Power",如图 4.3.6(b)所示。新建集成库显示在左侧活动面板的"Projects"选项卡中,如图 4.3.6(c)所示,因图 4.3.6(b)中选择了"Create Project Folder",系统会自动创建与工程名相同的文件夹,并保存集成库。

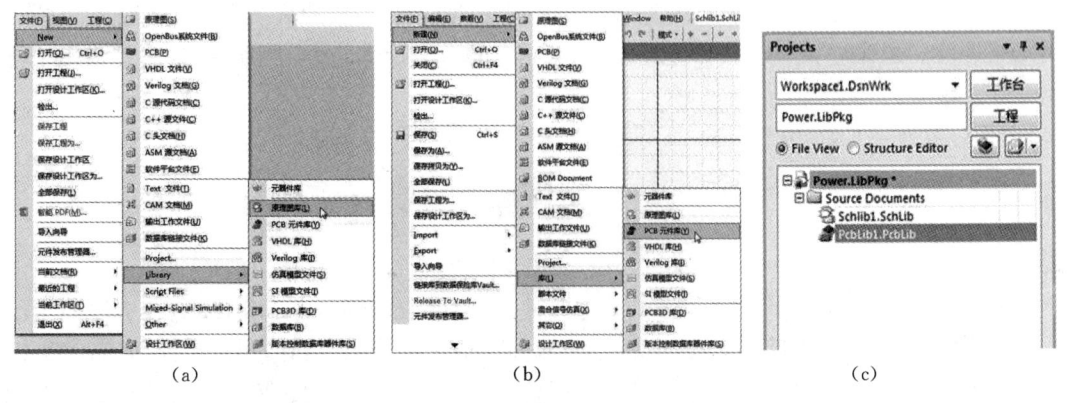

(a)　　　　　　　　　　　　(b)　　　　　　　　　　　　(c)

图 4.3.6　新建集成库

(1) 在集成库中增加原理图库:单击"文件"菜单,在"New"→"Library"选项中选择"原理图库",如图 4.3.7(a)所示,增加原理图库,默认名称为"Schlib1. SchLib",如图 4.3.7(c)所示。

(2) 在集成库中增加 PCB 元件库:单击"文件"菜单,在"新建"→"库"选项中选择"PCB 元件库",增加 PCB 元件库,即封装库,如图 4.3.7(b)所示,默认名称为"PcbLib1. PcbLib",如图 4.3.7(c)所示。

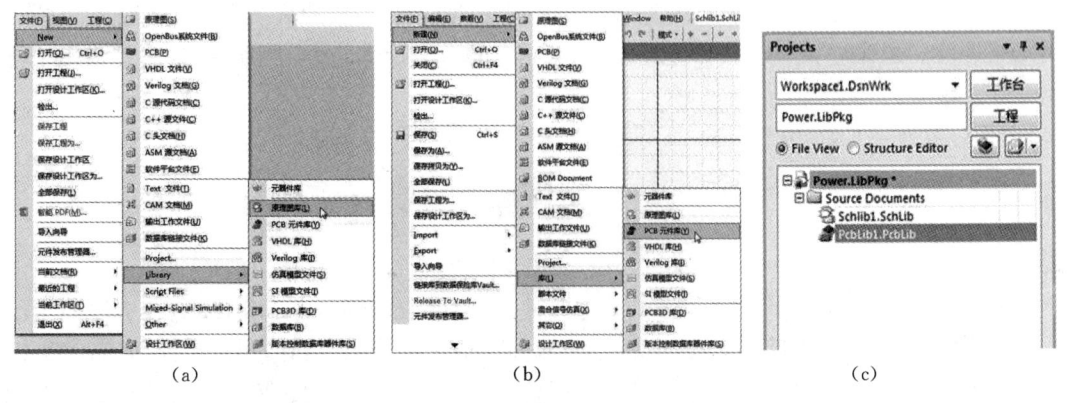

(a)　　　　　　　　　　　　(b)　　　　　　　　　　　　(c)

图 4.3.7　增加原理图库和封装库

至此,完成集成库的建立。右击新建集成库"Power. LibPkg",选择"保存工程",如图

4.3.8(a)所示,弹出保存对话框,如图4.3.8(b)所示,系统依次保存 PCB 元件库、原理图库,单击"保存"按钮。系统在以上两个库保存完毕后,自动保存集成库,无须操作。

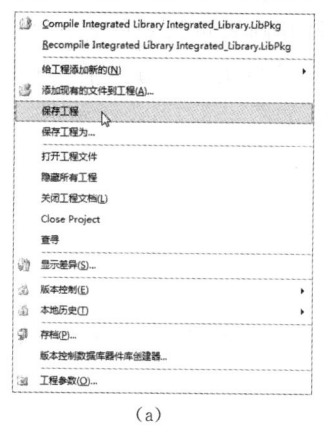
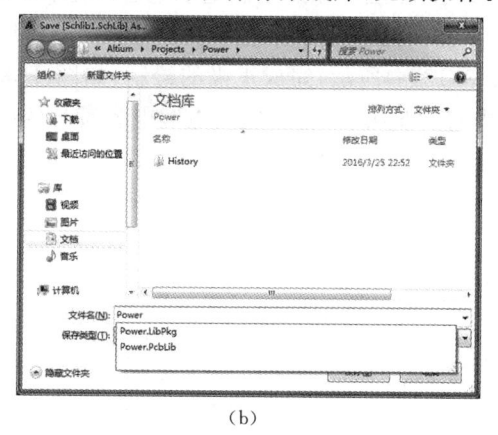

（a）　　　　　　　　　　　　　　（b）

图 4.3.8　保存集成库文件

3.3.2　编辑原理图库

打开原理图库,添加并编辑原理图元器件符号。

3.3.2.1　添加元器件

单击"工具"菜单中的"新器件",打开"New Component Name"对话框,输入器件名称"CAP_E",如图4.3.9所示,单击"确定"按钮完成新器件的添加。下面创建具体的元器件符号:

首先,需要查看元器件库中的情况。在左侧活动面板的下部选项卡中选择"SCH Library",可以查看库中的元器件,并选择需要编辑的元器件进行修改,如图4.3.10所示。

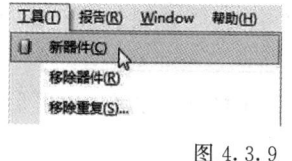
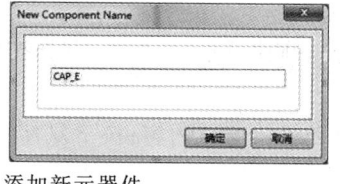
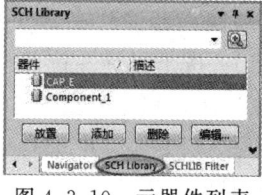

图 4.3.9　添加新元器件

图 4.3.10　元器件列表

3.3.2.2　绘制元器件符号

为了绘制精确的图形符号,需要调整跳转栅格设置。选择工具栏中的图标▦,单击下拉菜单中的"设置跳转栅格"命令,打开设置对话框,默认的跳转栅格为"10",如图4.3.11所示,此处修改为"2"。

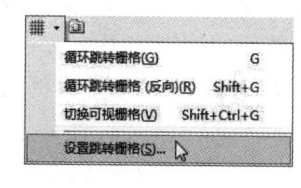
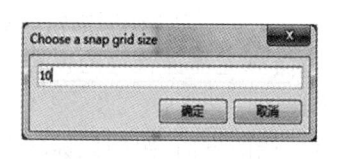

图 4.3.11　设置跳转栅格

常用的电解电容符号的正极为方框,负极为直线,在国际标准中没有该符号,需要自行绘制。步骤如下：右击空白处，在快捷菜单中选择"放置"子菜单中的"圆角矩形"，如图4.3.12(a)所示，在坐标原点绘制电解电容的正极方框。右击方框图形，在快捷菜单中选择"Properties"命令，如图4.3.12(b)所示，或双击图形，打开圆角矩形的设置对话框，修改数据，如图4.3.13(a)所示，完成正极的绘制，如图4.3.13(b)所示。在方框下绘制一条短线，作为电解电容的负极。至此，完成电解电容符号的绘制，如图4.3.13(c)所示。

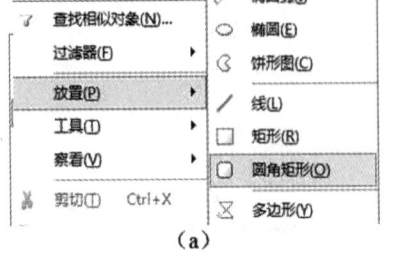
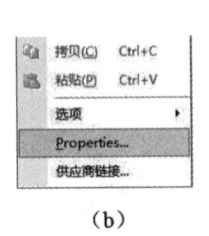

（a）　　　　　　　　　　　（b）

图 4.3.12　绘制元器件符号

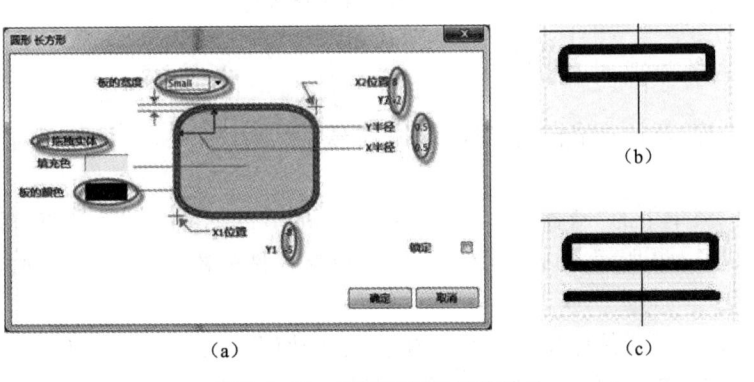

（a）　　　　　　　　　　　（c）

图 4.3.13　图形编辑及最终效果

绘制元器件的快捷方式如下：

（1）按下鼠标左键并移动，可以拖拽对象；拖拽的同时，按空格键，则逆时针旋转拖拽对象（90°/次）。

（2）按下鼠标中键并移动，可以缩放窗口内容；按下鼠标右键并移动，鼠标变成手形，可移动图纸。

3.3.2.3　添加管脚

管脚用于完成电路图中元器件的电气连接，元器件符号需要添加相应的管脚，才构成一个完整的符号。

在工作区右击，选择"放置"中的"引脚"，如图4.3.14(a)所示。默认的引脚如图4.3.14(c)所示。按 Tab 键，打开管脚设置对话框，修改管脚设置，长度设为12，管脚名称和标识都隐藏，如图4.3.14(b)所示，单击"确定"按钮。调整后的管脚如图4.3.14(d)所示，按空格键旋转至合适的方向，放置到元器件符号的连接位置。仍以电解电容为例，完成的电解电容符号如图4.3.14(e)所示。

放置引线时注意引线的方向，跟随鼠标的引线位置是电气连接点，需要在绘制的元器件外侧，否则，在电路图绘制时会出现未连接的提示。在元器件绘制中，电气连接端标识是██。

（a） （b） （c）

（d）

（e）

图 4.3.14 添加管脚

3.3.2.4 管脚设置的其他选项

在配置管脚时，常常需要在标识中标明电平，对高电平没有特别的要求，但是低电平标识需要在管脚说明的上方添加一条横线。在 Altium Designer 中的实现方法是在"管脚属性"对话框的"显示名字"文本框中用"\"来表示负电平，放在需要加横线的字符后面，如图4.3.15 所示，结果可在对话框的右侧实时显示。

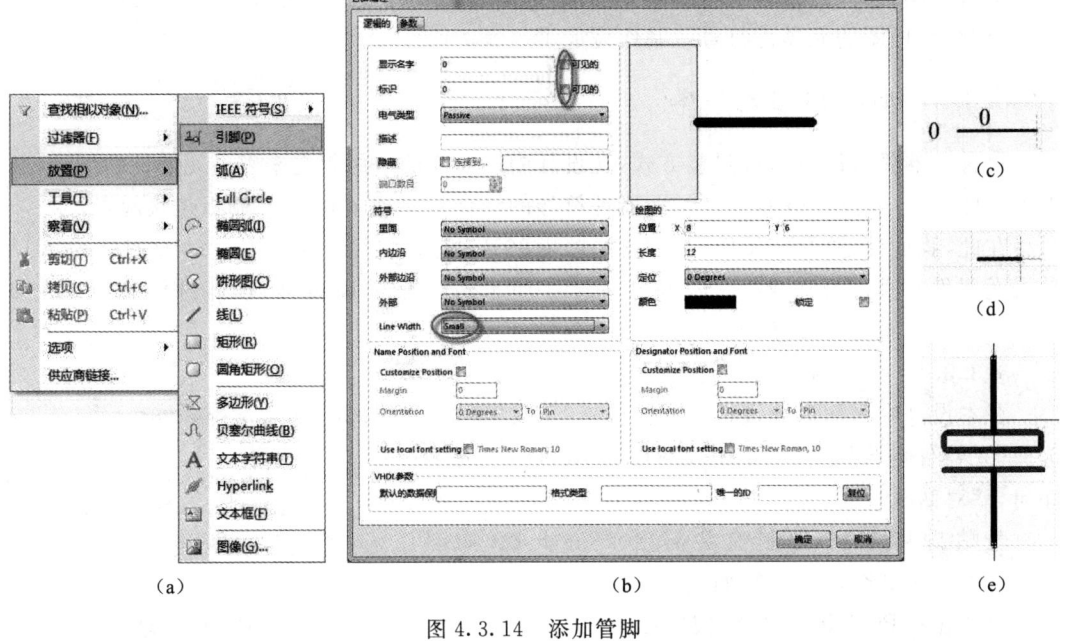

图 4.3.15 "管脚属性"对话框

管脚的其他符号可以在"管脚属性"对话框的"符号"选项组中进行选择和配置。

至此,原理图的元器件符号就制作完成了。

3.3.3　编辑 PCB 元件库

每种元器件可以有多种封装方式,在设计中以对应的一组焊盘来表示元器件的封装,这组焊盘即 PCB 元件。PCB 元件和元器件符号的结合将原理图和 PCB 制板连接起来。

在此,我们新建两个 PCB 元件:表贴封装 3018 和插针封装 RB-0204。表贴封装的 3018 是指元器件本身长为 0.3 英寸(1 英寸＝2.54 厘米),宽为 0.18 英寸;插针封装 RB-0204 的含义是管脚间距为 0.2 英寸,外圆为 0.4 英寸。

3.3.3.1　表贴封装 3018 的设计

在本设计中采用向导设计方式。单击"工具"菜单,选择"元器件向导"选项,如图 4.3.16 所示,打开"元器件向导"对话框。

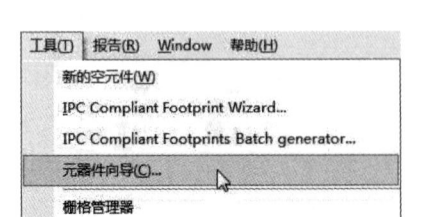

图 4.3.16　新建 PCB 封装

表贴封装 3018 的制作共需要 9 个步骤,如图 4.3.17 所示。9 个步骤分解如下:

(1) 进入 PCB 器件向导欢迎界面。

(2) 设置器件类型和计量单位:此处类型选择电容,计量单位为 mil,即 1/1 000 英寸。

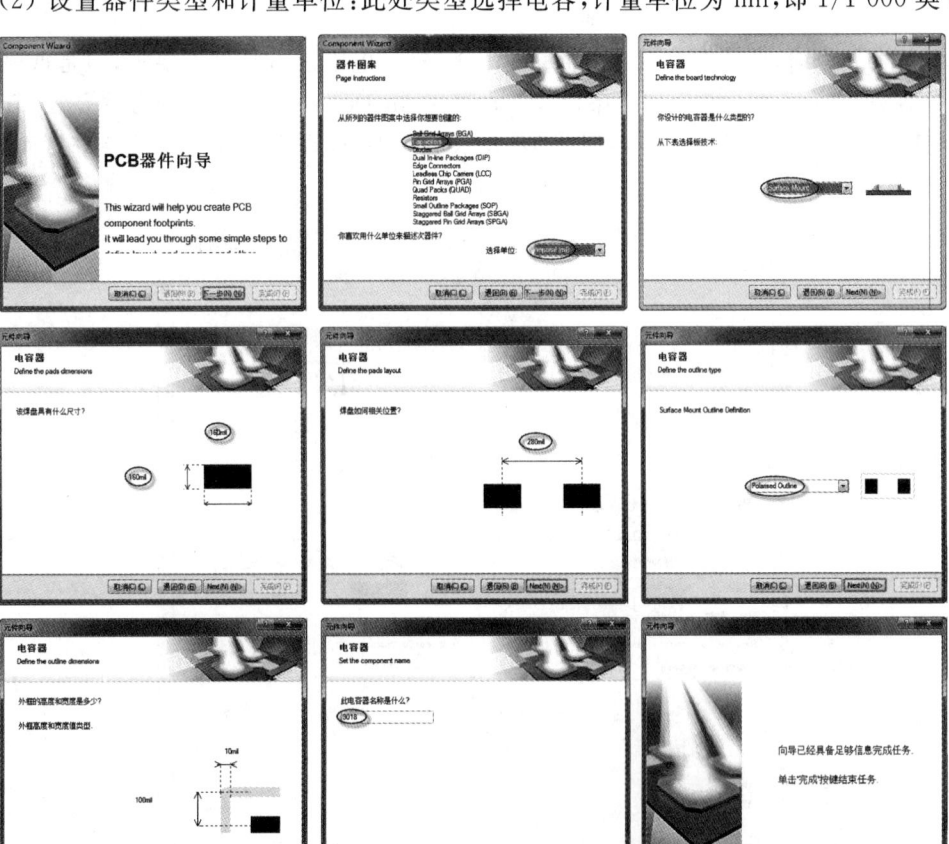

图 4.3.17　制作表贴封装 3018 的 9 个步骤

（3）选择安装方式：默认是过孔方式，修改为表面安装方式（Surface Mount）。

（4）设置焊盘的大小：电容的两个焊盘大小是一致的，采用 160 mil×160 mil 的方形。

（5）设定焊盘中心间距：此处为 280 mil。

（6）设定极性显示：选择极性框线（Polarised Outline）。

（7）设定外框线的大小：注意，这里的高度 100 mil 是从焊盘中心开始计算的。此处采用默认的100 mil。

（8）确定封装的名字：填入"3018"。

（9）显示最后的确认界面：单击"完成"按钮后将生成 3018 的封装图，最后得到的 3018 的信息如图 4.3.18 所示。其中，"Track"是外围框线，"Pad"是焊盘。

3.3.3.2　插针封装 RB-0204 的设计

本设计中采用手工设计。设计要素包括过孔、外圆、极性标识三部分。

双击 PCB 元件库的组件列表中的"PCBCOMPONENT_1"，打开"PCB 库元件"对话框，修改元器件的名称和描述，如图 4.3.19 所示。

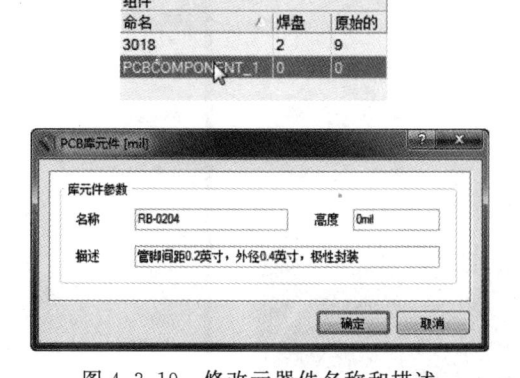

图 4.3.18　完成的封装信息　　　　图 4.3.19　修改元器件名称和描述

在绘制 PCB 元件时，需要注意 PCB 的板层结构。加工时，不同的层有其相应的用途。图 4.3.20 显示了其中的 5 层结构，从左到右依次是顶层布线层、底层布线层、机械层、顶层丝印层、顶层助焊层。

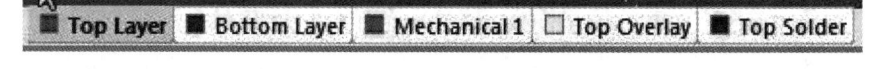

图 4.3.20　PCB 板层结构

在绘制 PCB 元件的不同部分时需要选择合适的层。

（1）放置外径轮廓。

外径轮廓一般放置于顶层丝印层。在图 4.3.20 中选择"Top Overlay"层，在工具栏中选择"放置圆环"工具，然后以（100 mil，0）点为圆心，拖动鼠标，绘制外圆，直径为 400 mil，如图 4.3.21 所示。

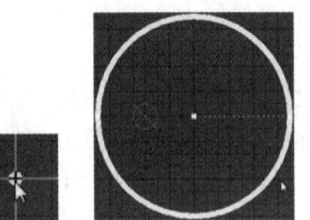

图 4.3.21　绘制轮廓

（2）放置焊盘。

焊盘需要放置于多层（Multi-Layer），这样在 PCB 布线使用多层板时，可自动在多层间设置焊盘，也可以选择单层放置焊盘。双击焊盘，打开"焊盘"对话框，检查焊盘参数，设置焊盘通孔尺寸为"28 mil"，外径为"60 mil"，如图 4.3.22 所示。

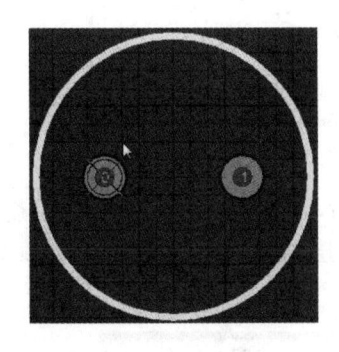
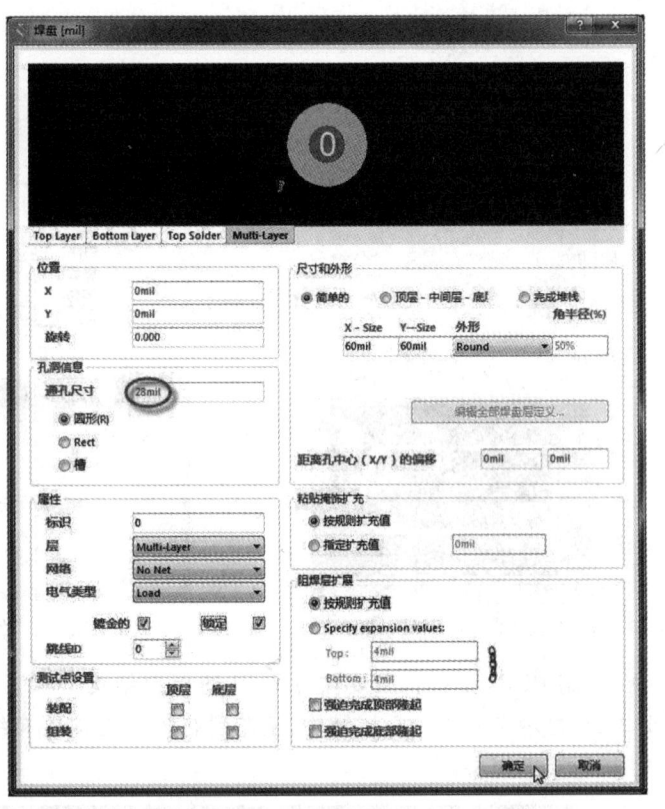

图 4.3.22　设置焊盘尺寸

（3）设定极性。

一般采用"＋"表示正极，采用阴影表示负极。在图 4.3.20 中选择"Top Overlay"层，在工具栏中选择"放置走线"工具，在右侧的焊盘与外围轮廓线之间绘制"＋"，如图 4.3.23 所示。

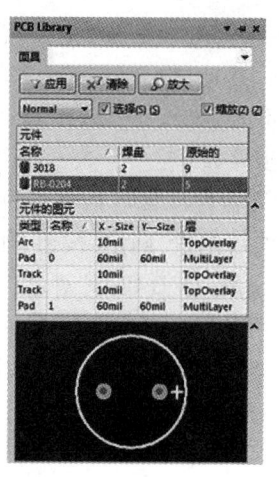

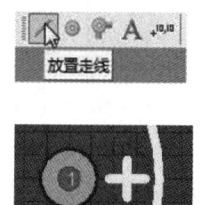 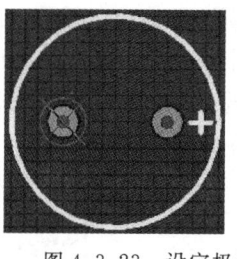

图 4.3.23　设定极性

至此,完成 PCB 元件 RB-0204 的绘制。

3.3.4　为原理图库元器件添加封装属性

打开原理图库,切换到"SCH Library"选项卡,双击需要编辑的元器件,如图 4.3.24 所示,打开元器件编辑对话框,如图 4.3.25 所示。

图 4.3.24　编辑电容 CAP_E

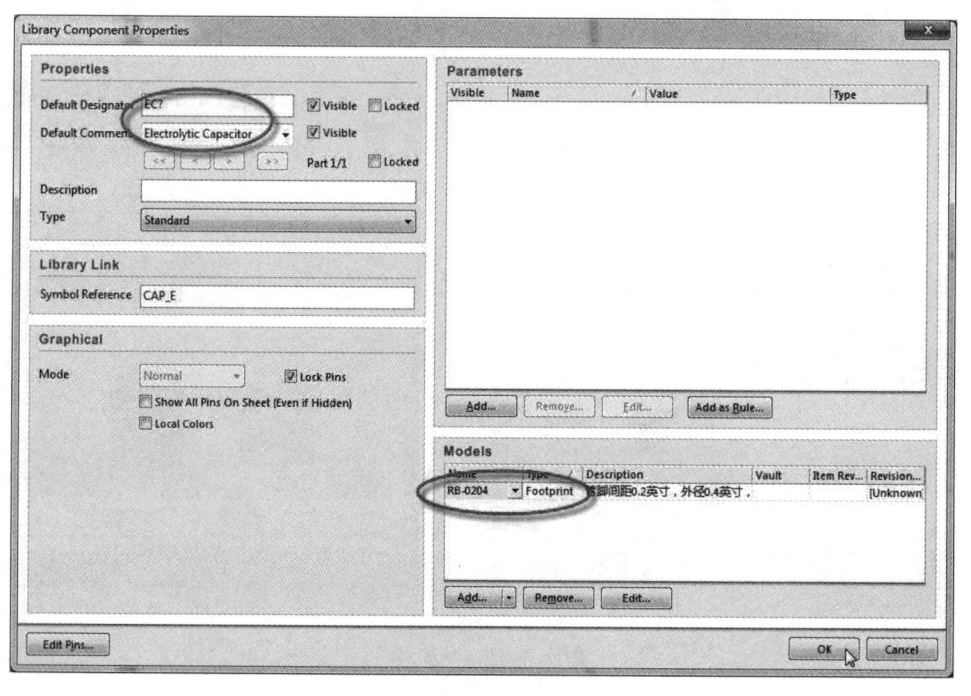

图 4.3.25　原理图的元器件编辑

在元器件编辑对话框中，主要编辑"属性"（Properties）选项组的"默认标识"（Default Designator）项，在此，取元器件英文名称单词的首字母组成名字主体，后面的"?"用于自动编排元器件，不能省略。此外，还需要编辑的是元器件封装的添加，在右下角的"Models"选项组中进行，步骤如下：

（1）单击元器件编辑对话框中的"Add"按钮，打开"添加新模型"对话框，模式类型选择"Footprint"，然后单击"确定"按钮，如图 4.3.26(a)所示。

（2）在弹出的"PCB 模型"对话框中单击"浏览"按钮，如图 4.3.26(b)所示。

（3）在弹出的"浏览库"对话框中选择"3018"PCB 元件，如图 4.3.26(c)所示，单击"确定"按钮，返回"PCB 模型"对话框，如图 4.3.26(d)所示。

（4）在"PCB 模型"对话框中单击"确认"按钮，完成封装的添加。

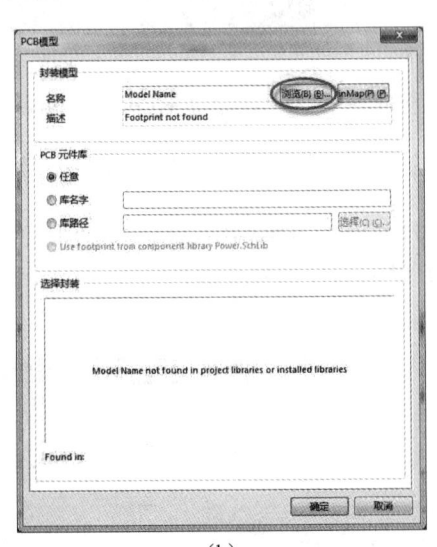

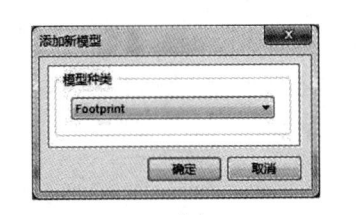

（a）

（b）

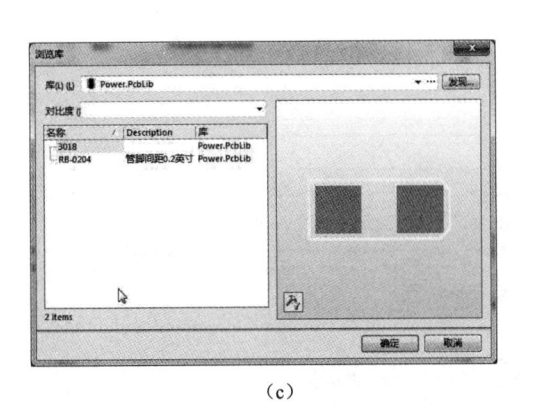

（c）

（d）

图 4.3.26　增加封装

（5）继续按照上述流程将 RB-0204 的封装添加到"Models"选项组的封装列表中，如图 4.3.27 所示。

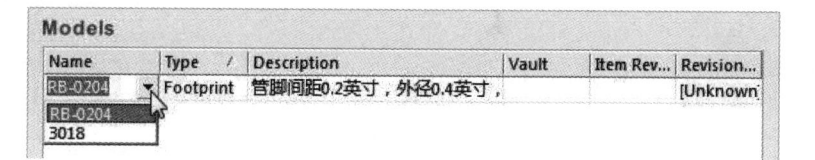

图 4.3.27　封装列表

（6）确认并返回原理图编辑界面，在"模型"列表中出现了刚加入的封装，并将对应的封装图形显示在封装图例中，如图 4.3.28 所示。

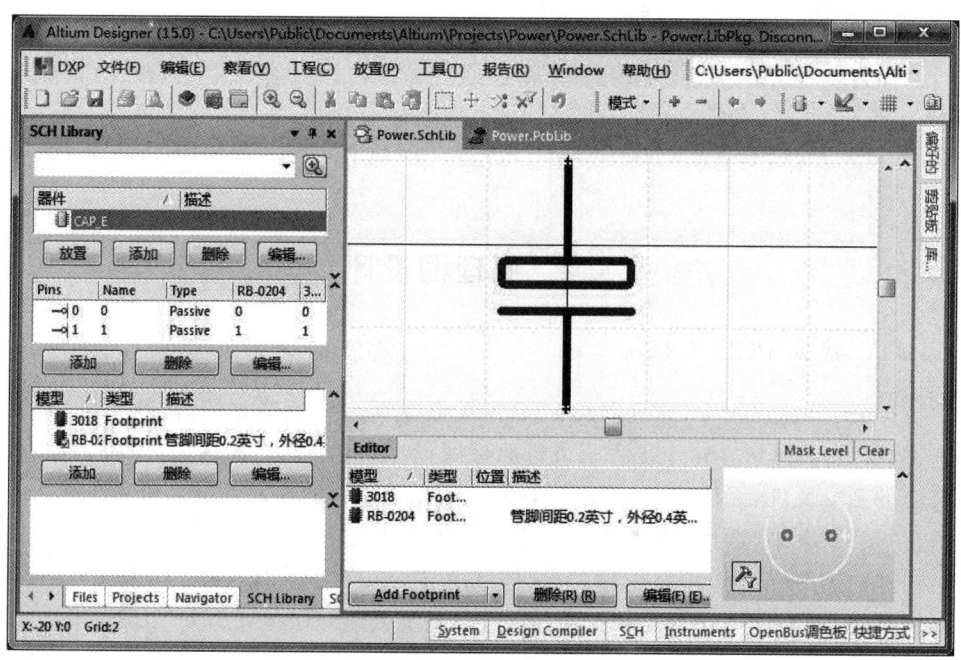

图 4.3.28　原理图编辑界面

3.3.5　编译集成库

完成集成库的设计后，需要对集成库进行编译，步骤如下：

（1）右击集成库名称，在快捷菜单中选择"Compile Integrated Library Power. LibPkg"（如图 4.3.29 所示）。

（2）系统自动对原理图库和 PCB 元件库进行检查。如果有错误，会弹出错误信息列表；如果没有错误，将直接打开右侧库选择面板，将原理图库自动添加到库列表中，如图 4.3.30 所示。

至此，元器件库的设计全部完成。

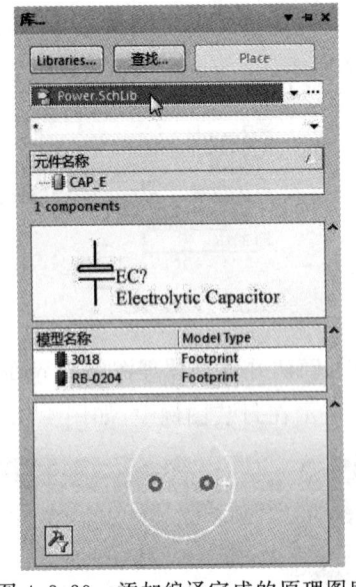

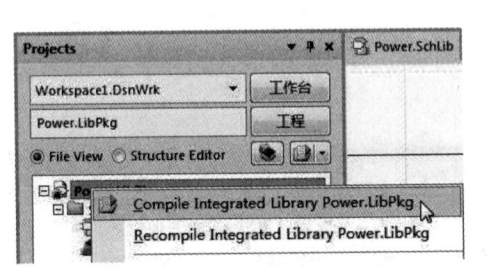

图 4.3.29　编译集成元器件库　　　　　图 4.3.30　添加编译完成的原理图库

3.4　原理图设计

3.4.1　建立 PCB 工程

在 Altium Designer 中,原理图和 PCB 的关联是通过工程建立的,也就是说,需要先建立一个 PCB 工程,然后在这个工程下进行原理图设计和 PCB 设计,否则,原理图和 PCB 都成为自由的独立文件,无法建立关联,从而失去了交互设计的能力。

单击"文件"菜单,选择"新建"→"Project",如图 4.3.31(a)所示,打开"New Project"对话框,选择"PCB Project",填写工程名,选择目录"Power",去除"Create Project Folder"选项前的对钩,如图 4.3.31(b)所示,单击"OK"按钮,系统创建并保存"Power"工程。

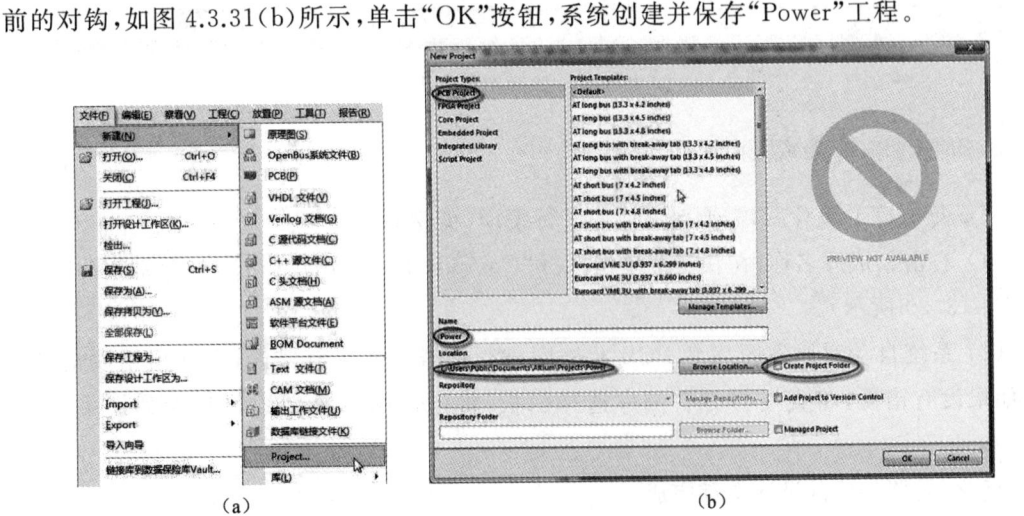

（a）　　　　　　　　　　　　　　（b）

图 4.3.31　新建和保存工程

3.4.2　添加原理图

打开"文件"菜单,选择"新建"→"原理图",创建新原理图。选择工具栏上的图标 ,在弹出的对话框中设置文件名为"Power",单击"保存"按钮,如图 4.3.32 所示。

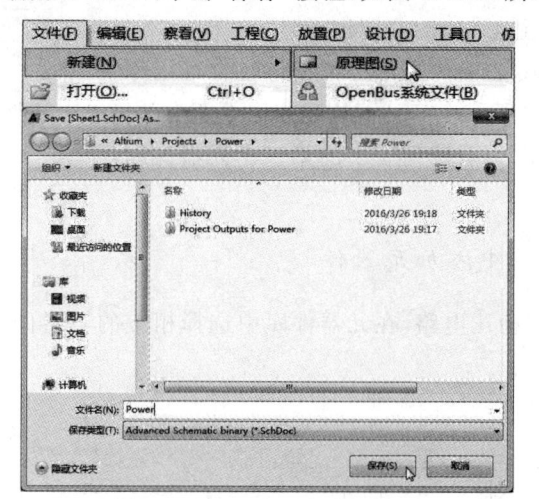

图 4.3.32　添加并保存原理图

3.4.3　添加元器件库

默认打开的元器件库除了两个基本库"Miscellaneous Devices. IntLib"和"Miscellaneous Connector. IntLib"外,还有 15 个 FPGA 库。这里我们需要关闭 FPGA 库,并添加一个集成电源库。

(1) 单击软件右侧面板的"库",打开"库"活动面板,如图 4.3.33(a)所示。

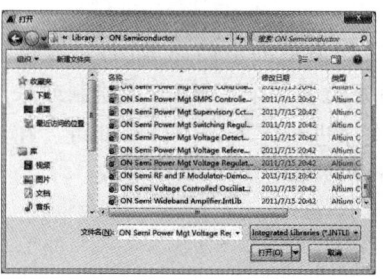

(a)

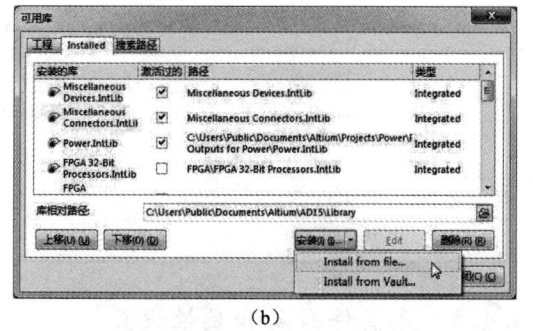

(b)

(c)

(d)

图 4.3.33　添加元器件库

（2）在"库"活动面板中单击"Libraries"按钮，弹出"可用库"对话框，如图4.3.33(b)所示。

（3）单击"可用库"对话框的"安装"→"Install from file"，在弹出的"打开"对话框中选择合适的元器件库，这里选择的是"ON Semiconductor"厂家的集成电源库"ON Semi Power Mgt Voltage Regulator.IntLib"，如图4.3.33(c)所示。

（4）单击图4.3.33(c)中的"打开"按钮，返回"可用库"对话框，如图4.3.33(d)所示。"库"下拉列表中更新为已经激活的元器件库，默认库为下拉列表中的第一个元器件库，如图4.3.34所示。

图4.3.34　"库"下拉列表

3.4.4　向原理图中添加元器件

设计的电路是电源稳压电路，在元器件库中选择相应的元器件，放置于原理图中，如图4.3.35所示。

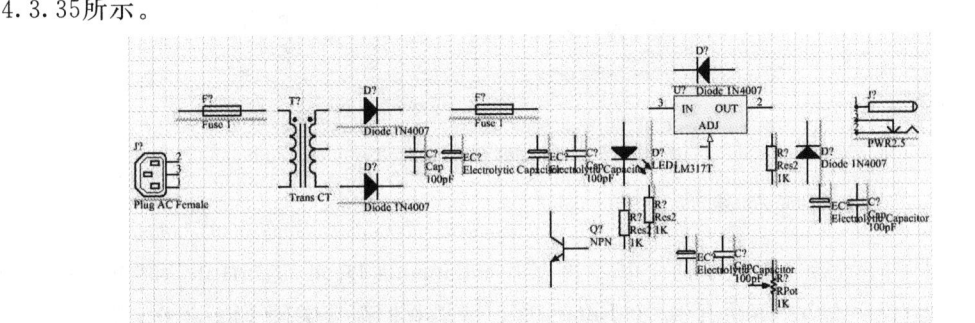

图4.3.35　添加元器件

各元器件库及对应的元器件如表4.3.1所示。

表4.3.1　元器件库与元器件

元器件库	元器件
Miscellaneous Devices	保险丝、变压器、晶体管、电阻、电容、可调电阻、发光管
Miscellaneous Connectors	插　座
ON Semi Power Mgt Voltage Regulator	LM317T
Power	电解电容

3.4.5　元器件布局和属性设置

原理图中元器件布局的目的是让用户绘制一个层次清晰的电路原理图，一般可以按照功能进行划分。对于复杂的电路，可以将电路原理图分为若干个区域，分区绘制或采用层次设计的方法。简单的电路原理图只需要按照一定的次序进行元器件的排布即可。在进行元器件布局之前，需要对元器件进行属性设置，以符合我们对电路图显示的要求。

3.4.5.1　元器件属性设置

双击需要设置属性的元器件，打开元器件设置窗口。

一般我们标注元器件的方式是直接写明型号或数值，对于不同的器件，需要设置的参数也不同。对于晶体管来说，一般设置的是晶体管的注释和封装，图4.3.36(a)所示的二极管注释只保留型号"1N4007",封装采用默认的即可。

电容的设置则涉及 3 个参数,如图 4.3.36(b)所示。首先关闭注释。在阻容元件中,注释一般是元件的英文缩写,由于外形符号已经可以说明该元件了,所以,一般会选择关闭注释。对于阻容元件而言,元件的数值更重要,所以,一般会显示对应的数值,这个值一般出现在参数设置界面右上方的"Parameters"区域,直接单击元件的显示值即可修改。

最后是封装,可以通过封装列表查看可用的封装,并选择合适的封装。如果没有合适的封装,可以添加新的封装形式,具体操作参考本章第 3.3.4 节的内容。

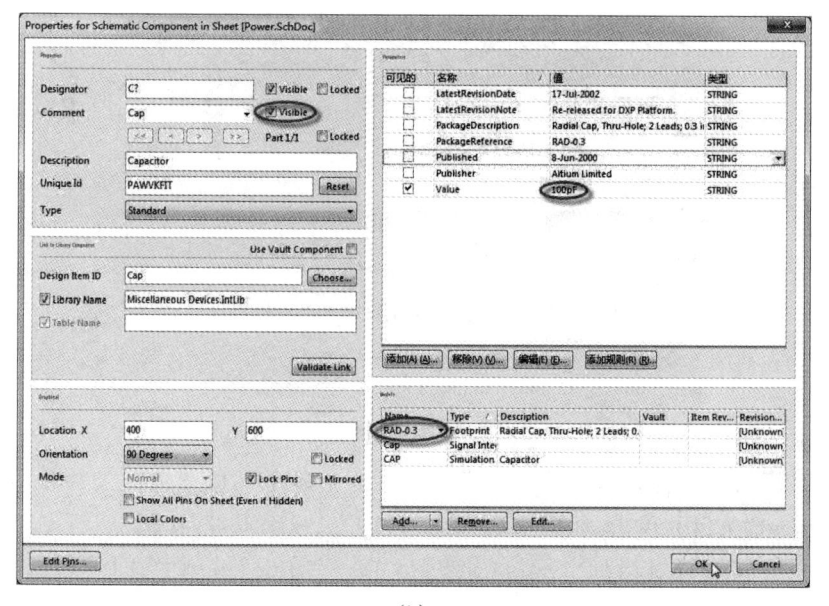

（a）

（b）

图 4.3.36 元器件属性设置

3.4.5.2　批量修改元器件参数

在原理图绘制中,有时我们需要批量修改某些参数,比如,将所有电容元件的注释
"CAP"关闭,步骤如下:

(1)右击电容,在打开的快捷菜单中选择"查找相似对象"选项,如图4.3.37所示。

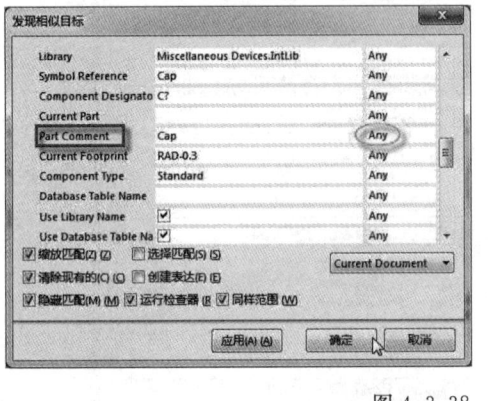

图 4.3.37　选择"查找相似对象"

(2)在弹出的"发现相似目标"对话框中找到注释条目"Part Comment",将其右侧的
"Any"改为"Same",如图4.3.38所示,然后单击"确定"按钮。

图 4.3.38　过滤器设置

(3)原理图编辑界面中,所有匹配选项的元件为深色,表示可编辑,浅色元件不可编辑,
如图4.3.39所示。

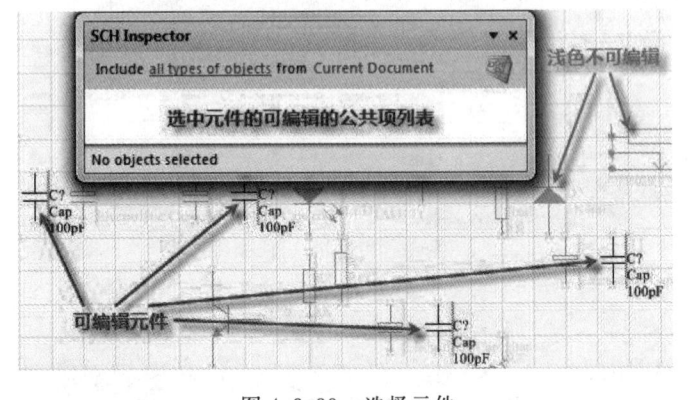

图 4.3.39　选择元件

(4)框选所有元器件,"SCH Inspector"对话框中显示可以编辑的公共项,找到蓝色的
"Part Comment"条目并单击,如图 4.3.40(a),打开二级编辑对话框。

(5)钩选二级编辑对话框"Graphical"子选项下"Hide"右侧的选择框,选择框右边的
"False"变为"True",如图4.3.40(b)所示。关闭对话框,完成修改。

(6)按 Shift+C 组合键清除过滤器。图4.3.41所示为批量修改后的元器件图。

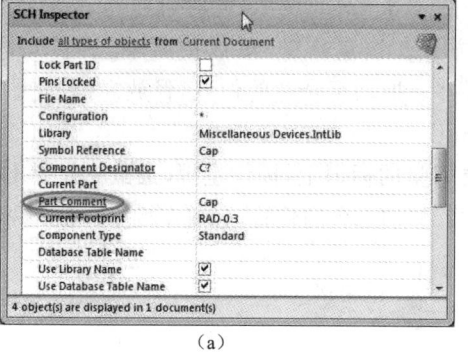
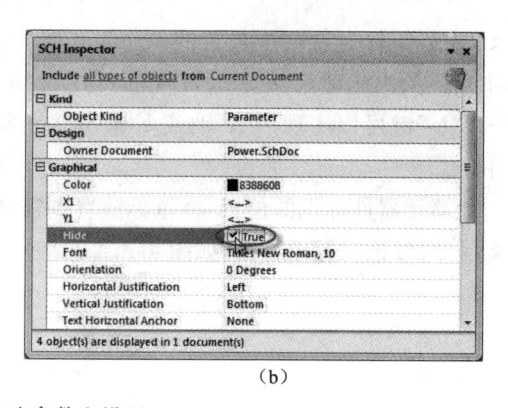

（a）　　　　　　　　　　　　　（b）

图 4.3.40　修改参数和设置

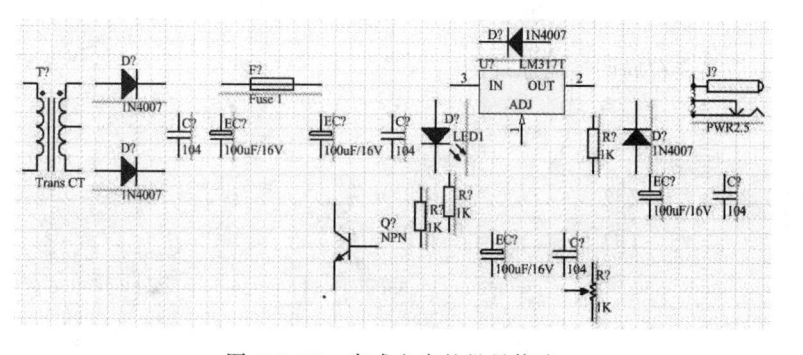

图 4.3.41　完成电容的批量修改

3.4.5.3　元器件参数的直接修改

若要对某个元器件的显示参数进行修改，可以直接双击需要修改的元器件参数，打开"参数属性"对话框，并定位在对应的字符串位置，直接进行修改，如图 4.3.42（a）所示。该方式下可修改的选项较多，比如，隐藏字符串、显示坐标等。也可以通过两次单击元器件的显示参数，直接进入该字符串的修改状态，在原理图上进行修改，如图 4.3.42（b）所示，这种方式仅可以修改字符串的值。

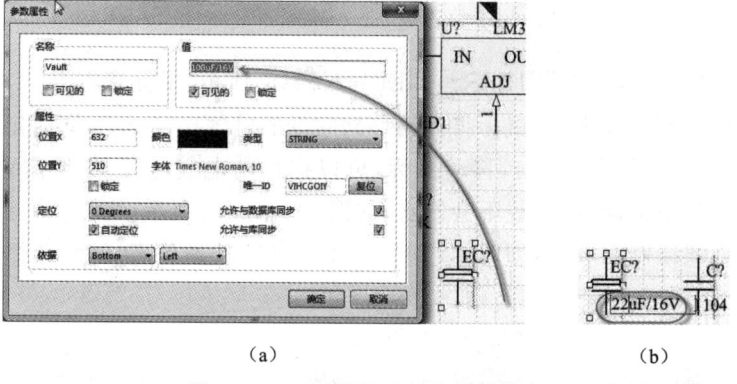

（a）　　　　　　　　　　　　　（b）

图 4.3.42　元器件显示参数的修改

3.4.5.4　元器件布局

原理图中的元器件布局主要涉及元器件的移动、旋转，元器件各标识的位置调整等。
调整元器件的位置：在需要移动的元器件上按住左键，直至元器件各电气连接点出现定位叉,并且鼠标自行跳至最近的一个定位叉,如图 4.3.43(a)所示,此时可以拖动该元器件,同时可以在快捷键区域显示常规的可用快捷方式。按空格键,可以按照 90°旋转元器件,"X"和"Y"键可以实现以 X 轴或 Y 轴翻转元器件。拖动至合适的位置,释放左键,放置该元器件。

调整元器件标识的位置:将鼠标放置到需要调整的标识上,按住左键,至鼠标指针出现定位叉后,即可拖动标识字符,如图 4.3.43(b)所示。移动至合适位置,释放左键,放置该字符串。

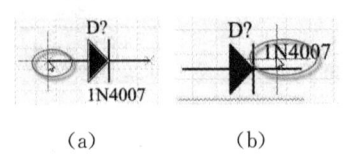

(a)   (b)

图 4.3.43　移动元器件及标识

图 4.3.44 是完成布局调整的原理图。

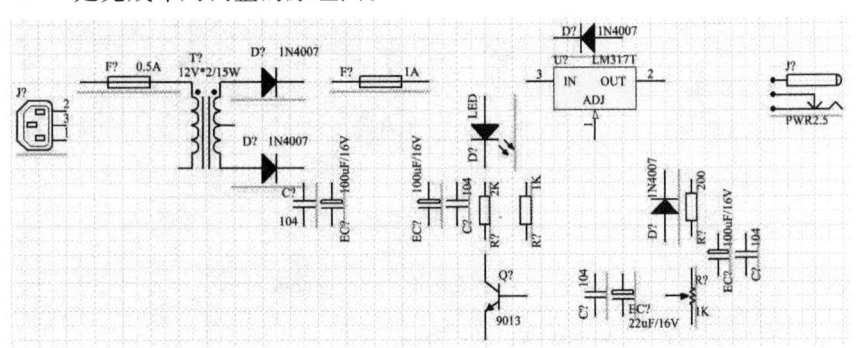

图 4.3.44　完成布局调整的原理图

3.4.6　连接和编译

电气连接主要完成元器件间的互连,比如,放置连线、地线和处理交叉线。编译是对原理图进行电气连接的分析,以保证原理图的电气连接符合电路的设计要求。

3.4.6.1　连接

选择工具栏中的"放置线"图标 ≋ ,如图 4.3.45(a)所示,鼠标变为图 4.3.45(b)所示的形式。将鼠标移到元器件附近,鼠标将自动移到附近的电气连接点上,同时定位叉标识变为红色,如图 4.3.45(c)所示。单击,移动鼠标,可以拖拉出电气连线,如果需要多次拐弯,则在需要拐弯的位置单击即可,连线不会终止,如图 4.3.45(d)所示。到达另一个电气连接点位置,单击,则连线绘制完成,返回图 4.3.45(b)所示的待选择状态,继续选择和绘制下一条电气连线。

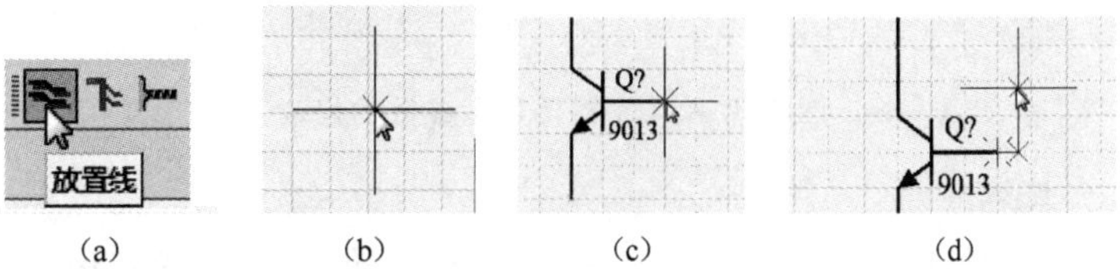

(a)   (b)   (c)   (d)

图 4.3.45　放置连线

交叉点的处理:三线及四线相交时,交点处自动生成节点,如图 4.3.46(a)所示,而交叉跨接是指直接交叉而过,如图 4.3.46(b)所示。交叉跨接的这种直接交叉方式在打印图纸上的显示不是很清晰,容易被误判为两线连接,为此,采用弧形跨接更为明显。

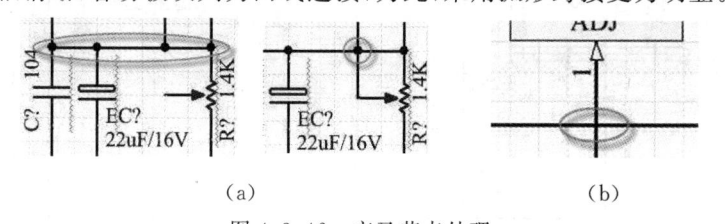

(a)　　　　　　　　　　　　　　　　(b)

图 4.3.46　交叉节点处理

右击原理图,在弹出的快捷菜单中选择"选项"中的"设置原理图参数",在弹出的"参数选择"对话框中钩选"显示 Cross-Overs"选项,如图 4.3.47 所示,然后单击"确定"按钮,则交叉跨接被改成弧形跨接方式,如图 4.3.48 所示。

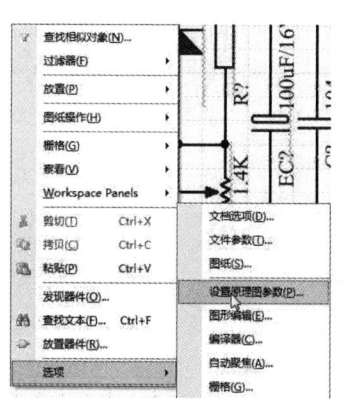
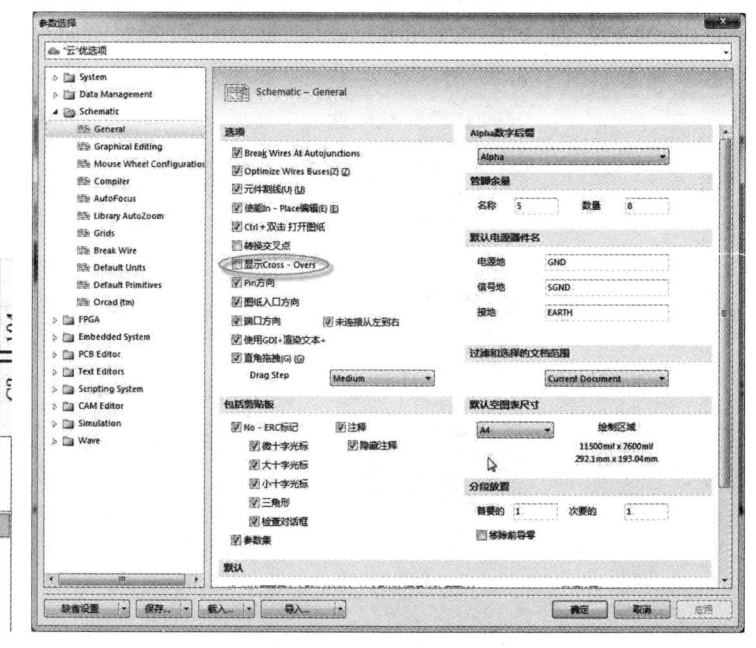

图 4.3.47　原理图参数修改

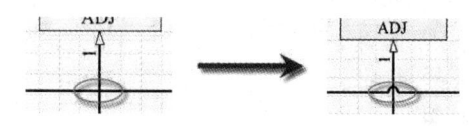

图 4.3.48　自动处理结果

选择工具栏中的 ⏚ 放置地线。至此,完成原理图的电气连接,如图 4.3.49 所示。

连接完成后对原理图进行修改时,需要注意,默认元器件的移动是独立移动的,移动之后元器件的电气连接中断,如果需要不中断电气连接进行移动,可使用快捷方式——Ctrl 键＋鼠标拖动。"参数选择"对话框中有一个"一直拖拉"选项,当钩选该选项后,选中元器件,则空格键的功能将变为改变连接选中点连线的走线方式。

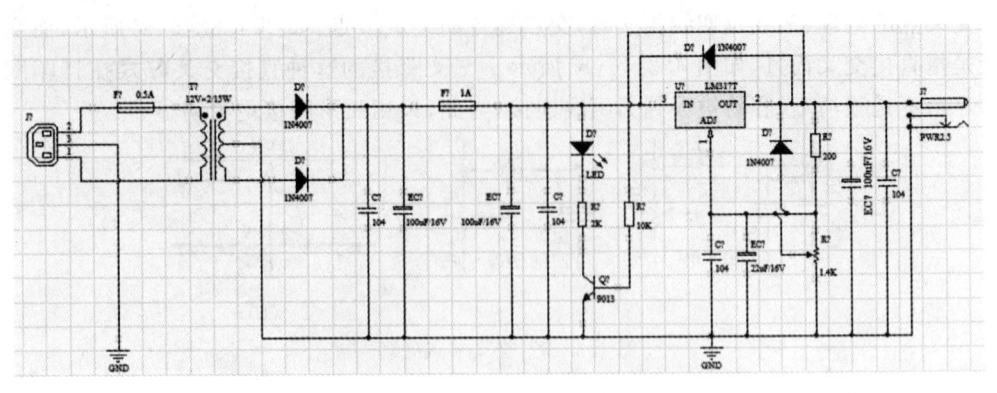

图 4.3.49 完成电气连接的原理图

3.4.6.2 元器件编号

选择"工具"菜单中的"标注所有器件",如图 4.3.50(a)所示,在弹出的标注确认对话框中单击"Yes"按钮,如图 4.3.50(b)所示,软件将自动对电路中的元器件进行标注。完成标注的原理图如图 4.3.51 所示。

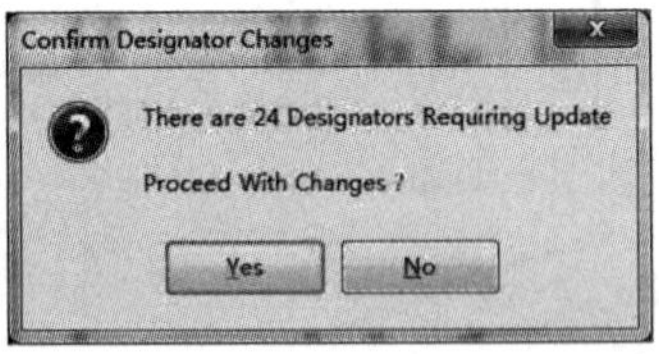

(a)   (b)

图 4.3.50 选择自动标注

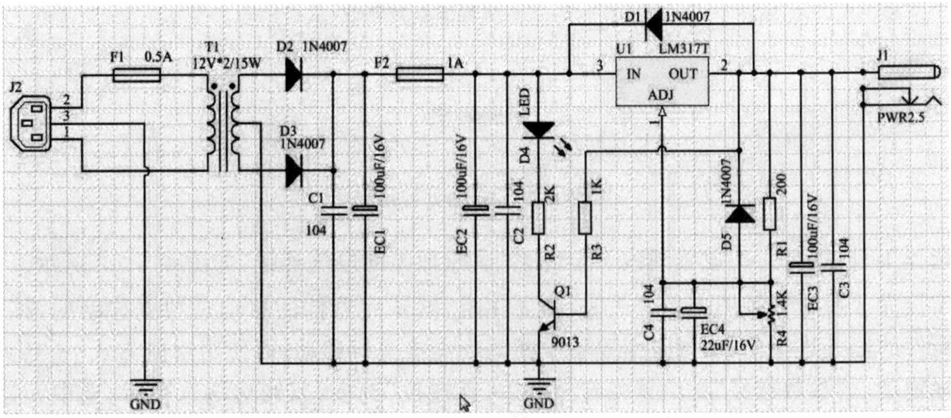

图 4.3.51 自动标注完成后的原理图

3.4.6.3　编译原理图

原理图绘制完毕后,还需要对其进行编译。编译时,软件将对原理图进行处理,查找是否存在错误。如果有错误,则将弹出"Messages"对话框,列出错误信息。

在左侧活动面板中右击原理图名称"Power. SchDoc",在快捷菜单中选择"Compile Document Power. SchDoc",如图4.3.52所示,编译选中的原理图。

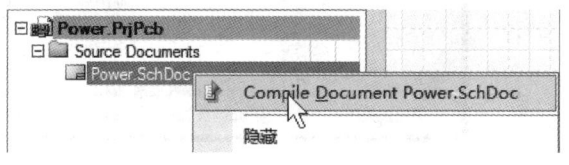

图 4.3.52　编译原理图

3.5　PCB 设 计

3.5.1　新建 PCB 文件

在左侧活动面板中右击工程名称"Power. SchDoc",在弹出的快捷菜单中选择"给工程添加新的"子项中的"PCB"选项,如图 4.3.53(a)所示,为工程建立一个新的空 PCB 文档。选择工具栏中的图标 ,保存新建的 PCB 文件为"Power. PcbDoc",在工程列表中将增加一个 PCB 文件,如图 4.3.53(b)所示。

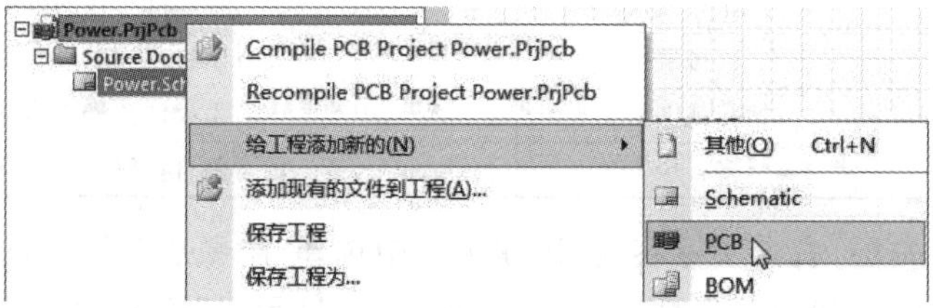

（a）

（b）

图 4.3.53　创建新的"Power. PcbDoc"文件

3.5.2　设置板层和板框

3.5.2.1　设置板层

默认的板层一般包含丝印层、阻焊层、多层等,有些板层在简单设计时并不需要,而进行复杂设计时又需要增加更多的板层,以满足电路的电气要求。

右击 PCB 板图编辑界面底部左边的图标 LS ,在快捷菜单中选择"板层设置"命令,弹出"层设置管理器"对话框,从中可以查看当前在用的各层,如图 4.3.54 所示。各板层的说明见表 4.3.2。

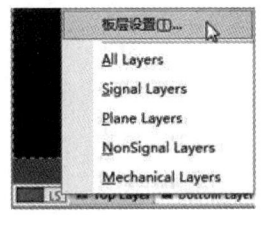

图 4.3.54　查看板层设置

表 4.3.2　各板层的说明

名　称	含　义	用　途
Top Layer	顶层布线层	放置元器件、布线、敷铜
Bottom Layer	底层布线层	
Top Overlay	顶层丝印层	放置元器件信息及标识
Bottom Overlay	底层丝印层	
Top Paste	顶层焊膏层	焊膏涂敷层
Bottom Paste	底层焊膏层	
Top Solder	顶层阻焊层	阻焊剂涂敷层
Bottom Solder	底层阻焊层	
Drill Guide	钻孔说明层	放置兼容性钻孔信息
Keep-Out Layer	禁止布线层	确定可布线的范围
Mechanical 1	机械层	放置制板、装配、尺寸等信息
Drill Drawing	钻孔视图层	生成钻孔指定信息
Multi-Layer	多　层	元器件自动放置在所有层中

　　隐藏暂时不用的层:右击层标签,在快捷菜单中选择"隐藏层"子菜单中需要隐藏的层名称,即可将该层隐藏。同时在"隐藏层"下方出现一个"显示层"选项,隐藏起来的各层就放置在"显示层"子菜单中,如图 4.3.55 所示。

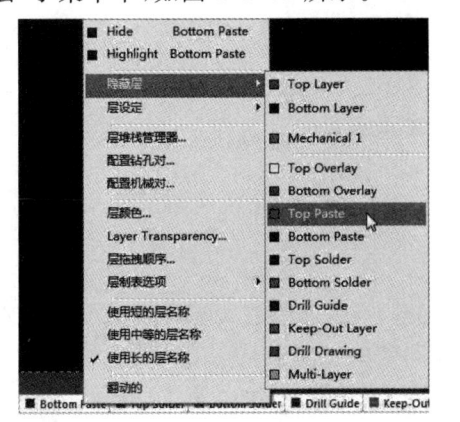

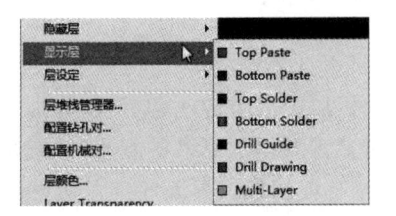

图 4.3.55　隐藏暂时不用的层

3.5.2.2 设置板框

进行元器件布局布线时,需要我们给出 PCB 板的可用空间,因此,在布局布线之前需要绘制 PCB 板的外形,即板框。

板框的设置分为两部分:在机械层设置 PCB 板的外形尺寸;在禁止布线层设置可布线的范围,小于机械层设定的外形尺寸。

选择机械层,绘制 PCB 板外形,绘制尺寸为 4 600 mil×2 400 mil。绘图工具为"放置"菜单中的"走线"和"圆弧",如图 4.3.56(a)所示。此处只使用"走线"工具。机械层绘制完成后,激活禁止布线层,再绘制可布线范围,每边缩进 40 mil 绘制,效果如图 4.3.56(b)所示。

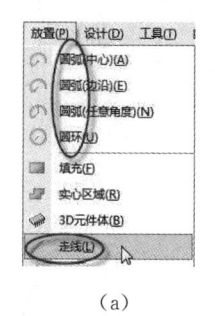
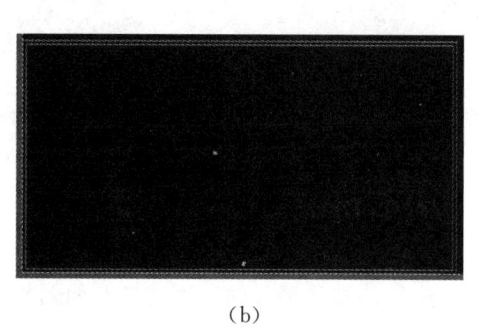

（a） （b）

图 4.3.56 板框的绘制

3.5.3 导入元器件和布局

3.5.3.1 导入元器件

元器件的导入有两种方法:一是在 PCB 环境中导入原理图的元器件,二是从原理图中直接传送元器件到 PCB。

(1) 在 PCB 环境中导入原理图的元器件:在 PCB 板图编辑界面中,选择"设计"菜单中的"Import Changes From Power. PrjPcb"选项,弹出"工程更改顺序"对话框,单击"执行更改"按钮,完成元器件和网表的导入,如图 4.3.57 所示。

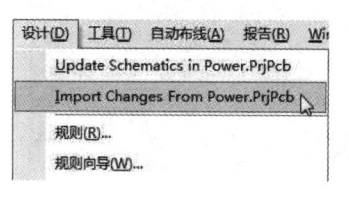

图 4.3.57 导入元器件和网表

(2) 从原理图中直接传送元器件到 PCB:切换到原理图编辑界面,选择"设计"菜单中的"Update PCB Document Power. PcbDoc"选项,弹出"工程更改顺序"对话框,单击"执行更改"按钮,如图 4.3.58 所示,设计环境自动转换到 PCB 板图编辑界面,并将元器件调入默认PCB 设计范围(即 PCB 的黑色设计空间)的右侧,如图 4.3.59 所示。

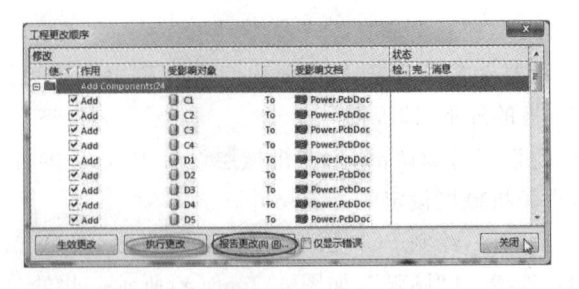

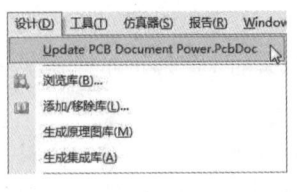

图 4.3.58　从原理图中传送元器件到 PCB

图 4.3.59　默认导入的元器件排布

3.5.3.2　布局

布局只能手工进行。默认调入的元器件排布如图 4.3.59 所示,其中右侧的棕红色方块区域是 Room 区,对于多层次设计的电路图可以利用 Room 区构成不同的功能组,每组的元器件将直接放置在其所属的 Room 区中。这里只有一个布线区域,所以可以将 Room 区删除。

首先,将元器件移到设定的板框中,然后进行布局,方式和原理图中完全一样,可以参照本章的 3.4.5.4 节进行操作。完成布局的 PCB 板图如图 4.3.60 所示。

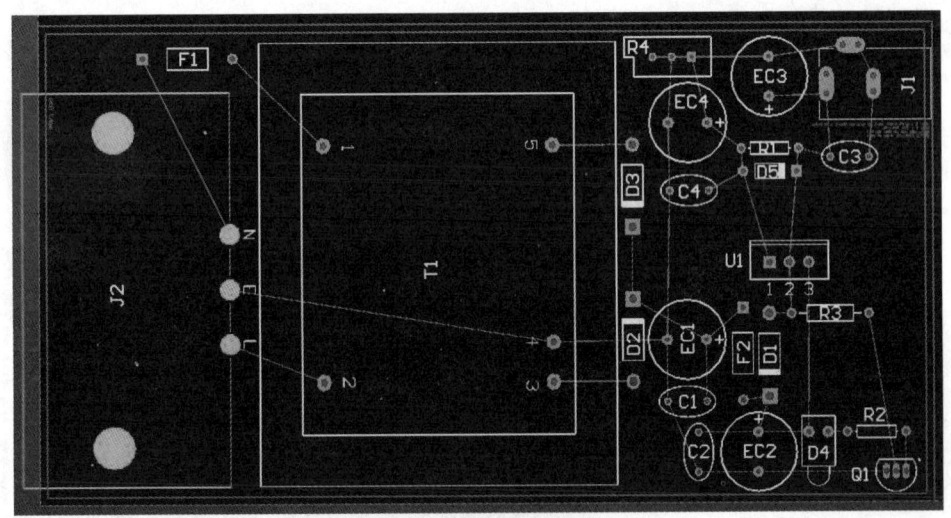

图 4.3.60　完成布局的 PCB 板图

3.5.3.3　DRC 检查

在整个布局过程中可以看到,无论怎么放置,J2 始终呈绿色,这说明 J2 存在超出规则限制的方面,需要进行 DRC(Design Rule Check)操作,即设计规则检查,步骤如下:

(1) 选择"工具"菜单中的"设计规则检查"选项,弹出"设计规则检测"对话框,单击左下角的"运行 DRC"按钮,如图 4.3.61 所示。

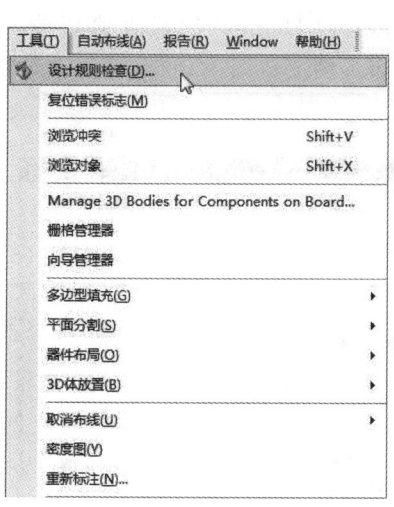
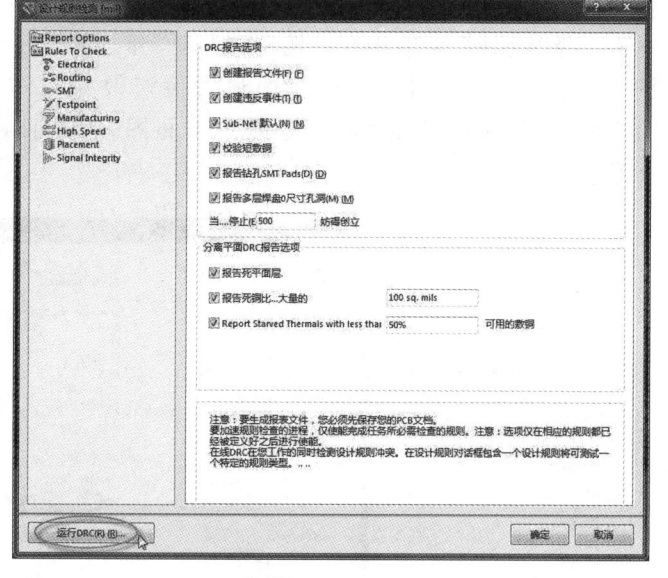

图 4.3.61　运行 DRC

（2）检查完毕，弹出"Messages"对话框，同时给出网页版的详细报告，其中与布局有关的主要是通孔的尺寸和元器件高度的设置，如图 4.3.62 所示。

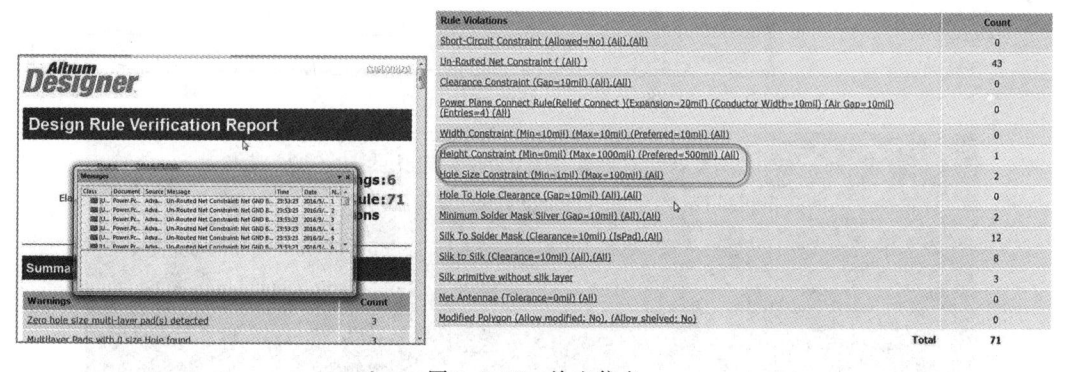

图 4.3.62　检查信息

（3）检查通孔尺寸：J2 中使用的是 133.858 mil，如图 4.3.63（a）所示，而规则限制是 100 mil；元器件高度是 1 196.85 mil，如图 4.3.63（b）所示，而规则限制是 1 000 mil。显然这两个值违反了设定的规则，需要修改默认的规则。

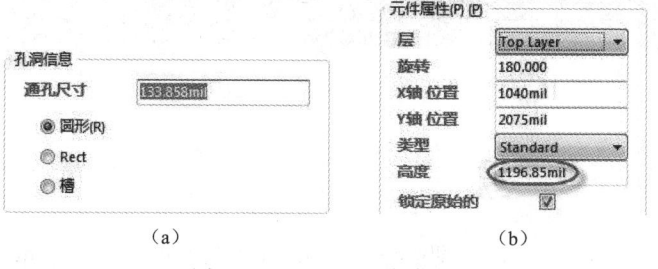

（a）　　　　　　　　　（b）

图 4.3.63　J2 元器件信息

3.5.3.4 修改设计规则

选择"设计"菜单中的"规则"选项,弹出"PCB 规则及约束编辑器"对话框,如图 4.3.64 所示,将"Hole Size"的最大值修改为"150 mil","Height"的最大值修改为"1 500 mil",单击"确定"按钮,返回 PCB 板图编辑界面,布局图变成图 4.3.65 所示的正常状态。

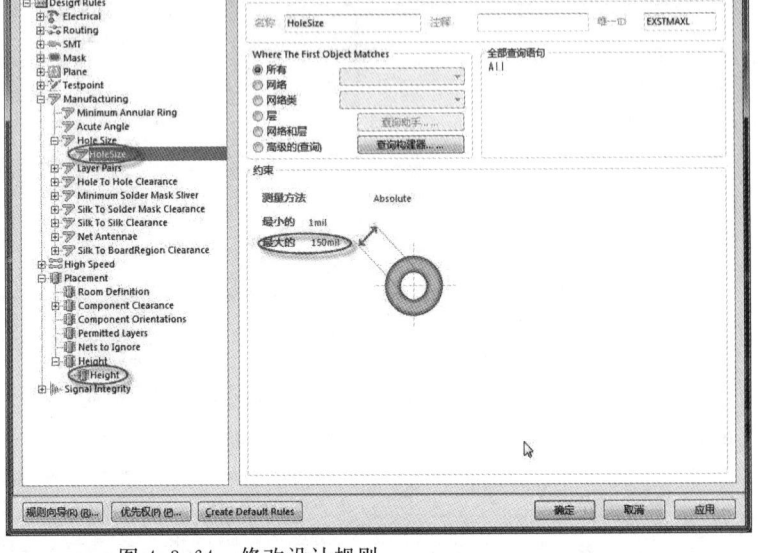

图 4.3.64 修改设计规则

图 4.3.65 修改规则后的布局图

3.5.4 PCB 布线

3.5.4.1 修改布线规则

Altium Designer 默认的布线线宽是 10 mil,可承载的电流为 125 mA,一般需要修改布线线宽才能符合电源布线的需要。在此将默认线宽更改为"40 mil"。

（1）打开"PCB规则及约束编辑器"对话框，在图4.3.66(a)所示的对话框左侧区域中，展开"Routing"→"Width"，选择"Width"，将图4.3.66(b)所示的对话框右侧区域中的"Min Width"的值修改为"30 mil"，"Max Width"的值修改为"60 mil"，"Preferred Width"的值修改为"40 mil"。

（2）样例电路简单，只需要单面布线即可。展开"Routing"→"Routing Layers"，选择"RoutingLayers"，在图4.3.66(c)所示的对话框右侧区域中清除"Top Layer"的复选框。

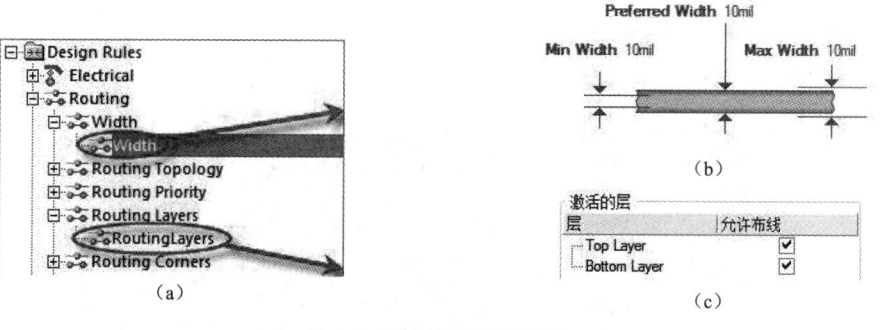

图4.3.66　修改布线规则

3.5.4.2　自动布线

选择"自动布线"菜单中的"全部"选项，如图4.3.67(a)所示，在弹出的"Situs布线策略"对话框中单击"Route All"按钮，如图4.3.67(b)所示，自动布线开始，并弹出"Messages"对话框，如图4.3.68所示，完成自动布线的PCB板图如图4.3.69所示。

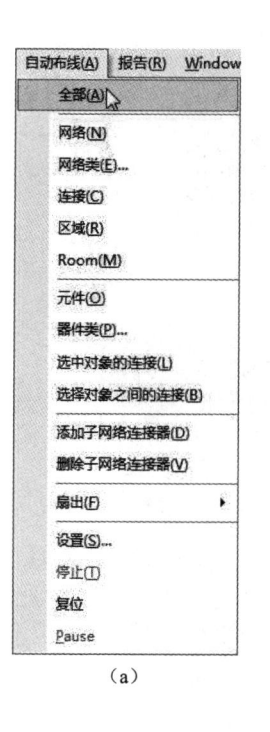

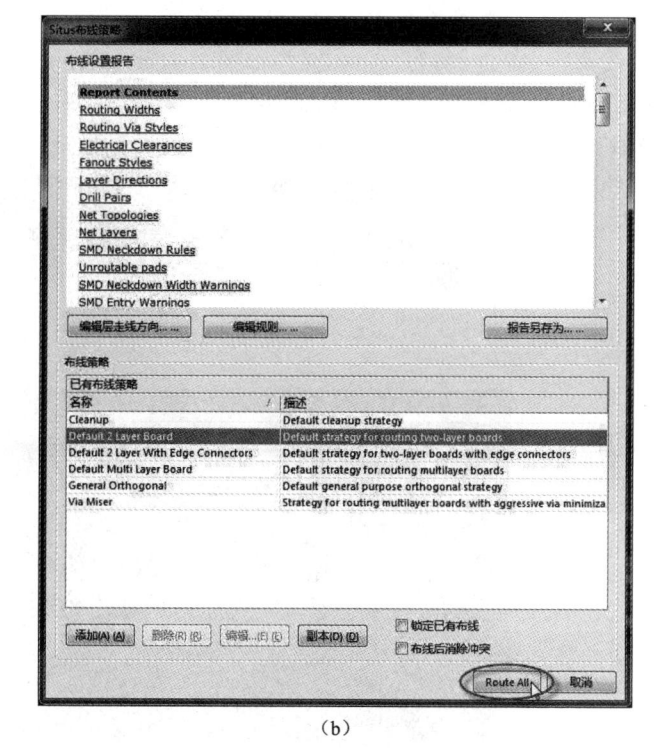

图4.3.67　自动布线

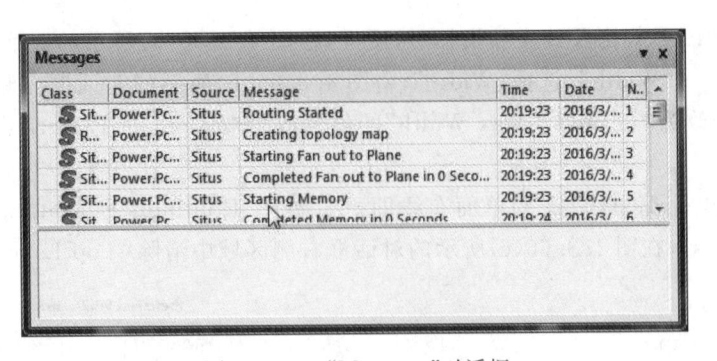

图 4.3.68 "Messages"对话框

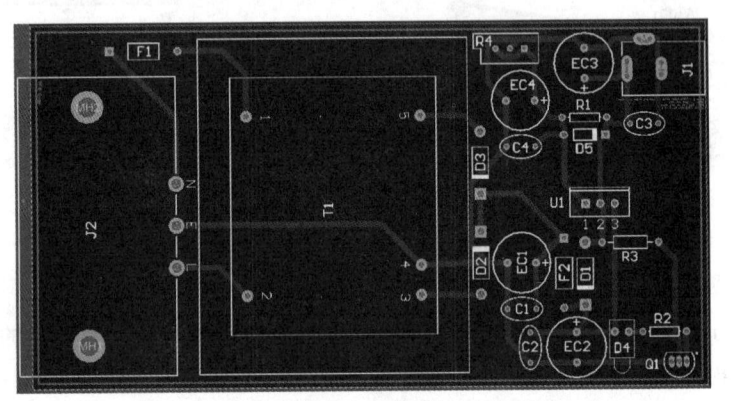

图 4.3.69 完成自动布线的 PCB 板图

3.5.4.3 布线调整

布线调整主要是调整过近的走线,如图 4.3.70(a)所示。选择需要调整的线,移动鼠标至选中的布线上,鼠标变为图 4.3.70(b)所示的形状,按住左键,移动鼠标,调整布线至图4.3.70(c)所示的位置,其他布线的调整依此进行。调整完成后的布线图如图 4.3.71 所示。

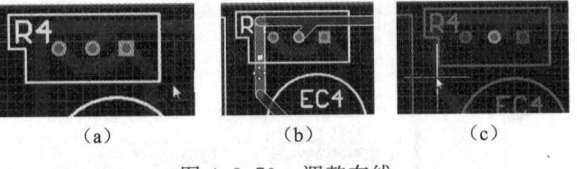

(a)　　　　　　　(b)　　　　　　　(c)

图 4.3.70 调整布线

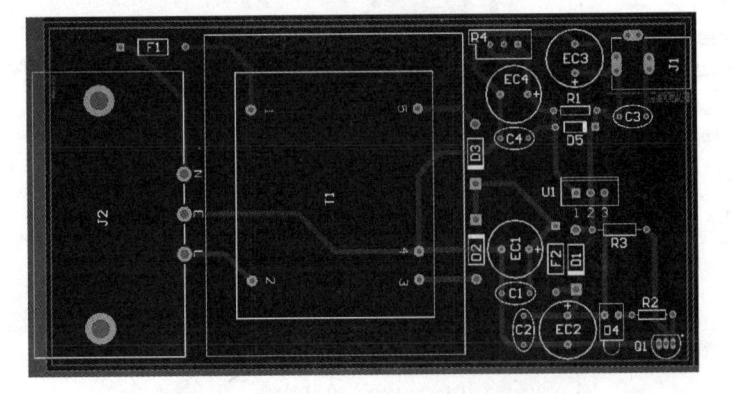

图 4.3.71 调整完成后的布线图

3.5.4.4　敷铜

敷铜多用于连接电源地，减少地线阻抗，提高抗干扰能力，也可以起到散热的作用。

选择工具栏中的图标▦，打开"多边形敷铜"对话框，如图 4.3.72 所示，选择"链接到网络"下拉列表框中的"GND"，钩选"死铜移除"，然后在 PCB 板图上的弱电区绘制敷铜区间，如图 4.3.73 所示。

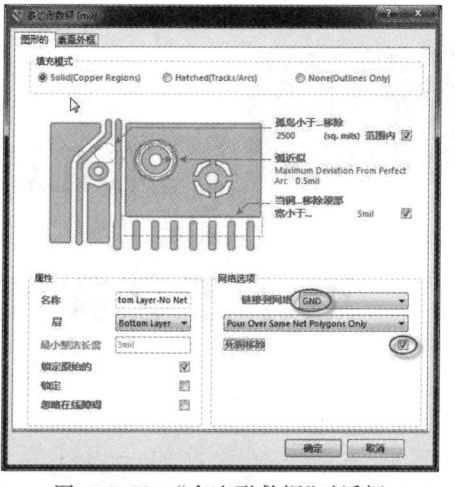

图 4.3.72　"多边形敷铜"对话框

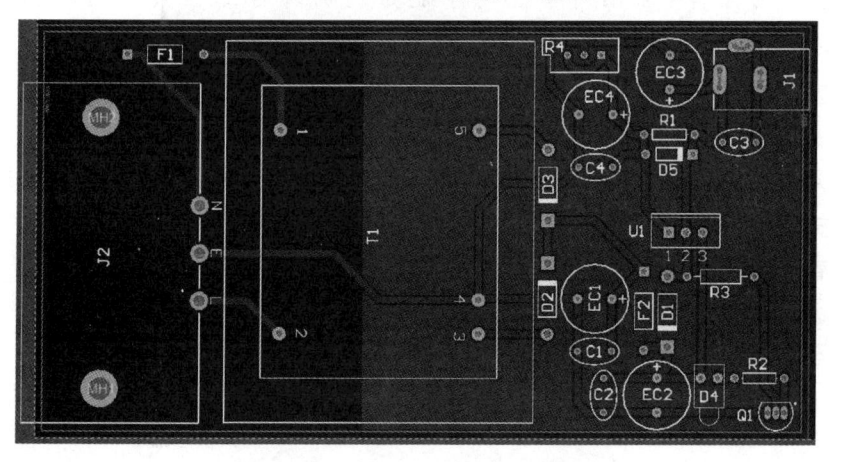

图 4.3.73　完成敷铜的 PCB 板图

布线完成后的 PCB 板还需要根据实际的装配需要增加定位孔、卡槽、标识等，可选用相关的层进行绘制处理。最后，根据制板要求出图，以满足批量生产的需要。

Altium Designer 2015 提供的功能非常多，这里仅仅介绍了基本的原理图绘制和 PCB 板图设计，适用于入门学习。更详细的内容请参考帮助文件和相关资料，在相关的课程中继续学习。

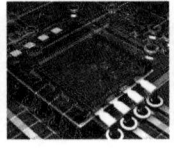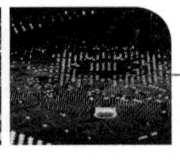

第五篇

电子工艺实训

　　电子工艺实训是面向电子类学科开设的一门实训课程。本课程以教师为主导,以学生为主体,强化对学生动手能力的训练与工程素质的培养。通过本课程,提高学生的动手操作能力、工程实践能力,培养学生的创新思维以及安全、环保、质量、效益、团队等工程意识和科学作风。操作训练强调规范、安全,符合行业标准。基础训练结合先进技术与行业的主流工艺,通过典型产品的设计、制造等环节,把工艺设计与实物制作融为一体,展现产品设计与制造的全过程,重点培养学生的工程意识。训练内容主要包括锡焊技术及五步法、PCB焊接、导线焊接及焊接技巧、SMT工艺、电调谐微型FM收音机的安装等。

实验一 锡焊技术及五步法

一、实验目的

1. 认识并学会使用装配工具。
2. 掌握电烙铁的检测。
3. 获得对锡焊及电烙铁的感性认识。
4. 通过五步法练习,初步掌握锡焊技术。

二、实验器材

1. 实习工具；　　　　2. 万用表；　　　　3. 焊锡丝；
4. 松香；　　　　　　5. 练习用印制电路板；　　6. 元器件(若干)。

三、实验内容

(一)实习工具的认识

常用实习工具包括:螺丝刀、镊子、尖嘴钳、平口钳、剪线钳、内热式电烙铁、外热式电烙铁、吸锡器。

(二)电烙铁的检测

1. 外观检查:电源插头、电源线有无损坏,烙铁头是否松动。
2. 用万用表检查:25 W 电热丝的电阻值应约为 2.4 kΩ。

(三)电烙铁的拿法及温度观察

1. 电烙铁的拿法。

(1) 反握法动作稳定,长时间操作不易疲劳,适用于大功率电烙铁的操作。

(2) 正握法适于中等功率电烙铁或带弯头电烙铁的操作。

(3) 握笔法适宜于在操作台上焊接印制电路板上的焊件。

电烙铁用完后,一定要稳妥地放于烙铁架上,并注意导线等物不要触碰烙铁头和发热部分。

2. 观察电烙铁的温度。

电烙铁通电后蘸上松香,根据松香的发烟状态估计电烙铁的温度及其适用的焊件情形。

(四)拆焊练习

一般电阻、电容、晶体管等元器件的管脚不多,拆焊时可以先将印制电路板竖起来夹住,一边用电烙铁加热待拆元器件的焊点,一边用镊子或者尖嘴钳夹住元器件的引线并轻轻拉出元器件。当需要拆下有多个焊点且引线较硬的元件时,需要使用专用工具或者吸锡器。

(五)试焊

观察焊锡熔化(凝固特性)。(注意:要防止烫伤)

（六）五步法训练

五步法是训练初学者掌握手工锡焊技术的一种卓有成效的方法，其主要步骤如下：

1. 准备施焊。

准备好焊锡丝和电烙铁。此时需特别强调的是，烙铁头要保持干净，以便很容易地沾上焊锡。

2. 加热焊件。

使电烙铁接触焊点，进行加热。在此过程中要注意以下两点：首先，要保证电烙铁能加热焊件的各个部分，印制电路板上的引线和焊盘等都要受热；其次，要注意让烙铁头的扁平部分（较大部分）接触热容量较大的焊件，烙铁头的侧面或边缘部分接触热容量较小的焊件，以保证焊件均匀受热。

3. 熔化焊料。

当焊件加热到能熔化焊料的温度后，将焊锡丝置于焊点，焊料开始熔化并润湿焊点。

4. 移开焊锡丝。

当熔化一定量的焊锡后，将焊锡丝移开。

5. 移开电烙铁。

当焊锡完全润湿焊点后，移开电烙铁。注意：移开电烙铁的方向应该大致是 45°的方向。

上述的焊接过程如图 5.1.1 所示。

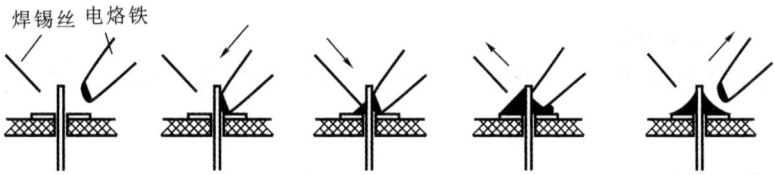

（a）准备施焊　（b）加热焊件　（c）熔化焊料　（d）移开焊锡丝　（e）移开电烙铁

图 5.1.1　五步法

四、实验指导

五步法的操作要点：

1. 烙铁头保持清洁。

2. 烙铁头形状的选择。

3. 焊锡桥的运用。

4. 加热时间的控制。

5. 焊锡量的控制。

对于一般焊点而言，五步法的操作过程大约为 2~3 s。对于热容量较小的焊点，例如印制电路板上的小焊盘，有时用三步法操作，即将五步法的步骤 2 与 3 合为一步，步骤 4 与 5 合为一步。实际上，细微区分还是五步。所以，五步法具有普遍性，是掌握手工电烙铁焊接的基本方法。各步骤之间停留的时间对保证焊接质量至关重要，只有通过实践才能逐步掌握。

实验二 PCB 焊接

一、实验目的

1. 掌握印制电路板的装配方法,为实习产品的安装打好基础。
2. 掌握手工电烙铁焊接的技巧和方法。

二、实验器材

1. 实习工具;   2. 焊锡丝;   3. 元器件(若干);
4. 练习用印制电路板。

三、实验内容

1. 元器件引线表面清理。
2. 引线预焊。
3. 引线成型。
4. 插装与焊接。
5. 焊点的质量检查。

实验完成后,将装焊好的印制电路板放到桌面上,待指导教师检查讲评。

四、实验指导

(一)印制电路板的焊接

在焊接之前,要仔细检查印制电路板,检查有无断路、短路等情况。各元器件在印制电路板上的排列和安装有两种方法:一种是立式,另一种是卧式,如图5.2.1 所示。

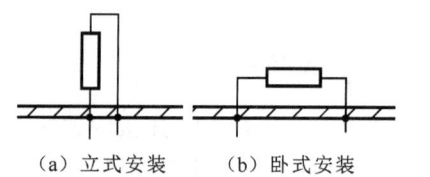

（a）立式安装   （b）卧式安装

图 5.2.1 元器件的立式与卧式安装

电子元器件一般采用卧式安装,因为卧式安装的元器件可以靠拢印制电路板,元器件的引线可以短些,降低元器件分布参数的影响。焊接时,元器件排列要整齐,同种类型的元器件要保持高度一致。焊接时的工序为:应先焊较低的元器件,后焊较高的和要求比较高的元器件。焊接次序是:电阻、二极管、电容、三极管、其他元件。晶体管装焊一般在其他元器件焊好之后进行。注意:在焊接晶体管时,焊接时间最好不要超过 5～10 s,并使用钳子或镊子帮助散热,防止烫坏管子。

在焊接集成电路时,要掌握焊接时间,每个焊点最好用 3 s 左右的时间焊好,最多不能超过 5 s,否则,会损坏集成块。焊接集成电路插座时,必须按照集成块的引线排列图焊好每个焊点。焊接结束时,检查有无漏焊、虚焊等现象。检查时,可用镊子将每个元器件的引脚轻轻上提,看是否松动。若发现松动,应重新焊好。

（二）焊点的技术要求与质量检查

1. 焊点的技术要求。

焊点质量的好坏直接影响整个电子产品的可靠性和寿命长短。一个虚焊可能造成整台仪器设备的失灵,因此,对每个焊点都要严格要求。焊点的技术要求主要有:

（1）可靠的电气连接。要求焊点内部焊料和焊件之间润湿良好,使电流能够可靠通过。

（2）足够的机械强度。要求焊点具有一定的抗拉性能。焊点的结构、焊接质量、焊料性能都对焊点的机械强度有很大的影响。

（3）光洁整齐的外观。良好的焊点应该有标准的外形,表面光滑,有光泽,没有毛刺、糙渣。

2. 焊点的质量检查。

（1）从外观上检查:焊点是不是饱满,润湿是否良好,有没有漏焊、虚焊;焊料应该润湿整个焊盘,均匀散开,以引线为中心成裙形;焊料应该填满整个焊缝,不应该有空洞、气孔或者松香颗粒留存在焊点上,不应该有拉尖存在。

（2）用手晃动元器件,看看有没有引线活动,主要检查那些看上去比较虚的焊点是不是确实不牢固。对于晃动的焊点要用吸锡器拆除重焊,然后通电检查。

（3）在通电之前,必须检查连线是否无误,这样可以发现很多看不见的微小错误,比如桥接、内部虚焊等。

焊接质量的提高需要在长期的操作实践中总结经验、练习技巧。

实验三　导线焊接及焊接技巧

一、实验目的

1. 掌握导线加工、连接的方法。
2. 掌握手工电烙铁焊接技巧。
3. 通过自由造型训练动手能力。
4. 进一步熟练掌握锡焊技巧。

二、实验器材

1. 实习工具；　　　　2. 塑料导线（单股及多股）；　　　　3. 焊锡丝。

三、实验内容

1. 剥线训练。检查是否伤线。
2. 预焊训练。注意多股线绞合。
3. 导线搭焊及连接、六方体焊接训练。
   操作要点:(1)剥线长度合适;(2)预焊可靠且多留锡。
4. 辅助工具的使用。

5. 自己设计、制作导线焊接工艺品(可根据设计需要添加其他材料)。

实验四 SMT(表面贴装技术)工艺

一、实验目的

1. 了解 SMT 工艺的特点。
2. 了解 SMT 元器件及设备。
3. 掌握 SMT 的工艺流程。

二、实验器材

1. 表面贴装印制电路板(SMB);   2. 焊膏印刷机;   3. 台式自动再流焊机;
4. 贴片元器件;   5. 焊膏。

三、实验内容

采用 SMT 工艺及其相关设备完成 FM 微型收音机印制电路板上贴片元器件的焊接。

四、实验指导

电子系统的微型化和集成化是当代技术革命的重要标志,也是未来发展的重要方向。日新月异的各种高性能、高可靠性、高集成、微型化、轻型化的电子产品,正在改变我们的世界,影响人类文明的进程。

表面贴装技术(Surface Mounted Technology,SMT)是实现电子系统微型化和集成化的关键。表面贴装技术使电子产品的体积缩小,质量变轻,功能增强,可靠性提高。SMT 已经在很多领域取代了传统的 THT(通孔安装技术),并且这种趋势还在发展,预计未来 90% 以上的产品将采用 SMT 工艺。

通过 SMT 实训,了解 SMT 的特点,熟悉其基本工艺过程,掌握最基础的操作技巧。

(一)THT 与 SMT 的区别

表 5.4.1 给出了 SMT 与 THT 的区别。

表 5.4.1 SMT 与 THT 的区别

安装方式	年 代	技术缩写	代表元器件	安装基板	安装方法	焊接技术
表面贴装	20 世纪 80 年代开始	SMT	SMC、SMD 封装 LSI、VLSI	高质量 SMB	自动贴片机插装	波峰焊、再流焊
通孔安装	20 世纪 60~70 年代	THT	晶体管,轴向引线元器件	单、双面 PCB	手工/半自动插装	手工焊、浸焊
	20 世纪 70~80 年代		单、双列直插 IC,轴向引线元器件编带	单面及多层 PCB	自动插装	波峰焊、浸焊、手工焊

注:SMC——表面安装元件;SMD——表面安装器件;LSI——大规模集成电路;VLSI——超大规模集成电路。

（二）SMT 的主要特点

1. 高密集 SMC、SMD 的体积只有传统元器件的 1/3～1/10,可以安装在印制电路板的两面,有效利用了印制电路板的面积,减轻了印制电路板的质量。一般采用了 SMT 后,可使电子产品的体积缩小 40％～60％,质量减轻 60％～80％。

2. 高可靠 SMC 和 SMD 无引线或引线很短,质量轻,因而抗震能力强,焊点失效率比THT 至少降低一个数量级,大大提高了产品的可靠性。

3. 高性能 SMT 密集安装减少了电磁干扰和射频干扰,尤其在高频电路中降低了分布参数的影响,提高了信号的传输速度,改善了高频特性,提高了整个产品的性能。

4. 高效率 SMT 更适合自动化大规模生产。采用计算机集成制造系统(CIMS)可使整个生产过程高度自动化,将生产效率提高到新的水平。

5. 低成本 SMT 使印制电路板面积减小,成本降低;无引线和短引线使 SMD 和 SMC成本降低,安装中省去了引线成型、打弯、剪线的工序;频率特性提高,减少了调试费用;焊点可靠性提高,降低了调试和维修成本。一般情况下,采用 SMT 后可使产品总成本下降 30％以上。

（三）典型 SMT 工艺——再流焊及设备简介

再流焊的工艺流程如图 5.4.1 所示。

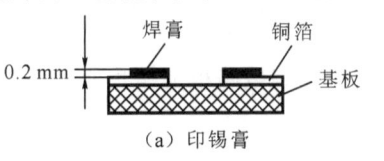
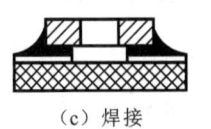

（a）印锡膏   （b）贴片   （c）焊接

图 5.4.1　再流焊的工艺流程

这种工艺较为灵活,视配置设备的自动化程度,既可用于中小批量生产,又可用于大批量生产。

常用小型 SMT 设备包括焊膏印刷机、贴片工具、再流焊机。

1. 焊膏印刷机。

焊膏印刷机(如图 5.4.2 所示)的操作方式为手动。

最大印制尺寸:320 mm×280 mm。

关键技术:定位精度,模板制造。

2. 贴片工具。

手工贴片可以用镊子拾取安放或用真空吸笔吸取,如图 5.4.3 所示。

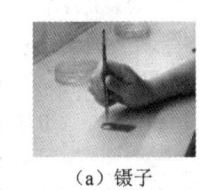
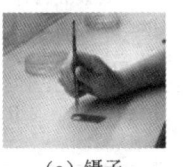
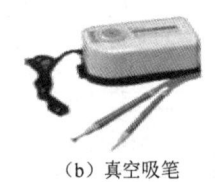

（a）镊子   （b）真空吸笔

图 5.4.2　焊膏印刷机   图 5.4.3　手工贴片工具

3. 再流焊机。

台式自动再流焊机的电源电压为 220 V/50 Hz,额定功率为 2.2 kW。

实验五　电调谐微型 FM 收音机的安装

一、实验目的

1. 了解电调谐微型 FM 收音机的工作原理。
2. 掌握电子产品完整的安装工艺。
3. 掌握电子产品的调试方法。
4. 掌握常用电子元器件安装时的注意事项。
5. 掌握常用电子元器件的外特性。

二、实验器材

1. 微型 FM 收音机套件;　　2. 实习工具;　　3. 万用表;

4. 台式自动再流焊机;　　5. 焊膏。

三、实验内容

1. 看懂微型 FM 收音机的工作原理图。
2. 色环电阻的标注方法。
3. 发光二极管及电解电容的安装。注意极性不要装反,长引脚一端为正极。
4. 微型 FM 收音机的安装与调试。

四、实验指导

(一) 电调谐微型 FM 收音机的特点

电调谐微型 FM 收音机具有以下特点:调谐方便准确;接收频率为 87~108 MHz;具有较高的接收灵敏度;外形小巧,便于随身携带;电源范围为 1.8~3.5 V,充电电池(1.2 V)和一次性电池(1.5 V)均满足其工作要求;内设静噪电路,抑制调谐过程中的噪声。

(二) 电调谐微型 FM 收音机的工作原理

电调谐微型 FM 收音机的内部电路图如图 5.5.1 所示,其外观图见图 5.5.2。

电路的核心是单片收音机集成电路 SC1088,它采用特殊的低中频技术,外围电路省去了中频变压器和陶瓷滤波器,使电路简单可靠,调试方便。目前,电容、电阻的标识方法不统一,因此,图 5.5.1 所示的电路中,有些元器件的参数值大小直接标出,如 L_3 和 L_4,有些元器件则采用数码法,数码法用三位数字标识元器件的参数值大小,前两位代表有效数字,第三位代表与有效数字相乘的 10 的幂次。贴片电容的单位为 pF,贴片电阻的单位为 Ω。例如,电容 C_{12} 的标识为 104,其电容值为 10×10^4 pF$=0.1$ μF;又如,电阻 R_1 的标识为 223,则其阻值为 22×10^3 Ω$=22$ kΩ。

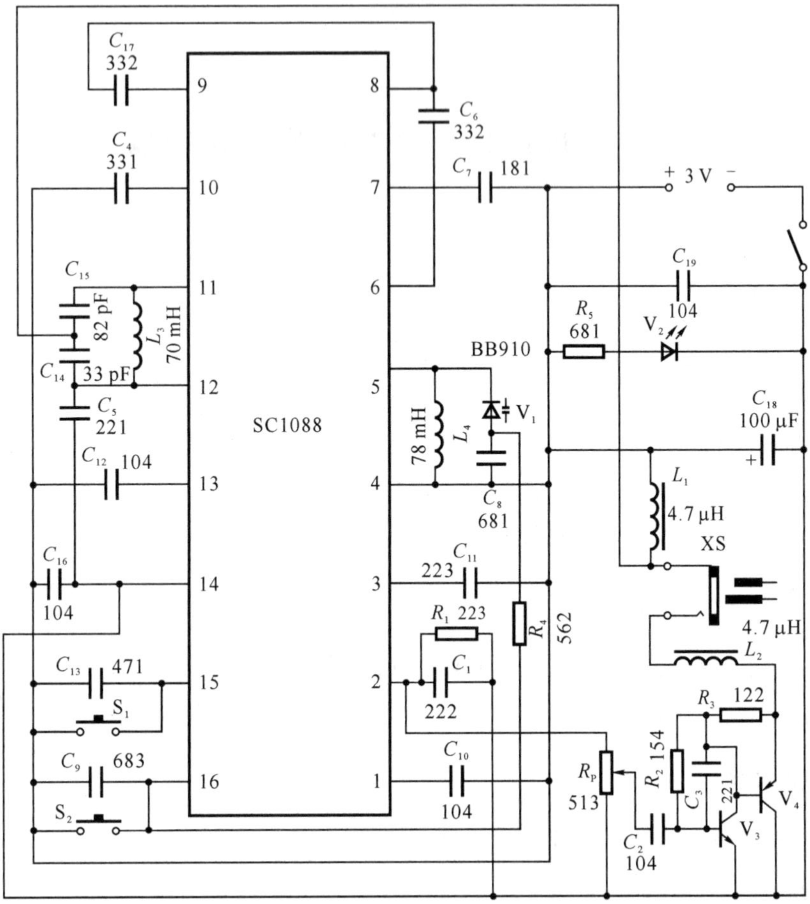

图 5.5.1　电调谐微型 FM 收音机的内部电路图

1. FM 信号输入。

调频信号由耳机线馈入,经 C_{14}、C_{15} 和 L_1、L_2 的输入电路进入 SC1088 的 11、12 脚处的混频电路。此处的 FM 信号没有调谐的调频信号,即所有调频电台信号均可进入。

2. 本振调谐电路。

收音机的本振调谐电路中的关键元器件是变容二极管,它是利用 PN 结的结电容与偏压有关的特性制成的"可变电容"。

图 5.5.2　电调谐微型 FM 收音机外观图

变容二极管加反向电压 U_d,其结电容 C_d 与 U_d 的特性如图 5.5.3 所示,是非线性关系。这种电压控制的可变电容广泛用于电调谐、扫频等电路。

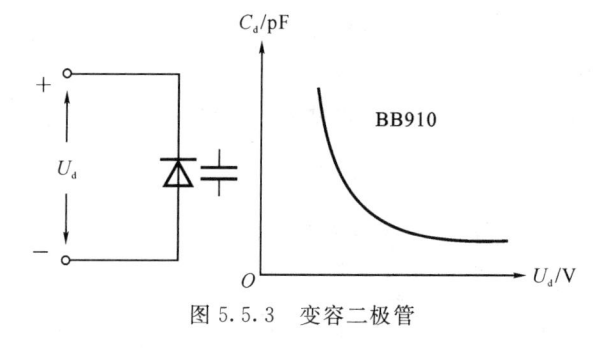

图 5.5.3　变容二极管

3. 中频放大、限幅与鉴频。

收音机的中频放大、限幅及鉴频电路的有源器件及电阻均在 IC 内。SC1088 采用 SOT-16 封装，表 5.5.1 所示是其引脚功能。FM 调频信号和本振调谐电路的信号在 IC 内混频电路中混频，产生 70 kHz 的中频信号，经内部 1 dB 放大器、中频限幅器，送到鉴频器检出音频信号，经内部环路滤波后由 2 脚输出音频信号。电路中 1 脚的 C_{10} 为静噪电容，3 脚的 C_{11} 为音频环路滤波电容，6 脚的 C_6 为中频反馈电容，7 脚的 C_7 为 1 dB 放大器的低通电容，8 脚与 9 脚之间的电容 C_{17} 为中频耦合电容，10 脚的 C_4 为限幅器的低通电容，13 脚的 C_{12} 为限幅器失调电压电容，15 脚的 C_{13} 为滤波电容。

表 5. 5. 1　集成电路 SC1088 的引脚功能

引脚	功　能	引脚	功　能	引脚	功　能	引脚	功　能
1	静噪输出	5	本振调谐	9	中频信号输入	13	限幅器失调电压电容
2	音频输出	6	中频信号反馈	10	IF 限幅器的低通电容	14	接　地
3	音频环路滤波	7	1 dB 放大器的低通电容	11	射频信号输入	15	全通滤波电容搜索调谐输入
4	V_{CC}	8	中频信号输出	12	射频信号输入	16	电调谐自动频率控制输出

4. 耳机放大电路。

由于用耳机收听，所需功率很小，本机采用了简单的晶体管放大电路，2 脚输出的音频信号经电位器 R_P 调节电量后，由 V_3、V_4 组成复合管甲类放大。R_1 和 C_1 组成音频输出负载，线圈 L_1 和 L_2 为射频与音频隔离线圈。这种电路的耗电大小与有无广播信号以及音量大小的关系不大。不收听时要关断电源。

（三）安装步骤

1. 技术准备。

（1）了解 SMT 的基本知识。

SMT 的基本知识包括：① SMC 及 SMD 的特点及安装要求；② SMB 的设计及检验；③ SMT 的工艺过程；④ 再流焊工艺及设备。

（2）了解实习产品的简单原理。

（3）了解实习产品的结构及安装要求。

2. 安装前检查。

（1）对照图 5.5.4 检查 SMB。

检查图形是否完整,有无短、断缺陷;检查孔位及尺寸;检查表面涂覆(阻焊层)情况。

(2) 外壳及结构件。

按材料表清查零件品种规格及数量(表贴元器件除外);检查外壳有无缺陷及外观损伤;检查耳机。

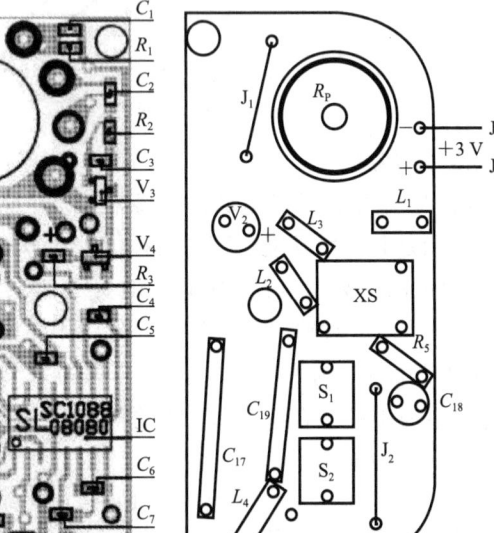
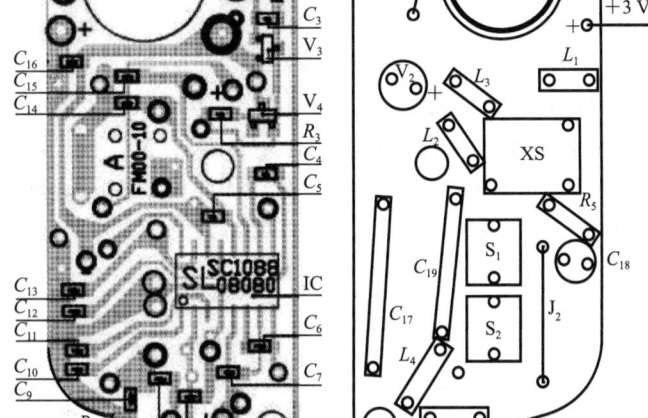

图 5.5.4　印制电路板上各元器件的位置

(3) 检测 THT 元器件。

检测电位器阻值调节特性;检测 LED、线圈、电解电容、插座、开关的好坏;判断变容二极管的好坏及极性。

3. 贴片及焊接。

(1) 丝印焊膏,并检查印刷情况。

(2) 按工序流程贴片。

贴片顺序为:C_1/R_1、C_2/R_2、C_3/V_3、C_4/V_4、C_5/R_3、$C_6/\text{SC}1088$、C_7、C_8/R_4、C_9、C_{10}、C_{11}、C_{12}、C_{13}、C_{14}、C_{15}、C_{16}。

注意:SMC 和 SMD 不得用手拿;用镊子夹持时,不可夹到引线上;SC1088 的标记方向;贴片电容的表面有没有标志;一定要保证准确、及时地贴到指定位置;贴片电阻带标志的一面朝上,方便检查;三极管引脚贴在焊盘上,不要放反。

(3) 检查贴片数量及位置。

(4) 再流焊机焊接。

(5) 检查焊接质量及修补。

4. 安装 THT 元器件。

(1) 安装并焊接电位器 R_P。

(2) 安装耳机插座 XS。

(3) 安装轻触开关 S_1、S_2,跨接线 J_1、J_2(可用剪下的元器件引线)。

（4）安装变容二极管 V_1（注意极性方向标记）及 R_5、C_{17}、C_{19}。

（5）安装电感线圈 L_1～L_4（L_1 是磁珠电感，L_2 是色环电感，L_3 是 8 匝空芯电感，L_4 是 5 匝空芯电感）。

（6）安装电解电容 C_{18}。

（7）安装发光二极管 V_2，注意高度，极性如图 5.5.5 所示。

（8）焊接电源连接线 J_3、J_4，注意正负连线的颜色。

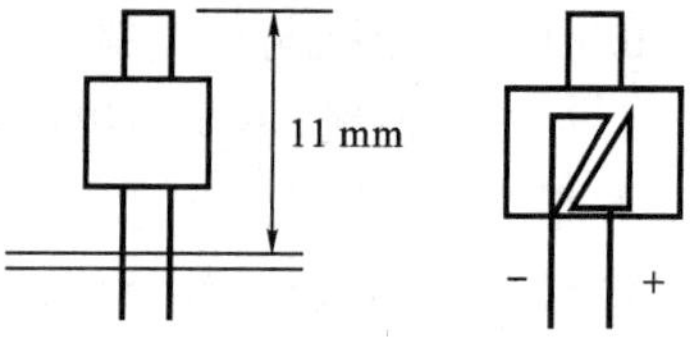

（四）调试及总装

1. 调试。

（1）所有元器件焊接完成后目视检查。

① 元器件检查：型号、规格、数量及安装位置、方向是否与图纸符合。

② 焊点检查：有无虚焊、漏焊、桥接、飞溅等现象。

（2）测总电流。

① 检查无误后将电源线焊到电池片上。

② 在电位器开关断开的状态下装入电池。

③ 插入耳机。

④ 用万用表 200 mA 挡（数字表）或 50 mA 挡（指针表）跨接在开关两端并测量电流。

用指针表时，注意表笔的极性，正常电流应为 7～30 mA（与电源电压有关），并且 LED 正常点亮。

注意：如果电流为 0 mA 或超过 35 mA 时，应检查电路。

（3）搜索电台广播。

如果电流在正常范围，可按开关 S_1 搜索电台广播。只要元器件的质量完好，安装正确，焊接可靠，不用调任何部分即可收到电台广播。

如果收不到广播，应仔细检查电路，特别要检查有无错装、虚焊、漏焊等现象。

（4）调节接收频段（俗称调覆盖）。

我国调频广播的频率范围为 87～108 MHz。调试时可找一个当地频率最低的 FM 电台，适当改变 L_4 的匝间距，按过 Reset 键后第一次按 Scan 键可收到这个电台。由于 SC1088 的集成度高，如果元器件一致性较好，一般收到低端电台后便可覆盖 FM 频段，故可不调节高端而仅做检查（可用一个成品 FM 收音机对照检查）。

（5）调节灵敏度。

本机灵敏度由电路及元器件决定，一般不用调整，调好覆盖后即可正常收听。无线电爱好者可在收听频段中间的电台（例如 97.4 MHz 音乐台）时适当调整 L_4 的匝间距，使灵敏度最高（耳机监听音量最大）。不过实际效果并不明显。

2. 总装。

（1）蜡封线圈。

调试完成后，将适量泡沫塑料填入线圈 L_4（注意，不要改变线圈的形状及匝间距），滴入适量蜡，使线圈固定。

（2）固定 SMB/装外壳。

① 将外壳面板平放到桌面上（注意，不要划伤面板）。

图 5.5.5 发光二极管的安装和极性

② 将 2 个按键帽放入孔内。

注意：Scan 键帽上有缺口，放键帽时要对准机壳上的凸起，Reset 键帽上无缺口。

③ 将 SMB 对准位置放入壳内。

a. 注意对准 LED 位置，若有偏差，可轻轻掰动，偏差过大时，必须重焊。

b. 注意三个孔与外壳螺柱的配合。

c. 注意电源线，不要妨碍机壳的装配。

④ 装上中间螺钉，注意螺钉的位置，如图 5.5.6 所示。

⑤ 装电位器旋钮，注意旋钮上凹点的位置。

⑥ 装后盖，拧紧两边的两个螺钉。

⑦ 装卡子。

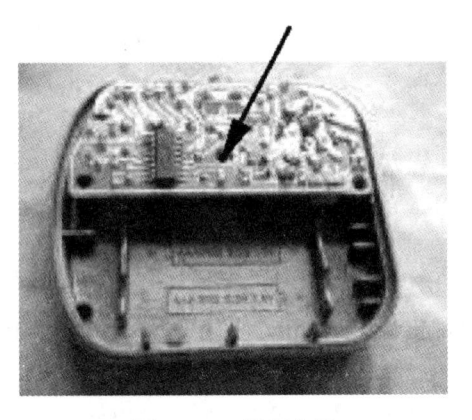

图 5.5.6　螺钉位置

3. 检查。

总装完毕，装入电池，插入耳机进行检查。要求：(1) 电源开关手感良好；(2) 音量正常可调；(3) 收听正常；(4) 表面无损坏。

参 考 文 献

［1］ 张玉洁.电工基础实验［M］.西安:西北大学出版社,2007.

［2］ 刘宏,黄筱霞.电路理论实验教程［M］.广州:华南理工大学出版社,2007.

［3］ 赵建华,孙钊,韦宏利.电工学实验［M］.西安:西北工业大学出版社,2006.

［4］ 王萍,林孔元.电工学实验教程［M］.北京:高等教育出版社,2006.

［5］ 张民.电路基础实验教程［M］.济南:山东大学出版社,2005.

［6］ 华成英,童诗白.模拟电子技术基础［M］.4版.北京:高等教育出版社,2006.

［7］ 康华光.电子技术基础:模拟部分［M］.4版.北京:高等教育出版社,1999.

［8］ 陈大钦.电子技术基础实验［M］.2版.北京:高等教育出版社,2000.

［9］ 王春兴.电子技术实验教程［M］.济南:山东大学出版社,2005.

［10］ 金凤莲.模拟电子技术基础实验及课程设计［M］.北京:清华大学出版社,2009.

［11］ 毕满清.电子技术实验及课程设计［M］.4版.北京:机械工业出版社,2013.

［12］ 赵淑范,董鹏中.电子技术实验及课程设计［M］.2版.北京:清华大学出版社,2010.

［13］ 刘志军.模拟电路基础实验教程［M］.北京:清华大学出版社,2005.

［14］ 康华光.电子技术基础:数字部分［M］.4版.北京:高等教育出版社,1999.

［15］ 阎石.数字电子技术基础［M］.北京:高等教育出版社,2002.

［16］ 杨刚.数字电子技术实验［M］.北京:电子工业出版社,2004.

［17］ 白中英.数字逻辑与数字系统［M］.北京:科学出版社,2002.

［18］ 王澄非.电路与数字逻辑设计实践［M］.南京:东南大学出版社,1999.

［19］ 葛广英.电工电子技术实验教程［M］.2版.东营:中国石油大学出版社,2013.

［20］ 马向国,刘同娟,陈军.MATLAB & Multisim 电工电子技术仿真应用［M］.北京:清华大学出版社,2013.

［21］ 梁青,侯传教,熊伟,等.Multisim Ⅱ 电路仿真与实践［M］.北京:清华大学出版社,2015.